辽宁省优秀自然科学著作

猪病鉴别诊断与防治

杨作丰　席克奇　彭永喜　周晨阳　郭洪军

魏　澍　赵　刚　刘金玲　罗玉子　季小平　编著

北方联合出版传媒（集团）股份有限公司

辽宁科学技术出版社

图书在版编目（CIP）数据

猪病鉴别诊断与防治 / 杨作丰等编著 . —沈阳: 辽宁科学
技术出版社，2024.4

ISBN 978-7-5591-3308-3

Ⅰ．①猪… Ⅱ．①杨… Ⅲ．①猪病—鉴别诊断 ②猪病—
防治 Ⅳ．① S858.28

中国国家版本馆 CIP 数据核字（2023）第 213853 号

出版发行：辽宁科学技术出版社
　　　　　（地址：沈阳市和平区十一纬路 25 号　邮编：110003）
印　刷　者：沈阳丰泽彩色包装印刷有限公司
幅面尺寸：185mm × 260mm
印　　张：18.5
字　　数：450 千字
出版时间：2024 年 4 月第 1 版
印刷时间：2024 年 4 月第 1 次印刷
责任编辑：郑　红
封面设计：刘　彬
责任校对：栗　勇

书　　号：ISBN 978-7-5591-3308-3
定　　价：180.00 元

联系电话：024-23284526
邮购热线：024-23284502
http://www.lnkj.com.cn

前　言

　　生猪生产是我国农民的传统养殖业，也是近年来农民增加收入、脱贫致富的途径之一。自我国改革开放以来，广大农民养猪积极性日益高涨，规模化养猪得到了突飞猛进的发展，传统饲养模式已成为历史，养猪大户及家庭猪场不断涌现，农民对科学养猪的认识进一步加深，求知的欲望日趋强烈，猪群饲养管理日臻完善，养猪的经济效益大幅度提高。但是，随着生猪生产的不断发展，也增加了种猪和仔猪的流动性，为一些疫病的传播和流行创造了条件，尤其是饲养模式的改变，给养猪生产带来了一些不可回避的问题，那就是疾病的流行更加广泛，多种疾病在同一个猪场同时存在的现象十分普遍，混合感染十分严重，一些疾病出现了非典型和温和型，这一切都给养猪场或养猪大户的猪病控制提出了新问题，特别是多种猪病在临床上有很多相似的症状出现，给猪病的现场诊断带来很大困难。由于目前我国猪场中疾病诊断设施仍然比较落后，特别是缺乏实验室诊断手段，不能及时、准确地对疾病进行确诊。但是，猪病发生后，迅速诊断是控制猪病的前提，尤其对于一些传染性疾病来讲，只有尽早做出诊断，及时采取有效措施，损失才能降到最低。基于以上现状，希望《猪病鉴别诊断与防治》一书的编写能对生猪生产者有所帮助。

　　在编写本书过程中，作者力求图文并茂，语言通俗易懂，简明扼要，注重实际操作。本书主要介绍了猪传染病的流行与防控、猪病的诊断及投药、猪的免疫接种、猪病毒性传染病的鉴别诊断与防治、猪细菌性传染病的鉴别诊断与防治、猪寄生虫病的鉴别诊断与防治、猪营养代谢病的鉴别诊断与防治、猪中毒性疾病的鉴别诊断与防治、猪其他普通病的鉴别诊断与防治等内容，可供生猪生产者及畜牧兽医工作人员参考。

　　在编写过程中由于作者的理论和技术水平有限，书中疏漏之处在所难免，敬请广大读者批评指正。

作　者

2023年6月

目　录

第一章
猪传染病的流行与防控

猪病，尤其是一些传染病，如果疏于防范，往往会使猪群乃至整个猪场毁于一旦，造成重大的经济损失。因此，在养猪生产中，必须贯彻"以预防为主"的方针，采取切实可行的措施，确保猪群健康无病，提高出栏率，增加养猪的经济效益。

一、病原微生物

传染病是由人们肉眼看不见而具有致病性的微小生物——病原微生物引起的，它们包括病毒、细菌、霉形体、真菌及衣原体等。

1. 病毒 病毒是很小的微生物，一般病毒的直径多为一百纳米左右，必须用电子显微镜放大数万倍才能观察到。

病毒不能独立进行新陈代谢，每种病毒必须寄生在对其具有易感性的动物、植物或微生物的活细胞内，才能正常地生存和繁殖。当病毒寄生在细胞之内时，如果细胞死亡，病毒也同时死亡。由病猪消化道、呼吸道等排出的各种病毒，都是释放在细胞之外的，它们在自然界中不能繁殖，但能存活数十天至数百天之久，当有机会侵入猪体时，又在细胞内繁殖，引起疾病。

病毒有耐冷怕热的共性，温度越低，存活越久，但在高热环境中存活的时间很短。例如口蹄疫病毒，在 − 25 ~ − 20℃能存活156~168天，加温至85℃经12~15分钟即可死亡。不同病毒对酸、碱、日光、紫外线及各种消毒剂有不同的耐受力，但大多数不能耐受碱和长时间（半小时以上）的日光直射。

病毒性猪病与细菌性猪病的一个不同之处，是前者用疫苗预防的效果比较好，但一般来说没有特效药物可以治疗。抗生素及磺胺类药物的作用是破坏细菌的新陈代谢，而病毒靠寄生生存，没有自身的代谢，因而不受这些药物的影响。能够进入细胞杀灭病毒而又不损害细胞的化学药品，研制难度大，目前仅取得有限的进展。

2. 细菌 细菌是单细胞的微生物，直径或长度一般为几微米到几十微米，用普通光学显微镜放大1000多倍可以观察。依细菌的形态可分为球菌、杆菌和螺旋菌3种类型，有些球菌和杆菌在分裂之后，仍有一般显微镜下看不到的原浆带相连，从而排列成一定形态，分别称为双球菌、链球菌、葡萄球菌、链状杆菌等。

细菌本身是一个完整的细胞，其结构有细胞壁、细胞质和细胞核，有些细菌长有鞭毛、柔毛，因而可借助鞭毛做有限的运动。

细菌与病毒不同，它能独立进行新陈代谢。只要有适宜的温度、湿度、酸碱度及营养等条件，细菌就可以大量地分裂繁殖。例如，大肠埃希菌在适宜条件下，每20分钟左右就分裂1次。一般病原菌在10~45℃的温度下都可以繁殖，以37℃最为适宜。当外界环境不利时，细菌会减缓乃至停止繁殖，但能较长时间地存活，待环境有利时再恢复繁殖。

有些细菌能在细胞壁外面形成肥厚的胶状物，包裹整个菌体，这种胶状物称为荚膜，它具有抵抗动物细胞的吞噬和消除抗体的作用，从而增强细菌的致病能力。还有些杆菌在外界环境不利时能形成一种有坚实厚壁的圆形或椭圆形囊状结构，称为芽孢，可大大增强对高温、干燥及消毒药的抵抗力。能否形成荚膜和芽孢以及芽孢呈现什么形态是菌种的特征，因而是鉴别细菌的依据之一。

细菌可以在人工培养基上进行培养，在固体培养基上培养时，细菌大量繁殖所形成的肉眼可见的聚集物称为菌落，不同细菌的菌落呈不同形态，这也是鉴别细菌和诊断传染病的依据之一。

用显微镜观察细菌首先要进行染色，如革兰染色法可将不同的细菌染成两种颜色，染成紫色的称为革兰阳性菌，染成红色的称为革兰阴性菌。某些抗生素如青霉素、红霉素等，对革兰阳性菌的效力较强；另一些抗生素如链霉素、卡那霉素、庆大霉素等，对革兰阴性菌的效力较强；还有些抗生素如土霉素等，对革兰阳性、阴性菌都有效力，称为广谱抗生素。由病菌引起的常见传染病如猪丹毒、猪肺疫、猪链球菌病、猪副伤寒、仔猪红痢、猪坏死杆菌病、猪布氏杆菌病、猪气喘病等，均可用抗菌类药物进行预防和治疗。

3. 霉形体 也称为支原体，其大小介于细菌、病毒之间，结构比细菌简单，但能独立生存。霉形体没有真性细胞壁，只有极薄的胞质膜，不足以保持固定形态，因而呈多形性，如球形、杆形、星形、螺旋形等。多种抗生素如土霉素、金霉素对霉形体有效，但青霉素的作用是破坏细胞壁的合成，而霉形体并无真性细胞壁，所以青霉素对霉形体无效。

4. 真菌 真菌包括担子菌、酵母菌和霉菌，一般担子菌、酵母菌对动物无致病性，霉菌种类繁多，对猪有致病性的主要是某些霉菌，如烟曲霉菌使饲料、垫料发霉，引起猪的曲霉菌病，黄曲霉菌常使花生饼变质，喂猪后引起中毒。

霉菌的形态是细长的菌丝，有很多分枝，各执行不同功能。一些菌丝肉眼看不到，大量菌丝聚在一起呈丝绒状，是人们所常见的。

霉菌能够进行独立的新陈代谢，在温暖（22~28℃）、潮湿和偏酸性（pH 4~6）的环境中繁殖很快，并可产生大量的孢子浮游在空气中，易被猪吸入肺部。一般消毒药对霉菌无效或效力甚微。

5. 衣原体 衣原体是一种介于病毒和细菌之间的微生物，生长繁殖的一定阶段寄生在细胞内，对抗生素不敏感。

二、猪传染病的传播

某些病原微生物侵入猪体后，在猪体内生长繁殖，损伤猪体组织，扰乱其生理机能而引起疾病。这种疾病可由一头病猪传染给同群的其他健康猪，也可由一个猪群传染给其他猪群而发生同样的疾病，因而称为传染病。

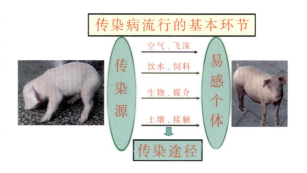

图1-1 猪传染病的流行

猪传染病的传播扩散，必须具备传染源、传染途径和易感个体3个基本环节，如果打破、切断和消除这3个环节中的任何一个环节，这些传染病就会停止流行（图1-1）。

（一）传染源

传染源，即病原微生物的来源，是携带并排出病原体的猪，包括病猪和病原携带猪。对于人畜共患传染病还包括人和其他携带病原体的动物。

病猪能够向外界排出大量的病原体，所以对病猪要严格隔离、消毒。死亡的病猪在一定时间里尸体内仍有大量的病原体存在，处理不当可造成病原体散播。

病原携带猪指外表无症状，但能够携带和排出病原体的个体。一般来说，它排出病原体的数量少于病猪。有少数传染病在潜伏期能排出病原体，如狂犬病、口蹄疫和猪瘟等；也有的传染病处在恢复期时仍能排出病原体，如猪气喘病；有时健康无病的猪也可携带、排出某种病原体，这是隐性感染的缘故，如健康猪可分离到巴氏杆菌、沙门氏菌等。因此，在生产中，引入新的携带病原的猪常常会给猪群带来新的疾病，并在全群中迅速传播。由于病原携带猪可以间歇地排出病原体，所以引进猪时要经过多次病原学检查诊断为阴性后才能确定为非病原携带者，并在与原有猪群混群前，经过一定时间隔离观察。

（二）传播途径

是指病原体由一个传染源传播到另一个易感体所经由的途径。按病原体更迭宿主的方式，可分为垂直传播和水平传播。

1. 垂直传播 垂直传播是指病原体由母猪卵巢、子宫内感染或通过初乳传播给仔猪的传播方式，常见的传染病包括猪瘟、猪细小病毒感染、先天性震颤、脑心肌炎病毒感染等。

2. 水平传播 是指猪与猪之间的横向传播。几乎所有的传染病均可以经水平传播方式传播。根据参与传播的媒介可分为直接接触传播如舔咬、交配等；空气传播，即以空气中的飞沫、尘埃等作为媒介物而传播，所有的呼吸道传染病都可以这种方式传播；污染的饲料、饮水传播，以消化道为传入门户的传染病均能以此种方式传播，如猪大肠埃希菌病、沙门氏菌病、猪瘟、口蹄疫等；土壤传播，如魏氏梭菌、猪丹毒等；媒介传播，指除猪以外的其他动物和人作为媒介来传播的方式。起传播作用的媒介主要包括节肢动物、人类、野生动物和其他畜禽。

（三）猪的易感性

病原微生物仅是引起传染病的外因，它通过一定的传播途径侵入猪体后，是否导致发病，还要取决于猪的内因，也就是猪的易感性和抵抗力。猪由于品种、年龄、免疫状况及体质强弱等情况不同，对各种传染病的易感性有很大差别。例如，在年龄方面，仔猪对白痢、红痢、大肠埃希菌病等易感性高，成年猪则稍差一些；在免疫状况方面，猪群接种过某种传染病的疫苗或菌苗后，产生了对该病的免疫力，易感性即大大降低。当猪群对某种传染病处于易感状态时，如果体质健壮，也有一定的抵抗力。

三、传染病的感染与发病

（一）感染的类型

某种病原微生物侵入猪体后，必然引起猪体防卫系统的抵抗，其结果必然出现以下3种情况：一是病原微生物被消灭，没有形成感染；二是病原微生物在猪体内的一定部位定居并大量繁殖，引起病理变化和症状，也就是引起发病，称为显性感染；三是病原微生物与猪体内防卫力量处于相对平衡状态，病原微生物能够在猪体某些部位定居，进行少量繁殖，有时也引起比较轻微的病理变化，但没有引起症状，也就是没有引起发病，称为隐性感染。有些隐性感染的猪是健康带菌、带毒者，会较长期地排出病菌、病毒，成为易被忽视的传染源。

（二）发病过程

显性感染的过程，可分为以下4个阶段。

1. **潜伏期**　病原微生物侵入猪体后，必须繁殖到一定数量才能引起症状，这段时间称为潜伏期。潜伏期的长短，与入侵的病原微生物毒力、数量及猪体抵抗力强弱等因素有关。例如猪瘟的潜伏期，一般为5~7天，最大范围为2~21天。

2. **前驱期**　此时是猪发病的征兆期，表现出精神不振、食欲减退、体温升高等一般症状，尚未表现出该病特征性症状。前驱期一般为1~2天。

3. **明显期**　此时猪的病情发展到高峰阶段，表现出病的特征性症状。前驱期与明显期合称为病程。急性传染病的病程一般为数天至2~5周，慢性传染病则可达数月。

4. **转归期**　即疾病发展到结局阶段，病猪有的死亡，有的恢复健康。康复猪在一定时期内对该病具有免疫力，但体内仍残存并向外排放该病的病原微生物，成为健康带菌或带毒猪。

四、猪病的防控措施

1. **猪场选址要符合防疫要求**　猪场的场址应背风向阳，地势高燥，水源充足，排水方便。猪场的位置要远离村镇、学校、工厂和居民区，与铁路、公路干线、运输河道也要有一定距离（图1-2）。

2. 制定合理的传染病免疫程序 传染病的发病率和带来的损失在整个猪病中占有很高比例，它不仅会造成猪群的大批死亡和畜产品的损失，而且直接影响人民的生活健康和对外贸易。预防猪传染病最有效的方法之一就是预防注射疫苗及特定的抗原，按照传染病发生的规律，合理制定免疫接种程序，减少猪群发病，提高保护率（图1-3）。

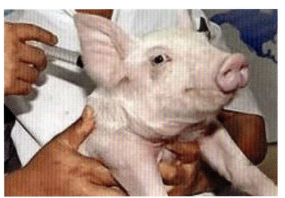

图1-2 猪场场区建设   图1-3 猪疫苗接种

3. 加强猪群的饲养管理 加强饲养管理，是搞好猪病防治的基础，是增强猪体抗病能力的根本措施。

（1）选择优质的仔猪 从无疫地区和无病猪群购进种猪或仔猪，确保无病猪进入猪场，并建立健全隔离制度，保证必要的隔离条件。

（2）供给全价饲粮 饲粮的营养水平不仅影响猪群的生产能力，而且缺乏某些成分或引发相应的缺乏症。所以要从正规的饲料厂购买饲料，贮存时注意时间不要过长，并防止霉变和结块。在自配饲粮时，要注意原料的质量，避免饲粮配方与实际应用相脱节。

（3）给予适宜的环境温度 适宜的环境温度有利于提高猪群的生产能力。如果温度过高或过低，都会影响猪群的健康，冷热不定容易导致猪体感冒及其他疾病。

4. 坚持严格的卫生和消毒制度 坚持定期清理猪舍内外，保持环境清洁卫生，定期对猪舍进行消毒。饲养人员进猪舍前（图1-4），坚持洗手，外来人员一律禁止进入猪舍。饲养人员进舍须更换工作服，喷洒药物或紫外线消毒，饲养用具固定使用，不得串换。

图1-4 猪场大门消毒

5. 进行必要的药物预防 对于某些细菌性传染病，应根据疫病易发的季节和猪易发的月龄，提前给予有效的药物，达到以防为主、防重于治的目的。

五、扑灭猪群传染病的基本措施

一旦发生传染病，为了扑灭疫情，避免造成大范围流行，必须立即查明和消灭传染源，切断传染途径，提高猪群对传染病的抵抗力。

（1）发现异常，及早做出诊断　发现猪群中有部分猪发病或异常时，应立即请兽医人员亲临现场，做出病情诊断，并查明发病原因。必要时应把疫情通知周围猪场或养猪户，以便采取预防措施。

（2）针对疫情，及时采取防治措施　当确诊为猪瘟、口蹄疫等烈性传染病时，如为流行初期，应立即对未发病猪群进行疫苗紧急接种，以便在短期内使流行逐渐停止。但到了流行中期，已经感染而貌似健康的猪为数很多，此时接种疫苗，往往收效不大。当确诊为猪丹毒、猪肺疫等细菌性传染病时，在流行初期除用菌苗进行紧急接种外，还可用磺胺类药物或抗生素进行治疗和预防，并加强饲养管理。

（3）严格隔离和封锁，防止疫情蔓延　对发生传染病的猪群要进行全部检疫，对检出的病猪要隔离治疗；疑似病猪也应隔离观察，对病猪或疑似病猪都应设专人饲养管理。对发生传染病的猪群和猪场，应及早划定疫区，进行严格封锁（图1-5）。在封锁期间，禁止仔猪、种猪调进或调出。待场内病猪已经全部痊愈或全部处理完毕，猪舍、场地和用具经过严格消毒后，经过两周，再无新病例出现，然后再做一次严格大消毒，方可解除封锁。

图1-5　疫区封锁

（4）坚决淘汰病猪，彻底进行环境消毒　猪群发病后，对所有病重的猪要坚决淘汰、扑杀。如果可以利用，必须在兽医部门同意的地点，在兽医监督下加工处理。猪毛、血水、废弃的内脏要集中深埋，肉尸要高温处理。病死猪的尸体、粪便和垫草等应运往指定地点烧毁或深埋，防止狗、猫等扒吃。对于被污染的猪舍、运动场及饲养用具，都要用2%~3%的热火碱等高效消毒剂进行彻底消毒。

第二章
猪病的诊断与投药

一、猪病的诊断方法

诊断的目的是尽早认识疾病，以便采取及时而有效的防治措施。只有及时正确地诊断，防治工作才能有的放矢，使猪群病情得以控制，免受更大的经济损失。猪病的诊断主要从以下6个方面着手。

（一）流行病学调查

有许多猪病的临床表现非常相似，甚至雷同，但各种病的发病时机、季节、传播速度、发展过程、易感日龄、性别及对各种药物的反应等方面各有差异，这些差异对鉴别诊断有非常重要的意义。如一般进行某些预防接种的，在接种免疫期内可排除相关的疫病。因此，在发生疫情时要进行流行病学调查，以便结合临床症状、剖检病变和化验结果，确定最后诊断。

（二）临床诊断

临床诊断病猪常用的方法，包括视诊、触诊、叩诊、听诊和嗅诊。临床检查，通常按一般检查和系统检查的顺序进行（图2-1、图2-2）。

图 2-1 猪病视诊

图 2-2 猪病触诊

一般检查包括猪体外观检查和体温检查。系统检查包括循环系统检查、呼吸系统检查、消化系统检查、泌尿生殖系统检查、神经系统检查等。

患猪腹部临床症状重点怀疑疫病见图2-3。

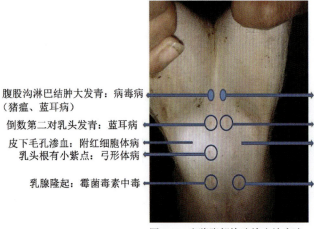

腹股沟淋巴结肿大发青：病毒病（猪瘟、蓝耳病）
倒数第二对乳头发青：蓝耳病
皮下毛孔渗血：附红细胞体病
乳头根有小紫点：弓形体病
乳腺隆起：霉菌毒素中毒

腹股沟淋巴结肿大不发青：圆环病毒病
乳头根发青：伪狂犬病
皮下有排列整齐的小紫点：弓形体病
所有乳头发青：圆环病毒病、蓝耳病

图2-3 患猪腹部快速检查认症法

（三）尸体剖检诊断

临床诊断，有些疾病症状很不明显，有些发病突然死亡，来不及临床检查，或者临床检查没有发现任何病症。这些可通过病猪死后尸体剖检，做全面、系统的观察，检查组织器官的病理变化，结合生前症状，做出正确的诊断（图2-4~图2-7）。

图2-4 病猪剖检

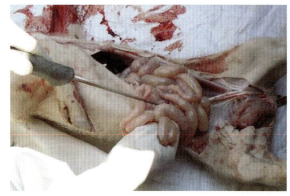

图2-5 病猪剖检

图2-6 病猪剖检

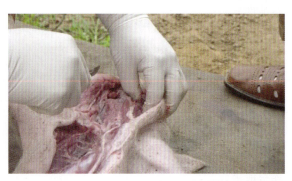

图2-7 剖检猪的下颌淋巴结

（四）实验室诊断

经过临床和剖检诊断，积累大量资料，但还不能最后确诊，有些疾病还存在疑问，需要进一步深入研究，往往需配合实验室检查，进一步收集材料，弄清一些问题，给最后确诊提供依据（图2-8）。

（五）药物诊断

使用药品治疗疾病，有的效果很好，非常理想；有的疗效不明显；有的无疗效，病情愈来愈

图 2-8　实验室诊断

重。如用青霉素治疗猪瘟，完全无效，而青霉素治疗猪丹毒却有特效。这也给诊断提供了依据。

（六）猪病的鉴别诊断

随着我国集约化养猪的发展，近年来猪病的发生有了很大变化，临床上主要表现为非典型、混合感染，而猪病的临床表现和病理变化也变得错综复杂，这给猪病的临床诊断带来了困难。尤其是一些新传染病的传入，给我国养猪业也带来了巨大损失。对于小型猪场而言，在猪病诊断中，鉴别诊断相对难度较大，但非常重要，必须给予高度重视。一些传染病的发生是有其特殊现象和规律的，无论从疾病主要侵害器官，还是相应产生的临床症状和流行病学特点等，都具有其特点。可以说，每一种疾病的发生都不是危害单一系统的，根据病程和发病规律，猪病的临床症状牵涉到至少2个或2个以上的系统，所以一定要准确地判断哪个是主要的受侵害系统，综合所有的症状来确定疾病。任何事物都不是孤立的，对于疾病的鉴别诊断更应该全面地考察，综合考虑、认真分析，必要时必须依靠科学的检测手段才能确诊。

在猪病的鉴别诊断中，尤其是大型养猪场，要注意群发性疾病与散发性疾病的区别对待。群发性疾病带来的危害和损失巨大，对一些养猪场可能构成致命性的损失，甚至导致养猪场彻底垮掉。引起群发性的疾病主要考虑以下几方面的因素：一是传染性疾病，包括细菌性疾病和病毒性疾病；二是寄生虫病；三是营养代谢病；四是中毒性疾病。散发性疾病一般以普通病为主，如初生仔猪的弱仔、营养不良、胃肠炎、恶癖、蹄病等，同时也包括一些传染病和寄生虫病的零星发生。传染病的发生特点一般是先有一部分猪只发病，然后蔓延至整个猪群和其他猪舍，并伴随着传染性疾病的特征性变化。饲料因素引起的疾病一般全群同时发病，或使用同一批饲料的猪同时发病，并伴有代谢性疾病的特征性变化。目前中毒性疾病的发生相对较少，但是由于使用药物不当而引起的中毒还应该引起注意，一般的情况不会引起全群发病，除非饲料内药物添加时剂量过大，可导致全群发病。

二、猪体的保定方法

1. 仔猪保定法　一手将仔猪抱于怀中，托住颈部，另一手轻按后驱即可；也可将仔猪侧卧于操作台或平地上，一手按住头部，另一手握住下侧前肢；或将仔猪横卧在地面，一脚踩住颈部，另一

脚踩一后肢（图2-9）；或由畜主握住仔猪两后肢，将猪倒提起，使猪腹部朝前，用两腿夹住猪的头部，以防骚动（图2-10）。

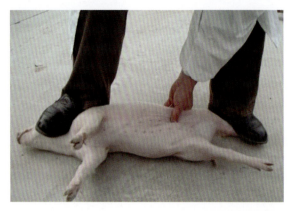 

图 2-9　仔猪卧倒保定　　　　　　　　　　　　　　　　　　图 2-10　仔猪倒立提举保定

2. 吊床保定法　此法适用幼猪和中猪。选择与猪重、体长相应的吊床，猪体重小于15千克的可以单人抱起，体重稍大的可以2人抬起放在吊床上，猪四肢从吊床相应的孔洞露出。绑紧猪背部两道固定绷带，需要四肢部位操作时，用尼龙索带绑扎固定四肢（图2-11）。

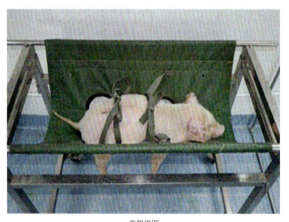 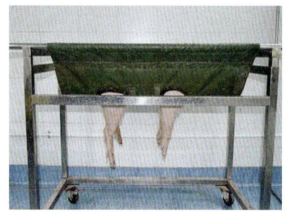

背侧视图　　　　　　　　　　　　　　　　　　　　　　　侧面视图

图 2-11　吊床保定

3. 握耳提举保定法　此法适用于中等体格猪。保定者两腿夹住猪的胸侧，双手紧握猪的两耳，用力将头和前躯一并提起（图2-12）。

4. 猪鼻捻绳保定法　适用于成猪和性情凶暴的猪，由助手紧握猪两耳，保定者用一根粗细适中的绳索做成活套，套在猪的上颌部，然后用手拉住或拴绕在单柱上，借猪向后退的力量拉紧绳结，起到保定作用（图2-13、图2-14）。

5. 横卧保定　用于中猪和大猪。一人握住猪一条后腿，另一人握住猪的耳朵，两人同时向同一侧用力将猪放倒，一人按压猪头颈部，用绳拴住四脚加以固定（图2-15）。

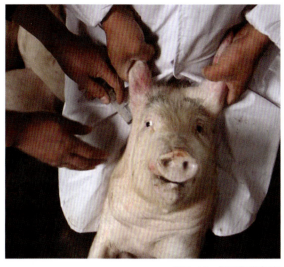

图 2-12　握耳提举保定

图 2-13　猪鼻捻绳保定

图 2-14　猪鼻捻绳保定

图 2-15　横卧保定

三、猪的体温测量

　　猪的正常体温在38.0~39.5℃，在天热时直射日光下可达40℃左右。一般用兽用体温计或人用肛表插入猪的肛门中测温。

1. 测量猪体温的方法（图2-16~图2-18）

　　①先将体温计的水银柱甩至35℃以下。

　　②用酒精或新洁尔灭棉球擦拭温度计，涂上润滑剂。

　　③测温人的一手将猪的尾根部提起，另一手持体温计徐徐插入肛门中，放下尾巴，用附在体温计上的夹子，夹在尾部的毛上以固定之，无夹子时可用手抵住。

　　④按体温计的规格的要求，使温度计在肛门内放置一定时间（如温度计为3分计，则需放置3分钟），取出后读取水银柱上端的度数即可。

　　⑤测好后，应将温度计用消毒棉球擦拭，以备再用。

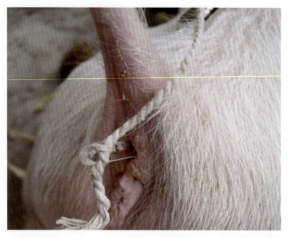

图 2-16　猪的体温测量

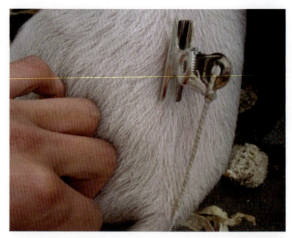

图 2-17　猪的体温测量

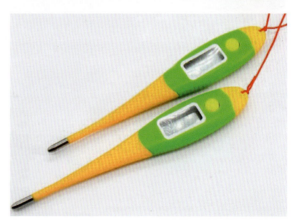

图 2-18　猪用电子体温计

　　2. 测量猪的体温时应注意的问题　当直肠、肛门内有粪球时，应让粪球排出后再测温，否则测得的温度不准确。另外若肛门括约肌很紧，用体温表在肛门中轻轻地转动几下，使局部放松后再插入，不然易损伤直肠黏膜。

四、猪的采血

　　成年猪血液循环见图2-19。

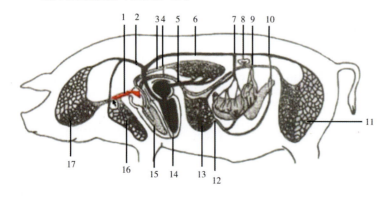

1. 前腔静脉　2. 臂头动脉总干　3. 肺动脉　4. 后腔静脉　5. 肺静脉　6. 胸主动脉　7. 腹腔动脉　8. 肾动脉　9. 肠系膜前动脉　10. 肠系膜后动脉　11. 后肢毛细血管　12. 门静脉　13. 肝毛细血管　14. 左心室　15. 右心室　16. 前肢毛细血管　17. 头部毛细血管

图 2-19　成年猪血液循环模拟图

1. **耳缘静脉采血**　站立保定，助手用力在耳根捏压静脉的近心端，手指轻弹后，用酒精棉球反复涂擦耳静脉使血管怒张。沿血管刺入，见有血液回流，缓慢抽取所需量血液或接入真空采血管（图2-20）。用棉球按压止血。

2. **前腔静脉采血**　采取站立保定姿势时，利用保定器保定后，让猪头仰起，露出右腋窝，从右侧向心脏方向刺入，回抽见有回血时，即把针芯向外拉使血液流入采血针；采取仰卧保定姿势时，保定人员把生猪前肢向后方拉直，选取胸骨端与耳基部的连线上胸骨端旁2cm的凹陷处，消毒后一般用装有20号针头的注射器向后内方与地面成60°角刺入2~3cm，当进入约2cm时一边刺入，一边回抽针管内芯，针头刺入血管时即可见血进入针管内，采血完毕后局部消毒（图2-21）。

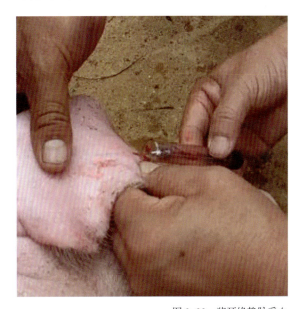 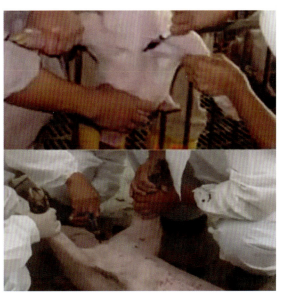

图 2-20　猪耳缘静脉采血　　　　　　　　　　图 2-21　猪前腔静脉采血

五、病死猪的剖检

使病猪尸体仰卧，可先切断肩胛骨内侧和髋关节周围的肌肉，使四肢摊开。然后，沿两侧肋骨后缘，连皮带肉做一弧形切开，切开部往后拉，使腹腔脏器全部暴露，观察腹腔脏器有无异常。在横膈膜处切断食管，骨盆腔内切断直肠，将胃、肠、肝、胰、脾一并拉出分别检查；先看外观，后切开胃、肠与切割肝、脾，进行内部观察。从腰椎两旁摘出肾脏，骨盆腔内取出膀胱予以检查。

用刀或剪刀切（剪）断两侧的肋软骨与肋骨接合部。在切割处，两手各向外用力，折断肋骨与胸椎的连接，使胸腔敞开。用刀切断喉头部附着物，用手握住气管，将心脏、肺脏一并拉出，逐一检查。

检查脑部应先用刀或斧在颅顶的中央劈成裂缝，用凿子在颅顶边缘凿成骨裂，再用凿子或刀背伸入颅顶中央，仔细地撬去骨片，直至脑部全部暴露。

六、猪的投药方法

猪常用的投药方法，有注射法、混饲法、口投法和胃管投药法等。

1. 注射法 注射法是用注射器将药液注入猪体内的方法。常用的有以下4种方法。

（1）肌肉注射 是最常用的方法，注射部位一般选择在肌肉丰满、神经干和大血管少的颈部和臀部。注射时，针头直刺入肌肉2~4厘米深，注入药液（图2-22），注毕拔出针头。注射前后均应消毒，刺入时用力要猛，注药的速度要快，用力的方向应与针头一致，以防折断针头。

（2）皮下注射 将药液注入皮肤与肌肉之间的组织内。注射部位可选择在皮薄且容易移动的部位，如大腿内侧、耳根后方等。注射时，左手捏起局部的皮肤，成为褶皱，右手持注射器，由褶皱的基部刺入，进针2~3厘米，注毕拔出针头，注射前后均应消毒（图2-23）。当药液量大时，要分点注射。

（3）静脉注射 将药液注入静脉内，使之迅速发挥作用。注射部位常选择在耳部大静脉。注射时，先用手指捏压耳部静脉管，使静脉充盈、怒张，然后手持连接针头的注射器，沿静脉管使针头与皮肤成10°~15°角刺入皮肤及血管，松开耳根部压力，见回血后左手固定针头刺入的部位，右手拇指徐徐推动活塞，注入药液（图2-24），注射完毕后，左手持棉球压针孔处，右手迅速拔针，防止血肿发生。

（4）腹腔注射 即把药液注入腹腔，仔猪常用这种方法。注射时，用手提起猪的两后腿，形成倒立，在耻骨缘中线旁3~5厘米处，针头垂直地刺入2~3厘米，药液注射后拔出针头（图2-25）。

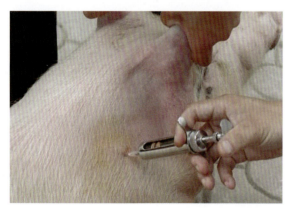

图2-22 肌肉注射

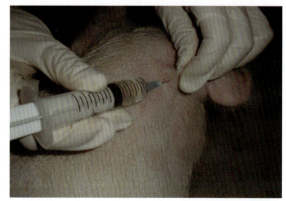

图2-23 皮下注射

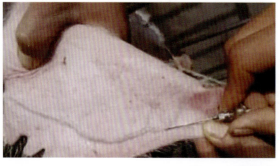

图2-24 静脉注射

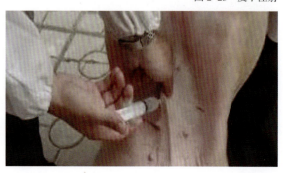

图2-25 腹腔注射

2. 混饲法　对于还能吃食的病猪，而且药量少，又没有特殊的气味，可将药物均匀地混合在少量的饲料或水中，让猪自由采食。

3. 口投法　一人握住猪的两耳或前肢，并提起前肢和前躯，另一人用木棍等将猪嘴撬开，把药片、药丸或舐剂置于舌根背面处（图2-26）。水剂药物可用长颈药瓶或带桶的塑料管直接灌入（图2-27）。幼仔猪可用连续注射器定量注入口腔（图2-28）。

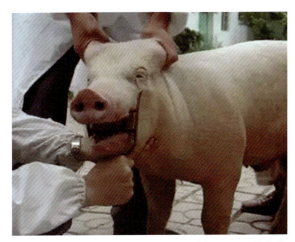

图 2-26　口腔投药　　　　　　　　　　　　　　　　　　　　图 2-27　口腔灌药

4. 胃管投药法　用绳套套住猪的上腭，用力拉紧，猪自然向后退。这时用开口器的两端绳勒紧两嘴角。将胃管从开口器中央插入，胃管前端至咽部时，轻轻刺激，引起吞咽动作，方便插入食道。判断方法是将橡皮球捏扁，橡皮球上端捏紧，当手松开橡皮球后，不再鼓起，证明橡皮管在食道内，再送胃管至食道深部，从漏斗进行灌药（图2-29）。

图 2-28　口腔灌药　　　　　　　　　　　　　　　　　　　　图 2-29　胃管投药

第三章
猪的免疫接种

　　猪的免疫接种，是将疫苗或菌苗（以下简称为疫苗）用特定的人工方法接种于猪体，使猪在不发病的情况下产生抗体，从而在一定时期内对某种传染病具有抵抗力，达到个体乃至群体预防和控制传染病的目的。免疫接种是诸多预防传染病手段中最经济、最方便、最有效的方法之一。

　　疫苗和菌苗是毒力（致病力）较弱或已被处理致死的病毒、细菌制成的。用病毒制成的叫疫苗，用细菌制成的叫菌苗，含活的病毒、细菌的叫弱毒菌，含死的病毒、细菌的叫灭活苗。疫苗和菌苗按规定方法使用没有致病性，但有良好的抗原性。

一、疫苗的保存、运输与使用

　　疫苗是利用病毒或细菌本身除去或减弱它对动物的致病作用而制成的。分灭活苗和弱毒苗两类。

　　要使疫苗接种到猪体后产生确实的免疫力，必须合理保存、运输和使用。一般情况下，保存液体的疫苗，要避免高温、结冻和阳光直射，保存温度在2~15℃。保存冻干菌一般在零下低温贮藏，如猪瘟、猪丹毒弱毒冻干菌，应在－15℃条件下保存，如在0~4℃或0~8℃条件下保存，保存时间将缩短1/4~1/2。凡须低温保存的疫苗，在运输中，应采取冷藏措施，使温度不高于10℃。

　　使用疫苗时应注意以下几个方面：

　　①使用前要了解当地是否有疫情，决定是否用或用何种疫苗。并对自家猪群进行一次健康检查，对患病、瘦弱、妊娠后期的猪做好登记，暂不接种。

　　②要认真阅读疫苗使用说明书。

　　③在使用前仔细检查瓶口、胶盖是否密封，对瓶签上的名称、批号、有效期等做好记录。对不同温度条件下贮存的疫苗要进行有效期的换算。过期的、冻干苗失真空的、瓶内有异物等异常变化

的疫苗不能使用。

④稀释疫苗的用具及接种疫苗时使用的器械在接种前后均须洗净消毒。

⑤疫苗稀释后要充分振荡药瓶，吸药时在瓶塞上固定一个专用针头，并放在冷暗处。

⑥在接种疫苗的过程中，要使疫苗避光避热，开瓶后按规定时间用完。如用注射法，每注射一头猪，须换一个消毒过的针头。

⑦在接种工作进行中或完毕后（一般在24小时内），观察是否有严重接种反应的猪。如果有应及时治疗。

⑧用猪丹毒、猪肺疫、仔猪副伤寒等弱毒菌苗的前后10天，禁用各种抗生素类药物。

⑨口服菌苗所用的拌苗饲料禁忌酸败发酵等偏酸性饲料，禁忌热水、热食。

二、疫苗质量的测定

1. 物理性状的观察 生物制品使用前应认真检查有无破损，外观是否符合各类制品规定的要求。例如，冻干活菌苗应是疏松海绵状固体，稀释后团块迅速溶解均匀，无异物和干缩现象。凡玻璃瓶有裂纹、瓶塞松动以及药品色泽等物理性状与说明不相符者，不得使用。

2. 冻干活菌苗、疫苗真空度的测定 测定真空度采取高频火花测定器。测定时瓶内出现蓝色或紫色光者为真空（切勿直对瓶盖），不透光者为无真空。无真空疫苗不得使用，若使用这种冻干菌苗免疫必然失败。

3. 效力检查 效力检查在生产实践中具有重要意义。凡合法生物药品制造厂所生产的菌苗、疫苗，均应为经过检验的合格产品，产品附有批准文号、生产日期、批号、有效期等说明。但在生产实践中，往往由于保存、运输以及使用不当，造成菌苗、疫苗质量下降。为确保免疫效果，疫苗使用前应进行效力检验。检验方法应严格按农业部颁布的规程进行。

三、猪群免疫程序的制订定

1. 制定猪群免疫程序应考虑的问题 有些传染病需要多次免疫接种，在猪的多大日龄接种第一次，什么时候再接种第二次、第三次，称为免疫程序。单独一种传染病的免疫程序，见后面关于该病的叙述；在群猪饲养期内的综合免疫程序，要根据具体情况先确定对哪几种病进行免疫，然后合理安排。制定免疫程序时，应主要考虑以下几个方面的因素：本地区疫病的流行状况及严重程度，猪群类型，母源抗体的水平，猪体免疫应答能力，疫苗的种类，免疫接种的方法，各种疫苗接种的配合，免疫对猪体健康及生产能力的影响等。

2. 各类猪常用疫苗与免疫程序 在生产中，一般情况下，中、小型猪场可参考下列免疫程序：

（1）种猪必需免疫疫苗

①猪瘟：每年春秋各1次，一刀切方式，选用ST细胞苗较好。

②伪狂犬病：每年3次，一刀切方式，选用进口苗最佳，K61/HB98/HB2000也可以。

③口蹄疫：每年3~4次，一刀切方式，选用OA双价苗注射。

④乙型脑炎：选择弱毒疫苗，每年2次，4月、5月各1次。

⑤细小病毒感染：初产母猪配种前免疫2次，间隔28天；分娩后15天免疫1次，一般跟3胎，严重猪场一直免疫。

⑥流行性腹泻：产前45天、产前20天各免疫1次，选用最新变异毒株。

（2）种猪非必需免疫疫苗

①高致病性蓝耳病：每年2次免疫，产后15天1次，其他时间1次，选用天津株或者蓝耳灭活疫苗。

②圆环病毒病：产前30天注射免疫。

（3）育肥猪免疫程序

①猪瘟：25日龄首免，55日龄二免。

②伪狂犬病：1日龄滴鼻0.5头份，注射0.5头份，激发黏膜免疫；30~35日龄二免，肌肉注射；60~65日龄三免，主要预防育肥后期个别猪发病。

③高致病性蓝耳疫苗，选做。

④口蹄疫：根据免疫抗体水平确定首免日龄。一般可以在45日龄首免，75日龄二免，130~150日龄三免（出栏体重超过125千克）。

⑤圆环病毒病：10~15日龄首免，一般不用加强免疫。如果防控效果不好，可以在25~30日龄加强免疫1次。

（4）其他可以选择的疫苗

①副猪嗜血杆菌：一般选多价灭活苗在母猪产前45天和产前25天各注射1次。

②猪丹毒、猪肺疫、副伤寒：可以用三联苗，有口服苗，应用时剂量加倍。

③大肠埃希菌（K88/K99/9878/F41）：母猪产前45天注射，可以有效预防仔猪黄痢。

④仔猪红痢：母猪产前45天应用。

⑤萎缩性鼻炎：母猪产前50天和30天各注射1次。

⑥猪流感：一般在秋冬、冬春季节出现温差时提前注射。

（5）外购猪到家免疫保健程序

3天：猪瘟、口蹄疫，一面一针，两种疫苗不能混合注射。

10天：伪狂犬病疫苗注射。

17天：选做高致病性蓝耳病疫苗。

35天：猪瘟、口蹄疫第二次免疫。

40天：伪狂犬病第二次免疫。

3. 中、小型猪场寄生虫病的控制程序　在生产中，一般情况下，中、小型猪场控制寄生虫病可参考以下程序：

（1）药物选择　应选择高效、安全、广谱的抗寄生虫药。

（2）常见螨虫和外寄生虫控制程序　首次执行本寄生虫病控制程序的猪场，应首先对全场猪只进行彻底驱虫。

对妊娠母猪于产前1~4周内用抗寄生虫药驱虫1次。

对公猪每年至少用药2次；但对外寄生感染严重的猪场，每年应用药4~6次。

所有仔猪在转群时用药1次。

后备母猪在配种前用药1次。

新购进的猪只用伊维菌素治疗2次（每次间隔10~14天）后，并隔离饲养至少30天才能和其他猪只并群饲养。

四、免疫接种的常用方法

不同的疫苗、菌苗，对接种方法有不同的要求，归纳起来，主要有口服法、肌肉注射法、皮下注射法、皮内注射法、静脉注射法、气雾免疫法等。

1. **口服法**　分饮水和喂饲两种方法。经口免疫应按猪群头数计算饮水量和采食量，停饮或停喂半天，然后按实际头数的150%~200%量加入疫苗，以保证饮、喂疫苗时，每头猪都能饮用一定量水和吃入一定量料，得到充分免疫。

2. **肌肉注射法**　注射部位多选择在臀部和颈部，注射时针头直刺入肌肉2~4厘米深，然后注入疫苗液（图3-1）。

3. **皮下注射法**　注射部位多选择在猪的耳根后方，注射时先用左手拇指和食指捏起局部的皮肤，成为褶皱，右手持注射器将针头刺入皮肤与肌肉之间，然后注入疫苗液。

4. **皮内注射法**　注射部位多选择在猪的耳根后方，一般仅用于猪瘟结晶紫疫苗等少数制品。

5. **静脉注射法**　注射部位多选择在猪的耳静脉。兽医生物药品中的免疫血清除了皮下和肌肉注射，均可采取静脉注射，特别是在紧急治疗传染病时。疫苗、诊断液一般不做静脉注射。

6. **气雾免疫法**　此法是用压缩空气通过气雾发生器将稀释的疫苗喷射出去，使疫苗形成直径1~10微米的雾化粒子，均匀地浮游在空气之中，通过呼吸道吸入肺内，以达到免疫接种的目的（图3-2）。

图 3-1　肌肉注射

图 3-2　气雾免疫

五、免疫接种失败的主要原因

1. **正常免疫反应受到抑制** 如严重的寄生虫感染、营养不良和各种应激反应等。特别注意的是幼畜体内有母源抗体，一定水平的母源抗体抑制弱毒疫苗的作用，从而导致免疫失败；不同种类疫苗之间存在干扰作用，不同疫苗同时或在间隔时间很短情况下进行免疫，可能干扰免疫效果，其中弱毒疫苗间影响较大而灭活疫苗间影响较小；在疾病治疗时使用抗菌药物或免疫抑制性药物也会对免疫效果产生影响，由于抗菌药物能杀灭病原微生物，也能杀灭或抑制弱毒细菌疫苗（炭疽、猪肺疫、布鲁氏菌等弱毒疫苗），因此使用这些药物时进行弱毒细菌疫苗免疫接种，会影响疫苗免疫效果。

2. **疫苗使用不当** 疫苗接种工作人员工作不认真负责，疫苗接种量不够，动物免疫接种密度不高，接种途径错误等，易造成免疫效果不佳，对免疫畜群不能提供有效的免疫保护。

3. **疫苗失效** 如活毒苗贮存不当，使用期已灭活；用化学消毒剂消毒注射器；接种时皮肤涂擦酒精过多导致疫苗被灭活等，也都可以导致免疫失败。

4. **免疫程序不合理** 每个地区发生的动物传染病和流行毒株不同，流行规律也不尽相同，因此需要免疫的动物疫病种类、免疫次数、免疫时间也应有所不同，盲目照搬其他地区或其他猪场的免疫程序，可能导致免疫效果不佳或免疫失败的发生。应根据当地的具体情况，选择适合的疫苗和合理的免疫程序。

第四章
猪病毒性传染病的鉴别诊断与防治

一、非洲猪瘟

非洲猪瘟是由非洲猪瘟病毒所引起的一种急性致死性传染病,其临诊特征为病程短、病死率高、病猪高热稽留、皮肤发绀、淋巴结和内脏器官严重出血、血小板减少。

本病临床症状和病理变化类似猪瘟,但发病更为急剧,临床诊断比较困难,难以消灭,1921年首次发现于肯尼亚,并一直流行于非洲,近年来我国也有发生。

本病仅发生于猪,任何品种、年龄的猪均可感染,其自然宿主包括家猪、野猪、疣猪、钝缘软蜱等(图4-1)。

A.家猪　B.欧洲野猪　C.非洲灌丛野猪　D.疣猪　E.巨型森林猪　F.钝缘软蜱

图4-1　非洲猪瘟的自然宿主

病猪、隐性感染猪、康复猪均是传染源，被病毒污染的饲料、饮水、饭店的残羹剩饭、泔水、运输车辆、饲用工具、饲养场舍是重要的传染媒介，虻、蜱也可能是传染媒介，发病没有明显的季节性。飞机场和海港码头附近农民利用飞机、轮船的废弃物喂猪也能引起发病。初次暴发时病重死亡率高，以后逐渐下降，康复猪携带病毒时间很长。

临床症状

潜伏期5~19天。被非洲猪瘟病毒感染后，患猪的临床体征具有高度的可变性，这取决于多种因素，如病毒的致病力、猪的品种、暴露途径、感染剂量以及该地区的流行情况等。根据毒力，非洲猪瘟病毒分为3种主要类型，即高毒力毒株、中等毒力毒株和低毒力毒株。非洲猪瘟的临床表现形式从最急性型（发病急，死亡快）到隐性型（无明显的临床症状）。一般来说，高毒力毒株引发最急性和急性症状，中等毒力毒株引发急性或亚急性症状。

（1）最急性型　常不显症状即突然死亡。有时体温达41~42℃，呼吸急促，皮肤充血、出血，病死率90%~100%。

（2）急性型　在高热初期仍采食，后厌食，精神委顿，站立困难，行动无力，呼吸急促，时有咳嗽，皮肤充血并发绀，耳、肢端、腹部有广泛不规则淤血斑、血肿和坏死斑。后期常发生出血性肠炎，可出现腹泻和血便。病死率60%~90%。

肥育猪：病初，发热41℃以上，废食，喜饮，体表发红或发黄。随后精神委顿，呼吸急促（图4-2），体表出现出血点或出血斑，出血斑后期凸起于皮肤，形状不规则，指压不褪色，呈红色或黑色；有的后躯皮肤呈大面积紫癜（图4-3~图4-7）。眼结膜充血（图4-8）；排稀便、血便（红色或黑色血便）（图4-9）；呕吐，呕吐物为黄绿色或血样物（图4-10、图4-11）；排水样稀便，口吐鲜血（图4-12）；有的出现神经症状。

图4-2　患猪精神委顿，废食，呼吸急促

图4-3　患猪精神委顿，体表有紫斑

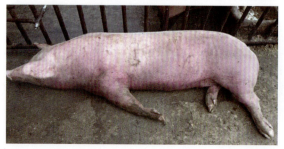

图4-4　患猪皮肤紫斑

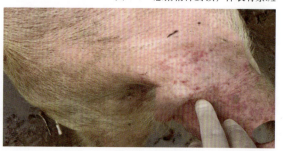

图4-5　患猪耳部出血斑突出于皮肤

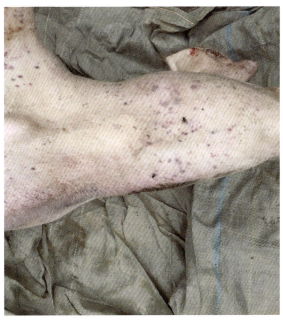

图 4-6　患猪下颌皮肤淡紫色出血斑（猪瘟是出血点）

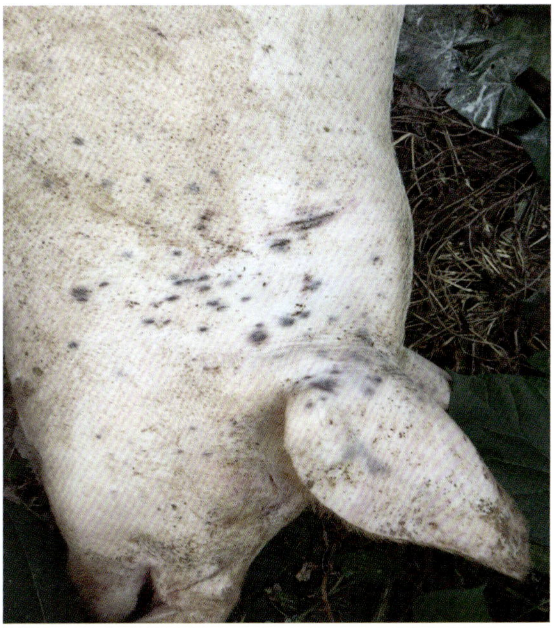

图 4-7　患猪耳后与颈部皮肤深蓝紫色出血斑（猪瘟是出血点）

图 4-8　患猪眼结膜充血

图 4-9　患猪排污灰色稀便与血便

图 4-10　患猪呕吐（鼻孔呛出）

图 4-11　患猪呕吐，呕吐物呈黄绿色

产仔母猪：精神委顿，厌食，鼻境干燥，体温41℃左右；皮肤发红（图4-13）；后腿无力；眼睛肿大；呕吐；腹泻血痢；流产。

（3）亚急性型　症状与急性相似。病初体温升高，持续几天或不规则波动，孕猪有流产现象。出现症状6~10天内死亡。

（4）慢性型　症状极不一致。一般出现精神委顿，体温39.5~40.5℃，呈不规则波浪热，还可见肺炎、呼吸困难。皮肤可见坏死、溃疡、斑块或小结节。耳、关节、尾、鼻、唇等处可见坏死性溃疡脱落。腿关节软性肿胀无痛，也见于颌部。病程可持续1个月至数月。或除生长缓慢外无任何症状。大部分病猪能康复，终生带毒。

（5）隐性型　此型非洲野猪中常见，家猪可能感染低毒所致，或由亚急性或慢性转来，外观体征健康，实际带毒，有引起本病的潜在危险。

图4-12　患猪排水样稀便，口吐鲜血。

图4-13　患猪精神委顿，厌食，皮肤发红

病理变化

最急性型病例以内脏严重出血为特征。未见症状即死，肉眼病变很少。急性型病例，病尸皮肤充血并发绀，脾肿大几倍（巨型脾），色深，有时为黑色，极软易碎；胃、肝、肠系膜淋巴结出血十分严重，有时像血块。肾、膀胱、肺、心、胆囊、胃肠道常见针尖出血点和弥漫性出血（图4-14、图4-15）。还常见心脏绳索样出血，心包积液、胸水、腹水和肺水肿。亚急性型的病变与急性相似但较轻，特征是淋巴结与肾大片出血，肺充血水肿，大肠常见黏膜出血和血样内容（图4-16~图4-29）。慢性型的淋巴网状内皮组织增生是显著的特征之一，还常见纤维性蛋白心包炎和胸膜炎，肺部有干酪样坏死和钙化灶。慢性型死猪半数以上有肺炎病变。

图4-14　患猪病尸皮肤出血、发绀

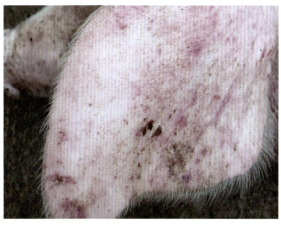

图 4-15　患猪耳部出血

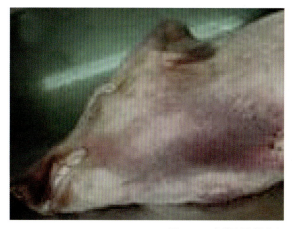

图 4-16　患猪颈腹部出血

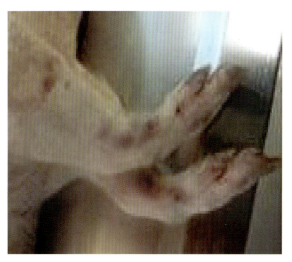

图 4-17　患猪四肢出血

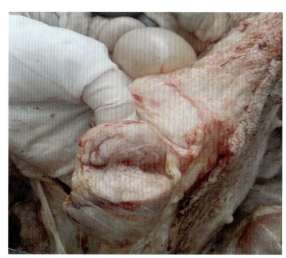

图 4-18　患猪皮下淋巴结肿大

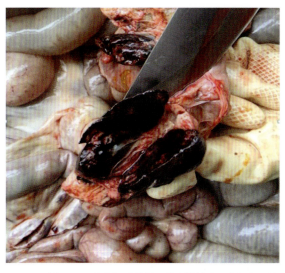

图 4-19　患猪肠系膜淋巴结水肿易碎、暗红色血肿

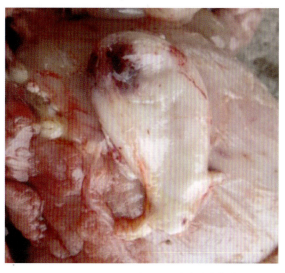

图 4-20　患猪膀胱浆膜出血明显

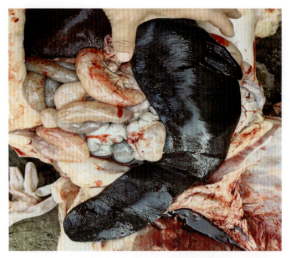

图 4-21　患猪"巨脾"症（猪瘟脾梗死，不肿大）

图 4-22　患猪脾肿充血肿大、变脆，手触易碎

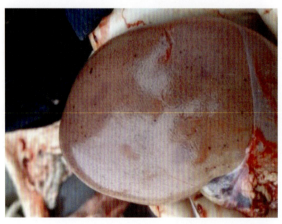

图 4-23　患猪肾有出血性淤血点

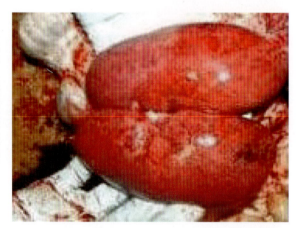

图 4-24　患猪肾脏皮质有明显的淤血（小的点状出血）

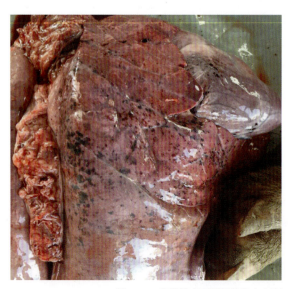

图 4-25　患猪肺表面深蓝紫色出血斑

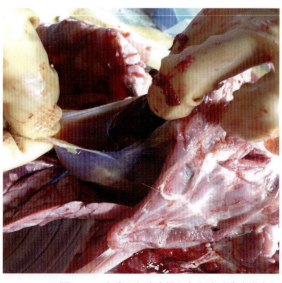

图 4-26　患猪心包腔多量红色积液（猪瘟没有）

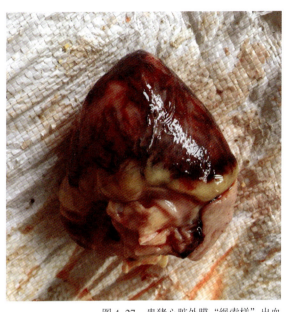

图 4-27　患猪心脏外膜"绳索样"出血

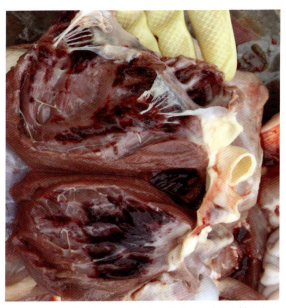

图 4-28　患猪心脏内膜"水流冲击斑样"出血

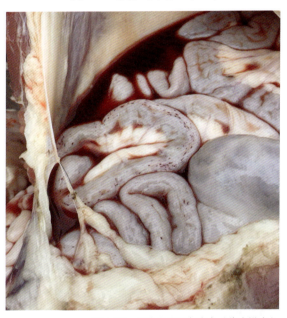

图 4-29　患猪腹腔红色腹水（猪瘟没有）

鉴别诊断

（1）非洲猪瘟与猪瘟的鉴别　二者均表现体温高（40.5~42℃），后躯无力，皮肤发绀，有时呕吐、精神沉郁，死前体温降至常温下，腹泻；淋巴结出血、肠有溃疡，脾有梗死等。但区别是：猪瘟的病原为猪瘟病毒。患猪体温升高时即出现症状，厌食废食，好卧，敲食盆唤之即来，拱拱不食即离开回原处卧下，公猪尿鞘有积尿或异臭分泌物。不咳嗽，鼻无分泌物，肌肉震颤，耳发绀但不肿胀，剖检可见淋巴结肿胀，呈紫红或淡红色，切面相间如大理石状（不似血瘤），肾表面和膀胱黏膜有出血点（不出现瘀斑）。胃肠浆膜黏膜下无水肿，回盲溃疡呈纽扣状（不是小而深）。

（2）非洲猪瘟与猪肺疫（胸膜肺炎型）的鉴别　二者均表现体温高（40.5~42℃），有时腹泻，呼吸困难、咳嗽、流鼻液、皮肤变色；肺有炎症和浆液浸润，全身淋巴结出血，胸腔、心包有积液等。但区别是：猪肺疫的病原为多杀性巴氏杆菌，多种动物易感。患猪体温升高即表现症状，听诊肺有啰音、摩擦音、叩诊胸部疼痛和咳嗽，犬坐、犬卧。剖检全身黏膜、浆膜、皮下组织有大量出血点，肺有纤维性肺炎，有肝变区，切面呈大理石纹，胸膜有纤维性沉着物。血液检查可见两极浓染的杆菌。

（3）非洲猪瘟与猪弓形虫病的鉴别　二者均表现体温高（40.5~42℃），有时腹泻，呼吸快，流鼻液，皮肤有淤血斑。但区别是：猪弓形虫病的病原为弓形虫，多种动物易感。患猪体温较高，不会在4天后自动下降，病时废食，3月龄仔猪多发，淤血斑多发生于耳根和腹下，鼻端不发生。实验室检验可见弓形虫。

诊断重点

具有下列条件即可重点怀疑非洲猪瘟。

（1）临床症状　如果在现场出现"大猪先发、小猪后发；泔水猪多发，饲料猪后发；不分性别、不分品种；夏季多发"，而且高热不退，腹泻并呕吐且吐血便血，白猪皮肤可见成片深蓝紫色出血斑（尤其是下颌与耳后颈部皮肤多见），而且猪瘟疫苗接种与抗生素及抗病毒药物治疗三者都无效（"三无效"）并集中大批死亡，即可临床怀疑非洲猪瘟。

（2）剖检病变

①如果病死猪剖检时出现心脏外膜"绳索样"严重出血，心脏内膜出现"水流冲击斑样"严重出血，脾严重出血肿大并呈"巨脾"；以上三者如见其一结合上述临床症状即可重点怀疑非洲猪瘟。

②如果剖检中没有发现心脏外膜出现"绳索样"严重出血，心脏内膜出现"水流冲击斑样"出血，脾严重出血肿大并呈"巨脾"这3种非洲猪瘟专有性病变，那么在参照上述临床症状的同时，如果出现全身各器官和组织广泛出血尤其是肠系膜淋巴结水肿易碎、暗红色血肿"，脾实质指压易碎；肺脏表面广泛分布有深蓝色出血斑和出血点；肾脏色深（多为深紫红色，猪瘟肾脏多色淡呈浅粉红色）布满出血点、斑；心包大量积液（深砖红色）与胸、腹腔深红色积液——"三腔积液"时也可重点怀疑非洲猪瘟。

防治措施

（1）预防措施　本病毒不产生中和抗体，其病毒免疫机制尚不清楚。目前还没有商品化疫苗，因此对本病的防控，主要依靠综合性防控措施。

①切断传播途径。避免与带毒猪和发病猪接触；避免蜱虫与蚊虫的叮咬（猪舍门窗加纱帘并喷洒杀虫剂）；建立并实施缜密的生物安全措施，避免病毒进入本场。

②杀灭病原。

环境消毒：应用囊膜病毒敏感的消毒液如聚维酮碘、火碱、酚类、醛类对饲养环境进行定期消毒。

猪群消毒：应用可以带猪消毒的消毒药液对猪群定期进行消毒（火碱、酚类与醛类不能带猪消毒）。

饲料消毒：饲料库房每天进行紫外线灯照射消毒。

③提高猪群的非特异性免疫力，如混饲黄芪多糖类、乳酸菌素、小肽类等免疫增强剂。

④给予优质正规饲料。不饲喂泔水与来路不明的肉骨粉或血粉。

（2）紧急扑灭措施　本病没有有效的治疗药物，一旦发生该病，应迅速进行实验室诊断，及时扑杀感染猪群并采取卫生防疫措施，严格限制可疑的ASFV感染猪及猪产品的流动，谨防疫情扩散。对于无非洲猪瘟的国家和地区，一旦发生该病，应迅速启动该病扑灭计划，扑杀所有感染猪群，彻底消灭传染源，猪圈及活动场所、用具应彻底消毒，以防本病暴发流行。

二、猪瘟

猪瘟是由猪瘟病毒引起的急性、热性、高度接触性传染病。急性型以败血症及剖检所见内脏器官出血、坏死和梗死为特征，慢性型以纤维素坏死性肠炎为主要病理剖检特征。

流行特点　本病在自然条件下只感染猪。不同品种、年龄、用途的家猪和野猪均易感染。本病的发生没有季节性，在新疫区常急性暴发，发病率、死亡率均很高。在常发地区，猪群有一定的免疫力，病情常呈亚急性型或慢性经过。本病的感染途径主要是消化道和呼吸道，病猪的粪、尿及各种分泌物（唾液、鼻液等）排出大量病毒，通过直接接触或间接接触被病毒污染的饲料、饮水、场地、各种工具等均可传染。此外，其他动物（猫、狗）、昆虫、老鼠等是机械性传染媒介。

临床症状　潜伏期一般为5~10天。根据病程的长短和病状可分为急性型、慢性型和非典型猪瘟。

（1）急性型　患猪表现发病突然，症状急剧，体温升高到41~42℃，口渴，废食，怕冷，扎堆，嗜睡，皮肤和黏膜紫绀和出血，多数病猪有明显的浓性结膜炎，有的病猪出现便秘，随后出现下痢，粪便恶臭（图4-30~图4-37）。怀孕母猪可出现流产，仔猪出现神经症状，如瘫痪、磨牙、痉挛、转圈等（图4-38、图4-39）。特急性型病例甚至症状尚不明显即因败血症而死亡，一般在出现症状后几小时或几天死亡。

（2）慢性型　多发于老疫区，也有的是由急性不死转为慢性。患猪病状不规则，体温时高时低，猪体消瘦，贫血，喜卧，行动迟缓，食欲不振，喜饮水，便秘和腹泻

图4-30 患猪排污黄色稀便

图4-31 患猪便秘和稀便并存

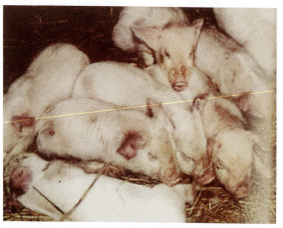

图4-32 患猪发热、怕冷、扎堆、钻草、堆叠

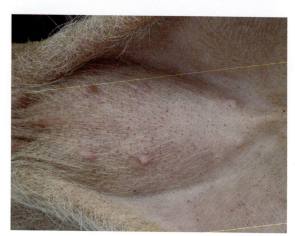

图4-33 患猪腹部皮肤密布出血点

图4-34 患猪化脓性结膜炎

图4-35 患猪下眼皮肿胀（猪瘟导致肾炎引起）

图 4-36　猪瘟耳朵发紫，出血，特点在耳根和耳朵边缘都有出血斑点，指压不褪色

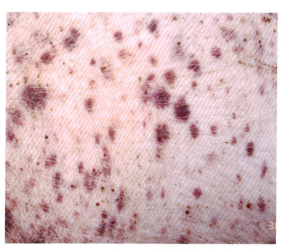

图 4-37　患猪皮肤有出血点、出血斑

图 4-38　猪瘟后腿瘫软，针刺有知觉（蓝耳病有知觉，走路摇摆；伪狂犬病后腿瘫痪没有知觉）

图 4-39　患猪神经惊厥、肌肉僵直

图 4-40　患猪食欲不振、行动迟缓、猪体消瘦

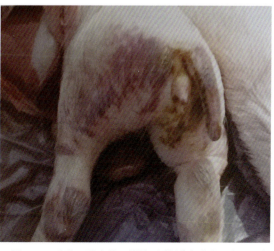

图 4-41　患猪四肢末梢、外阴、尾根等部位出现出血斑点

图4-42 患病母猪所产的死胎、木乃伊胎

交替。有的病猪皮肤有紫斑或坏死痂,妊娠母猪流产,产死胎、木乃伊胎(图4-40~图4-42),病程多在4周以上。

(3)非典型 近年来国内外发生较普遍的一种猪瘟病型,感染猪潜伏期长,症状轻微而且病变不典型,群众称无名高热。死亡率30%~50%,有的自愈后出现干耳和干尾,甚至皮肤出现干性坏疽并脱落。这种类型的猪瘟病程1~2个月不等,有的猪有肺炎感染和神经症状。新生猪常引起大量死亡,自愈猪变为侏儒或僵猪。

病理变化

典型猪瘟,全身淋巴结肿大,尤其是肠系膜淋巴结,外表呈暗红色,中间有出血条纹,切面呈红白相间的大理石样外观,扁桃体出血或坏死。胃和小肠呈现出血性炎症。在大肠的回盲瓣段黏膜上形成特征性的纽扣状溃疡。肾呈土黄色,表面和切面有针尖大的出血点(麻雀卵样),膀胱黏膜层布满出血点。脾的边缘有时见到红黑色的坏死斑块,似米粒大小,质地较硬,突出被膜表面。妊娠母猪感染病毒后,可见流产的胎儿水肿,表皮出血和小脑发育不全(图4-43~图4-60)。

慢型猪瘟病理变化轻微,如淋巴结呈现水肿状态,轻度出血,脾稍水肿,膀胱黏膜仅有少数出血点,回盲瓣可能有溃疡、坏死,但很少有纽扣状溃疡等典型病变。

图4-43 患猪(急性型)口腔黏膜有出血斑、溃疡

图4-44 患猪(急性型)喉头有点状的出血点或出血斑

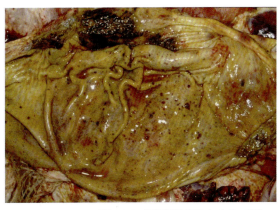

图 4-45　患猪胃黏膜出血（点、斑）。

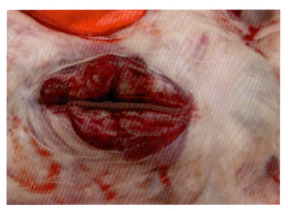

图 4-46　患猪淋巴结呈大理石样（切面湿润）

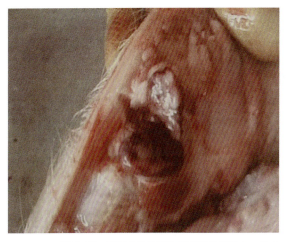

图 4-47　患猪（急性型）颌下淋巴结肿大、出血

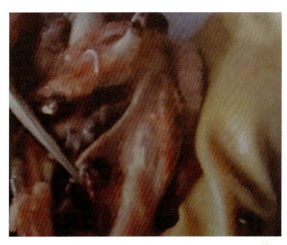

图 4-48　患猪（急性型）肺门淋巴结肿大、出血

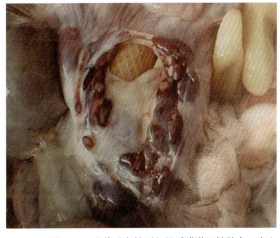

图 4-49　患猪（急性型）肠系膜淋巴结肿大、出血

图 4-50　患猪（急性型）肺脏斑点状出血

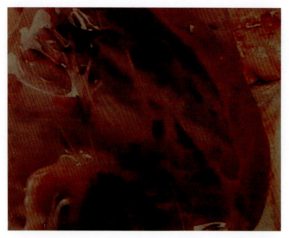

图 4-51 患猪（急性型）肺脏小点状充血、出血

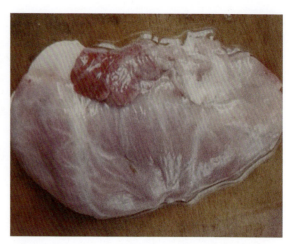

图 4-52 患猪（急性型）心耳出血

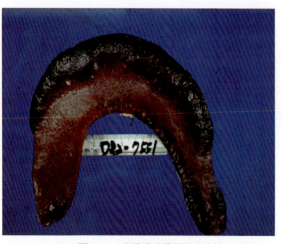

图 4-53 患猪脾边缘严重突出性出血梗死。

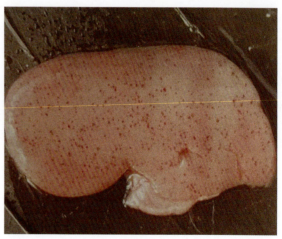

图 4-54 患猪（急性型）肾脾脏表面有大量点状出血（麻雀卵样出血）

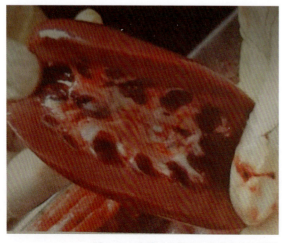

图 4-55 患猪（急性型）肾乳头出血严重

图 4-56 患猪（急性型）胆囊壁有出血斑点

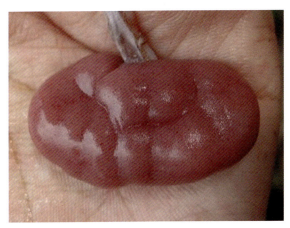

图 4-57　新生仔猪先天性"沟回性猪瘟肾"，一般出现这种肾脏，出生仔猪会有腹泻

图 4-58　患猪结肠黏膜"纽扣状肿"（溃疡）

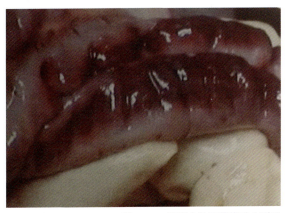

图 4-59　患猪大结肠浆膜出血严重

图 4-60　患猪膀胱黏膜出血

鉴别诊断

（1）猪瘟步与猪急性败血性猪丹毒的鉴别　二者均表现精神沉郁，体温升高，食欲不振，步态不稳，皮肤表面有出血斑点；肠道、肺、肾出血等。但区别是：猪急性败血性猪丹毒的病原为猪丹毒杆菌，以3~12月龄的猪易感，发病急、常呈现突然死亡。病猪皮肤上有蓝紫色斑，指压褪色。胃底部和小肠有严重的出血性炎症，脾肿大呈樱桃红色，肾为出血性肾小球肾炎，淋巴结淤血肿大。实质脏器涂片有大量单在或成堆的革兰阳性小杆菌。抗生素治疗有效。

（2）猪瘟与急性猪肺疫的鉴别　二者均表现精神沉郁，体温升高，喜伏卧，皮肤表面有出血斑点；肠道、心内膜出血等。但区别是：急性猪肺疫的病原为巴氏杆菌。病猪呈现高热、呼吸高度困难，黏膜呈蓝紫色，咽喉部有热痛性肿胀，自口鼻流出泡沫样带血液的鼻汁，常窒息死亡。剖检可见颈部皮下有出血性浆液浸润，肺出血、水肿，淋巴结出血，切面呈红色，实质脏器涂片可见革兰阴性两端浓染的小杆菌。抗生素治疗有效。

（3）猪瘟与猪急性副伤寒的鉴别　二者均表现精神沉郁，体温升高，喜伏卧，步态不稳；肠道、心、肺膜出血等。但区别是：猪副伤寒的病原为沙门氏菌，多发于

2~4周龄的仔猪，阴雨连绵季节多发，疫情发展较猪瘟缓慢。病猪耳、腹部股内侧皮肤呈蓝紫色。剖检可见肠系膜明显肿大，肝实质内有黄色或灰白色小坏死点，脾肿大，暗紫色。

（4）猪瘟与猪流感的鉴别　二者均表现精神沉郁，体温升高，喜伏卧，步态不稳；肠道充血等。但区别是：猪流感的病原为A型流感病毒。病猪呼吸急促，急剧咳嗽，并间有喷嚏，口鼻流出泡沫样液体，结膜呈蓝紫色。剖检可见主要病变在呼吸道，鼻腔潮红，咽、喉、气管和支气管黏膜充血，并附有大量泡沫，有时混有血液，喉头及气管内有泡沫性黏液；肺部呈紫色病变。

（5）猪瘟与猪败血型链球菌病的鉴别　二者均表现精神沉郁，体温升高，皮肤表面有出血斑点；内脏器官充血、出血等。但区别是：猪败血型链球菌病的病原为链球菌。病猪常发生多发性关节炎，运动障碍。剖检可见鼻黏膜充血、出血，喉头、气管充血，有多量泡沫，脾肿胀，脑和脑膜充血、出血。

诊断重点

具有下列条件即可临床重点怀疑猪瘟。

（1）临床症状　如果在现场出现"不分年龄、不分季节、不分性别、不分品种"的"四不"，全年全场所有猪都同时全部发病，而且高热不退，先便秘后腹泻；后腿瘫软；有眼屎（化脓性结膜炎）；新生仔猪下眼皮肿胀；耳朵发紫，出血，特点在耳根和耳朵边缘都有出血斑点；白猪皮肤可见明显的出血点和出血斑，而且抗生素治疗无效并集中大批死亡，即可重点怀疑猪瘟。

（2）剖检病变

①如果病死猪剖检时出现结肠黏膜尤其是回盲瓣出现"纽扣状肿""脾边缘严重突出性出血梗死"或肾脏布满针尖大出血点呈"麻雀卵样肾""新生仔猪先天性猪瘟沟回肾"，结合上述症状，可即可临床认定为猪伪狂犬病。

②如果剖检中没有发现"脾边缘出血梗死"结肠"纽扣状肿""麻雀卵样肾出血""新生仔猪先天性猪瘟沟回肾"这4种猪瘟专有性病变，那么在参照上述临床症状的同时，如果出现全身各器官和组织广泛出血尤其是胃黏膜出血，肠系膜淋巴结切面出现"红白相间的大理石样变"，喉头会厌软骨有出血点和血点斑，膀胱黏膜出血时也可重点怀疑猪瘟。

防治措施

1）疫苗接种。

①疫苗种类：猪瘟疫苗的种类按制苗培养方法可分为"组织弱毒活疫苗（包括冻干苗和湿苗）"与"细胞培养弱毒冻干活疫苗"。

在国内外，目前普遍使用"细胞培养弱毒冻干活疫苗"。

在疫苗毒株方面，目前国际上较为著名的有C株（我国的"猪瘟兔化弱毒株"）、LPC、GPE、CL、Rovac、SPA、PAVT、IFFA/A22系、Viruman系与Thiverval等。

其中C株、LPC和GPE在亚洲与欧洲应用最为广泛。

上述3个疫苗毒株的共同特点为：遗传性能稳定（不返祖）；不产生或仅产生极其轻微的病毒血症；不降低白细胞；临床无疾病表现；无残余毒力或极低；接种后5~7天产生确实的免疫力，免疫保护持续期长。

②疫苗选择：高效细胞传代疫苗，高效细胞疫苗。

③免疫程序：

母猪群：最好选择"一刀切"免疫，每年3次普免；经过大量实践证明，对于妊娠母猪，猪瘟疫苗不能通过胎盘屏障导致死胎（必须是健康母猪），每次2头份即可，这样抗体整齐度好。

仔猪及育肥猪群：采用"25-55模式"，目前很多猪场都采取这种模式，即20~25日龄1针，50~55日龄1针；也可以缩短首免和二免的时间，缩短免疫空白期，因为首免后抗体是下降的，只有二免抗体才能上来。也有采用在25日龄、45日龄免疫，效果也非常好。具体免疫程序可根据猪场实际情况进行。如果大育肥猪出栏，体重达到150千克以上，应该在体重100千克时再强免1次，避免育肥后期出现温和性猪瘟。

④预防过敏：

预试接种：在大群疫苗接种前（尤其是在变换疫苗厂家使用新产品疫苗或使用同一厂家换批号后的疫苗产品时）最好用待免疫苗做小群预先试验免疫接种，如果发生过敏可立即更换其他厂家或同一厂家其他批号疫苗产品再行免疫。

免疫后观察：疫苗接种后，必须观察1小时。

药物添加：在疫苗接种前，每1000千克饮水，添加葡萄糖5千克，维生素C纯粉200克，全天饮水，连用3~7天后再进行疫苗接种，可降低或控制疫苗过敏反应。

⑤过敏治疗：疫苗接种前准备好抗过敏药物（地塞米松和肾上腺素等）。如果个别猪（尤其是纯种猪）发生了过敏反应，可立即使用地塞米松+肾上腺素等抗过敏药物进行脱敏治疗。

哺乳仔猪：肾上腺素0.2毫升+地塞米松5毫克；

保育猪：肾上腺素0.5毫升+地塞米松15毫克；

育肥猪：肾上腺素1毫升+地塞米松15毫克；

母猪：肾上腺素2毫升。

2）尽量做到自繁自养和圈养，严防从外地带入传染源。必须从外地购猪时，应先经预防注射后，再隔离饲养2周，方可混入猪群。

3）改善饲养管理，搞好栏舍、环境、饲具的清洁卫生工作。泔水必须煮沸后利用。

4）发生猪瘟时，应马上对全群健康猪只进行猪瘟疫苗接种，然后对可疑猪只接种，尽早确诊，及时采取措施，把损失减少到最低限度，目前尚无特效药物治疗此病，对可疑病猪隔离，病死猪进行无害化处理、深埋或焚烧均可，能利用的需经高温处理。发病猪舍、运动场及有关器械用2%~3%的火碱或其他强力消毒剂进行彻底消毒。粪尿及垫草、剩料等污物堆积发酵或烧毁。

三、猪繁殖与呼吸综合征

猪繁殖与呼吸综合征又称蓝耳病，是新近发现的由Lelystacl病毒引起的猪的一种繁殖和呼吸障碍的传染病。其特征为母猪发热、厌食，怀孕后期发生流产死胎、木乃伊胎和弱胎等繁殖障碍，幼龄仔猪出现呼吸症状和高死亡率。

流行特点　自然流行中，本病仅见于猪。潜伏期为3~37天，其他家畜和动物未见发病。不同年龄、品种、性别的猪均可感染，但易感性有一定差异。繁殖母猪和仔猪发病比较严重，肥育猪发病比较温和。本病呈流行性传播，传播迅速，主要经空气通过呼吸道感染。病毒在感染猪体内可长期存在。因此，病猪和带毒猪是重要的传染源。由于病毒可经精液传播，故使用急性期患病猪的精液时需特别注意。

临床症状　由于感染猪的类型不同，患猪感染的严重程度不同，临诊表现不同。

（1）妊娠母猪　患猪发热（40~41℃）厌食，沉郁、昏睡，不同程度呼吸困难，咳嗽。后肢麻痹，前肢屈曲，步态不稳，皮肤苍白，颤抖，偶尔呕吐，间情期延长或不孕，妊娠晚期流产、死胎（大多为黑色，也有白色）、木乃伊胎、弱仔、早产（提前2~8天），产后无乳，临产时也有因呼吸困难而死亡（体温下降至35℃左右）。少数病猪双耳、腹侧及外阴皮肤一过性青紫色或蓝色斑块（因此有蓝耳病之称），双耳发凉（图4-61~图4-64）。

（2）种公猪　发病率低（2%~10%），厌食昏睡。呼吸加快，咳嗽，消瘦，发热，个别猪睾丸肿大，双耳发蓝。暂时性精液减少和活力下降，因病毒在肺泡巨噬细胞内繁殖，导致巴氏杆菌病发病率明显上升（图4-65）。

（3）哺乳仔猪　以1月龄内的仔猪最易感染。体温升高至40℃以上，呼吸困难，有时呈腹式呼吸，沉郁、昏睡，丧失吃奶能力，食欲减退或废绝，腹泻。离群独处或挤作一团，被毛粗乱，后腿及肌肉震颤，共济失调，有的仔猪口鼻奇痒，常用鼻盘、口端摩擦圈舍墙壁，鼻有面糊状或水样分泌物，断奶前死亡率可达30%~50%，个别可达80%~100%（图4-66、图4-67）。

（4）育成猪及育肥猪　厌食，发热（40~41℃），沉郁、昏睡，呼吸加快，继而出现呼吸困难，腹泻，眼睑水肿。有的出现神经症状，少数病例双耳背面边缘及尾皮肤出现青紫色斑块（图4-68~图4-72）。

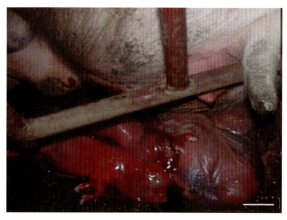

图 4-61　患病母猪流产的胎儿

图 4-62　患病母猪流产的胎儿

图 4-63　患病母猪的胎盘上有出血泡

图 4-64　患病仔猪脐带出血

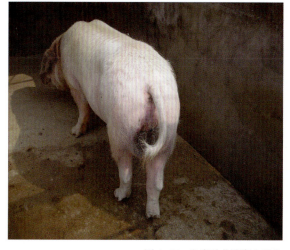

图 4-65　患病种公猪睾丸肿大

图 4-66　患病仔猪腹泻

图 4-67 仔猪腹泻中后期，蛋黄样稀便，严重会出现酱油粪便

图 4-68 患猪结膜炎

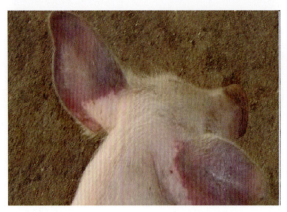

图 4-69 患猪耳部皮肤发绀

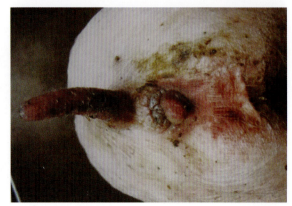

图 4-70 患猪肛门处皮肤出血

图 4-71 患猪耳朵呈蓝紫色

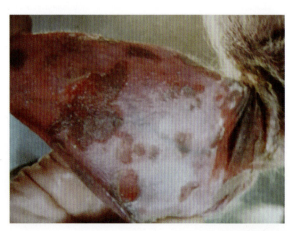

图 4-72 患猪耳部皮肤大面积溃烂

病理变化

外观尸僵完全，大脑充血、出血，皮肤色淡呈蜡黄色，鼻孔有泡沫，皮下脂肪较黄，稍有水肿。肺部病变多样，色呈粉红，大理石状。肝脏病变较多，有萎缩、气肿、水肿等。气管、支气管充满泡沫，胸腹腔积水较多，个别有灰白样坏死。胃有出血水肿。肾包膜易剥离，表面布满针尖大出血点。肺门淋巴结充血出血，个别病例小肠、大肠胀气（图4-73~图4-83）。

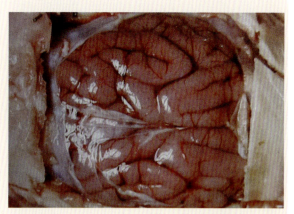

图4-73 患猪大脑充血、出血

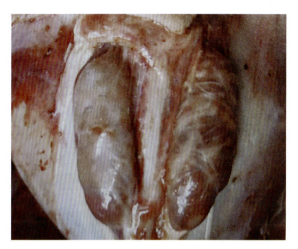

图4-74 患猪两侧腹股沟淋巴结肿大

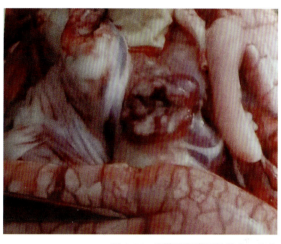

图4-75 患猪肺门淋巴结肿大、出血

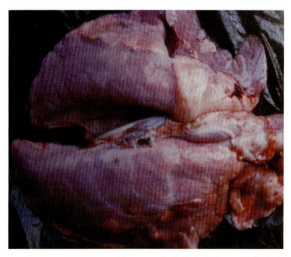

图4-76 患猪肺脏尖叶、心叶有肉变

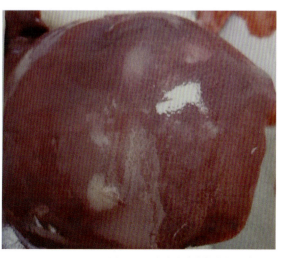

图4-77 患猪肺脏变性发硬，有白斑

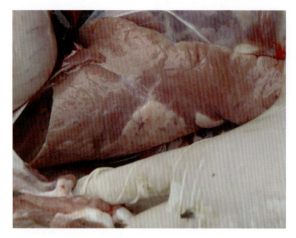

图 4-78 患猪肺大面积肉样变

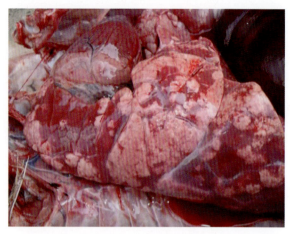

图 4-79 患猪肺岛屿状坏死（红色部分）

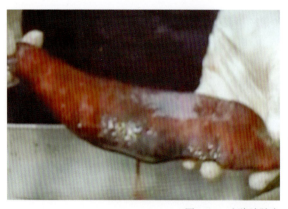

图 4-80 患猪脾肿大

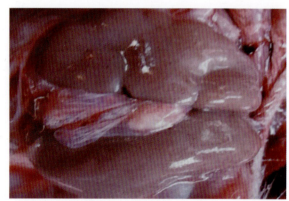

图 4-81 患猪肾脏表面有沟回、大量的出血点

图 4-82 患猪肾脏皮质发黄，乳头与髓质出血

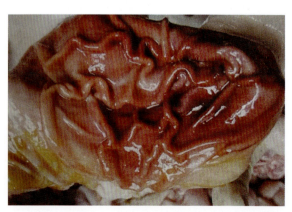

图 4-83 患猪胃出血严重

仔猪、育成猪常见眼睑水肿。仔猪皮下水肿，体表淋巴结肿大，心包积液水肿。有时肺呈灰褐色，肺尖叶、中间叶和后叶病变没有差异。

胎儿和死胎仔，早期、晚期的弱仔，死产仔和木乃伊化胎儿基本相同，无肉眼变化，皮肤棕色，腹腔有淡黄色积液。有的胎儿和死胎仔出现皮下水肿，心包积液。

鉴别诊断

（1）猪繁殖与呼吸综合征与猪流行性乙型脑炎的鉴别　二者均表现不孕、死胎、木乃伊胎等繁殖障碍症状。但区别是：猪流行性乙型脑炎的病原为猪流行性乙型脑炎病毒，发病高峰在7—9月，病猪表现为视力减弱，乱冲乱撞。怀孕母猪多超过预产期才分娩。公猪睾丸先肿胀，后萎缩，多为一侧性。剖检可见脑室内积液多呈黄红色，软脑膜呈树枝状充血。脑回有明显肿胀，脑沟变浅。死胎常因脑水肿而显得头大，皮肤黑褐色、茶褐色或暗褐色。

（2）猪繁殖与呼吸综合征与猪布氏杆菌病的鉴别　二者均表现不孕、流产、死胎等繁殖障碍症状。但区别是：猪布氏杆菌病的病原为布氏杆菌。与猪繁殖与呼吸综合征相比，猪布氏杆菌病流产前常有乳房肿胀，阴户流黏液，产后流红色黏液。一般产后8~10天可以自愈。公猪出现睾丸炎，附睾肿大，触摸有痛感。剖检可见子宫黏膜有许多粟粒大小黄色结节，胎盘上有大量出血点。流产胎儿皮下水肿，脐部尤其明显。

（3）猪繁殖与呼吸综合征与猪细小病毒感染的鉴别　二者均表现不孕、流产、木乃伊胎等繁殖障碍症状。但区别是：猪细小病毒感染的病原为细小病毒，初产母猪多发，一般体温不高，后肢运动不灵活或瘫痪。一般50~70天感染时多出现流产。70天以后感染多能正常生产。母猪与其他猪只不出现呼吸困难症状。

（4）猪繁殖与呼吸综合征与猪伪狂犬病的鉴别　二者均表现不孕、流产、木乃伊胎等繁殖障碍症状。但区别是：猪伪狂犬病的病原为猪伪狂犬病病毒，20日龄至2月龄的仔猪表现为流鼻液、咳嗽、腹泻和呕吐，并出现神经症状。剖检可见流产的胎盘和胎儿的脾、肝、肾上腺和脏器的淋巴结有凝固性坏死。

（5）猪繁殖与呼吸综合征与猪弓形体病的鉴别　二者均表现精神不振，食欲减退，体温升高、呼吸困难等症状。但区别是：猪弓形体病的病原为弓形虫。病猪表现：最高可达42.9℃，身体下部，耳翼、鼻端出现淤血斑，严重的出现结痂、坏死。体表淋巴结肿大、出血、水肿、坏死。肺膈叶、心叶呈不同程度的间质水肿，表现间质增宽，内有半透明胶冻样物质，肺实质是有小米粒大的白色坏死灶或出血点。磺胺类药物治疗效果明显。

（6）猪繁殖与呼吸综合征与猪钩端螺旋体病的鉴别　二者均表现流产、死胎、木乃伊胎等繁殖障碍症状。但区别是：猪钩端螺旋体病的病原为钩端螺旋体，主要在3—6月流行。急性病例在大、中猪表现为黄疸，可视黏膜泛黄、发痒，尿红色或浓茶样，亚急性型和慢性型多发于断奶猪或体重30千克以下的小猪，皮肤发红、黄疸。剖检可见心内膜、肠系膜、肠、膀胱有出血，膀胱内有血红蛋白尿。

（7）猪繁殖与呼吸综合征与猪衣原体病的鉴别　二者均表现不孕、死胎、木乃伊胎等繁殖障碍症状。但区别是：猪衣原体病的病原为衣原体。衣原体感染母猪所产仔猪表现为发绀、寒颤、尖叫，吸乳无力，步态不稳，恶性腹泻。病程长的可出现肺炎、肠炎、关节炎、结膜炎。公猪出现睾丸炎、附睾炎、尿道炎、龟头包皮炎等。

诊断重点

具有下列条件即可临床重点怀疑猪繁殖与呼吸综合征或临床认定猪繁殖与呼吸综合征。

①如果临床上患猪出现以"厌食、腹泻（蛋黄样稀便，严重会出现酱油样稀便），体温升高，妊娠母猪晚期流产、产弱仔、死胎、木乃伊胎，胎盘血泡，脐带出血，鼻镜干燥，皮肤生蓝、红斑，耳部变蓝（界限明显），结膜炎，犬伏（像狗一样趴着），公猪睾丸发紫，仔猪和育肥猪主要表现呼吸障碍，咳重喘轻"为主要表现的病状即可临床认定猪繁殖与呼吸综合征。

②该病目前出现新的临床症状如口鼻奇痒、肌肉震颤、共济失调、后躯麻痹、眼睑水肿、皮下水肿及耳部皮肤增厚与肺脏肉变等。这些新症状可结合上述特征性临床症状也可进一步辅助临床认定为猪繁殖与呼吸综合征。

防制措施

（1）疫苗种类的选择

①经典蓝耳病疫苗：VR2332株（勃林格）、CH-1R株（乾园浩、哈药、海利、普莱柯等）、R98株（中岸、南农高科等）

②高致病性蓝耳病疫苗：

江西毒株JXA1-R株（中牧、大华农、中博、永顺等），以前毒力强，目前已经非常安全，副作用很少出现，效果也非常理想。与其他疫苗免疫间隔时间最好为半个月左右。

湖南毒株HUN4-F112株（哈药、哈兽研、海利、正业等），毒力比江西弱些。

天津毒株TJM-F92（吉林特研、山西隆克尔、易邦、天康、硕腾等），基因缺失毒株，免疫抑制弱，猪场使用多，安全性高些，但是免疫原性不如江西毒株。

广东毒株：GDR180（大华农、永顺等）。

所有疫苗都是一个血清型，选择一种疫苗就行。但是所有疫苗都不能和其他疫苗同时使用，都会有不同程度的影响。

（2）免疫方法

①母猪场：如果母猪场一直没有免疫蓝耳病疫苗，生产成绩都正常，那就没有必要免疫蓝耳病疫苗，只要通过替米考星压制就可以。

如果母猪出现蓝耳病问题，可以尝试蓝耳病疫苗的免疫，可能会有意想不到的效果。但是在应用蓝耳病疫苗前最好先用替米考星压制12天再注射蓝耳疫苗会安全些。

首次免疫最好在分娩后15天左右进行，之后再选择普免。

②育肥场：建议免疫高致病性蓝耳病疫苗。应用该苗后猪群健康状态良好。喘病很少发生，流感发生率也大幅降低，即使一旦发生流感，恢复也将特别迅速。

实践证明，蓝耳病在猪群当中非常严重，疫苗的保护率不到30%，加上新毒株的出现，给防控带来更大的难度。我们只有加强生物安全，全进全出，疫苗免疫，适时用替米考星压制等方法才能避免蓝耳病的暴发。

（3）对症治疗　为提高仔猪自身免疫力，防止继发感染，可采取以下措施。

①如果确诊是高致病性蓝耳病，必须先上疫苗（高致病性蓝耳病疫苗）再同时用药，这样才能控制继发感染，治愈率还是比较高的。

②抗病毒药：半月桂酸甘油酯成分+干扰素+中药（多糖类）（按药物说明书倍量使用），三管齐下抗蓝耳病病毒。

③控制继发感染：每1000千克饲料添加头孢粉200克、10%磺胺间甲氧嘧啶2千克、20%包被替米考星1.5千克。

④退烧：1000千克饲料添加50%卡巴匹林钙500克（配合中药柴胡退热效果更显著）缓慢退烧，剂量不能太大。

⑤泰万菌素或者替米考星是最好的压制蓝耳病的药物，但是剂量必须足量，20%泰万1千克拌入1000千克饲料，20%替米考星的2千克拌入1000千克饲料。连续饲喂15天。

四、猪伪狂犬病

猪伪狂犬病是由伪狂犬病病毒引起的一种多种哺乳动物的急性传染病，其主要特征是发热及中枢神经系统障碍。成年猪常为隐性感染，妊娠母猪可出现流产、死胎及木乃伊胎，新生仔猪除表现发热和神经症状外，还可见消化系统症状。

流行特点

一般呈地方流行性发生，一年四季均可发生，但多发生于冬、春两季和产仔旺盛时期。一般是分娩高峰的猪舍首先发病，几乎每窝仔猪均发病，窝发病率几乎可达100%，单发较少，由整窝发病变为一窝有2~5头发病，死亡率下降，其他猪舍为散发，死亡率也较低，发病猪主要是15日龄以内仔猪，最早为4日龄仔猪，随着年龄的增长，发病率和死亡率逐渐降低，成猪多为隐性感染。

对伪狂犬病病毒有易感性的动物甚多，有猪、牛、羊、犬及某些野生动物等。病猪和隐性感染猪可长期带毒排毒，是本病的主要传染源。鼠类粪尿中含大量病毒，也能传播本病。本病的传播途径较多，经消化道、呼吸道、破损的皮肤以及生殖道均可感染。仔猪常因吃了感染母猪的乳而发病，怀孕母猪感染本病后，病毒可经胎盘而使胎儿感染，以致引起流产和死胎。

临床症状

哺乳仔猪症状最为严重，仔猪产下后一般都很健壮，膘情好，产仔数也较多，1~3日龄的状况正常，发病初期眼周围发红，闭目昏睡，体温升高，呼吸困难，口角有较多泡沫或大量流涎，呕吐，下痢，食欲不振，精神沉郁，肌肉震颤，步态不稳，四肢运动不协调，后躯麻痹，眼球震颤，最常见而且突出的是间歇性抽搐、肌肉痉挛性收缩，角弓反张，仰头歪颈，有前进或后退或转圈等强迫运动症状（图4-84~图4-93），呈现癫痫样发作及昏睡等现象，持续4~10分钟，症状逐渐缓解，间歇数分钟至数十分钟后，又重复出现，一般多数病猪于症状出现后1~2天内死亡，病死率可达100%。若发病6天后才出现神经症状，则有恢复的希望，但可能有永久性后遗症，如眼瞎、偏瘫、发育障碍等。

断乳幼猪一般症状和神经症状较仔猪轻，病死率也低，病程一般4~8天，病猪表现为体温升高，呼吸急促，被毛粗乱，食欲减退或废绝，耳尖发绀，如果在断奶前后发生腹泻，排黄色水样粪便，这样的病猪死亡率可达100%。

育肥猪常呈隐性感染，较常见的症状为微热，打喷嚏或咳嗽，精神沉郁，便秘，食欲不振，数日即恢复正常。有的病猪可能见到"犬坐"姿势，偶尔出现呕吐或腹泻，很少见到神经症状。

怀孕母猪于受孕后40天以上感染时，常有流产、死产及延迟分娩等现象。流产、死产，胎儿大小相差不显著，无畸形胎，死产胎儿有不同程度的软化现象，流产胎儿大多甚为新鲜，脑壳及臀部皮肤有出血点，胸腔、腹腔、心包腔有多量棕褐色潴留液，肾及心肌出血，肝、脾有灰白色坏死点。母猪怀孕末期感染时，可有活产胎儿，但往往因活力差，于产后不久出现典型的神经症状而死亡。母猪于流产、死产前后，大多没明显的临床症状。

图 4-84 患猪排黄色稀便（顺肛门流出，此乃伪狂犬引起仔猪肛门松弛所致）

图 4-85 猪伪狂犬病引起的黄色稀便一般会有气泡，同时伴随呕吐，多发生14日龄左右的仔猪

图 4-86 患猪腹泻

图 4-87 患猪双耳"异向"（一个耳朵向前，一个耳朵向后）

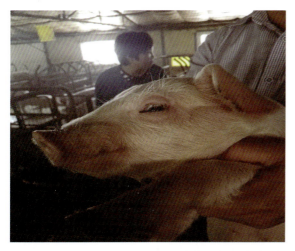

图 4-88 患猪眼睫毛上有分泌物

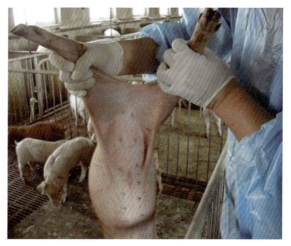

图 4-89 患猪乳头根发青

图 4-90 患猪角弓反张（强直性痉挛抽搐）

图 4-91 患猪后腿劈叉呈"蛙伏状"

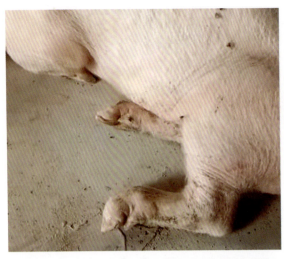

图 4-92　患猪后蹄后勾呈"勾拳状"　　　　　　　图 4-93　患猪流涎（口流白沫）。

病理变化

　　临床上呈现严重神经症状的病猪，死后常见明显的脑膜充血及脑脊髓液增加，鼻咽部充血，皮肤有出血点。或有卡他性、化脓性、出血性炎症，扁桃体水肿，并伴有咽炎和喉头水肿及其淋巴结有坏死病灶，勾状软骨和会厌软骨常有纤维素性坏死性假膜覆盖，肺可见水肿和出血点，上呼吸道内有大量泡沫样水肿液，肝脏和脾脏有1~2毫米大小的灰白色坏死点，心肌松软、水肿，心内膜有斑状或点状出血，心包积液，肾点状出血，胃底部有大面积出血，小肠黏膜水肿、充血，大肠黏膜出血（图4-94~图4-104）。组织学检查，有非化脓性脑膜炎及神经节炎变化。

鉴别诊断

　　（1）猪伪狂犬病与猪链球菌病的鉴别　二者均表现食欲不振、体温升高和精神症状。但区别是：猪链球菌病的病原为链球菌。病猪除有神经症状外，常伴有败血症及多发性关节炎症状，白细胞数增加。用青霉素等抗生素治疗有良好效果。

　　（2）猪伪狂犬病与猪水肿病的鉴别　二者均表现精神沉郁、运动失调、痉挛等精神症状。但区别是：猪水肿病的病原为大肠埃希菌，多发生于离乳期。病猪脸部、眼睑水肿，体温不高，声音改变。剖检可见胃壁及结肠襻肠系膜水肿。从肠系膜淋巴结及小肠内容物中容易分离到致病性大肠埃希菌。

　　（3）猪伪狂犬病与猪食盐中毒的鉴别　二者均表现精神沉郁、运动失调、痉挛等精神症状。但区别是：猪食盐中毒为非传染病，患猪有吃食盐过多的病史，其体温不

图 4-94　患猪皮肤有出血点（皮里肉外）

图 4-95 患猪肝脏黄白色坏死灶，指压易碎

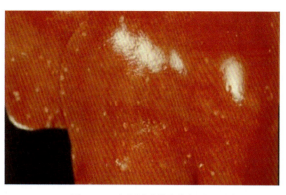

图 4-96 患猪肝脏黄白色坏死灶（嵌入实质）

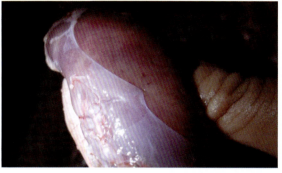

图 4-97 患猪肾包膜镶嵌在实质内

图 4-98 患猪脑实质出血，肝脏有水疱

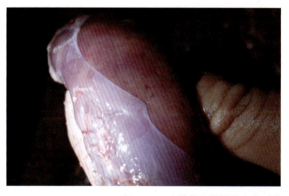

图 4-99 患猪肾包膜镶嵌在实质内

图 4-100 患猪肾脏色淡（淡肉色）有黄白色坏死灶

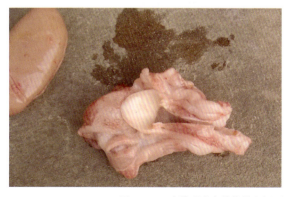

图 4-101 患猪咽喉扁桃体肿大坏死

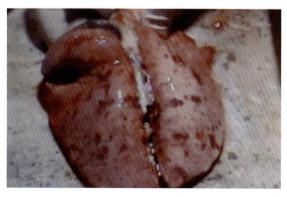

图 4-102 患猪肺脏形成出血斑点

图4-103　患猪脾脏有白色坏死灶

图4-104　患猪的流产胎儿

高，喜欢喝水，无传染性。病理组织学检查在小脑部血管有证病意义的嗜酸性粒细胞管套。检测血钠达180~190毫摩/升，嗜酸性细胞减少。

（4）猪伪狂犬病与猪瘟的鉴别　二者均表现食欲不振、体温升高、木乃伊胎儿和精神沉郁、运动失调、痉挛等精神症状。但区别是：猪瘟的病原为猪瘟病毒。怀孕母猪感染后，主要发生木乃伊胎和死产现象。死产胎儿呈现皮下水肿、腹水、头部和四肢畸形、皮肤和四肢点状出血、肺和小脑发育不全以及肝脏有坏死灶等病变。

（5）猪伪狂犬病与猪细小病毒感染的鉴别　二者均表现母猪流产、死胎、木乃伊胎儿等症状。但区别是：猪细小病毒感染的病原为细小病毒。本病无季节性，流产几乎只发生于头胎，母猪除流产外无任何症状，其他猪即使感染猪细小病毒，也无任何症状，木乃伊胎现象非常明显。

（6）猪伪狂犬病与猪繁殖与呼吸综合征的鉴别　二者均表现母猪流产、死胎、木乃伊胎儿等症状。但区别是：猪繁殖与呼吸综合征的病原为猪繁殖与呼吸综合征病毒。本病感染猪群早期有类似流感的症状。除母猪发生流产、早产和死产外，患病哺乳仔猪高度呼吸困难，1周内的新生仔猪病死率很高，主要病变为细胞性间质性肺炎。公猪和育肥猪都有发热、厌食及呼吸困难症状。

诊断重点

具有下列条件即可重点怀疑伪狂犬病。

①如果临床上猪出现高热厌食，呕吐腹泻，双耳"异向"（一个耳朵向前，一个耳朵向后），乳头根部发青，颤抖战栗、共济失调（行走不协调，后腿瘫软）、角弓反张、后腿劈叉呈"蛙伏状"、后蹄后勾、口水增多、鼻流鼻水、母猪流产并出现死胎，少数猪出现瘙痒、失明，甚至成年猪死亡等临床症状，而且同场或附近的犬、猫、牛、羊、鼠也同时感染发病时即可重点怀疑猪伪狂犬病。

②如果剖检发现脑膜出血；肝有黄白色坏死点而且指压易碎及肝脏出现水疱及脑实质出血，肾脏色淡（淡肉色）有黄白色坏死灶，咽喉部扁桃体肿大坏死，淋巴结坏

死并结合上述临床症状，即可临床认定为猪伪狂犬病。

③如果猪场老鼠死亡或吃死胎的狗死亡，结合上述临床认定为即可认定为伪狂犬病。

防治措施

（1）预防措施

①疫苗的选择：

普通弱毒疫苗：以前使用有猪场比较多，但保用后效果不稳，因此现在市面上已经很少销售。

灭活疫苗：成本高，预防效果不好，不能用于紧急接种，必须配合弱毒疫苗使用。

基因缺失（GE基因）弱毒疫苗：免疫应答效果好，比较安全，目前使用猪场比较多，效果非常好。目前市面上主要有Bartha-K61毒株（自然缺失而且是单基因缺失），比较稳定，一些进口疫苗都是这个毒株，如勃林格、梅里亚等；HB-98毒株是多基因缺失（人工缺失），效果也可以；HB2000毒株（变异毒株）。

目前伪狂犬病只有一个血清型，只要免疫确实，都可以交叉保护。

②免疫程序：

后备母猪：配种前2次免疫，间隔4周。

经产母猪：每年普免，进口疫苗每年3次普免，1头份；国产疫苗每年4次普免，2头份。

仔猪：1日龄滴鼻（用专用滴鼻头）1头份；35~40日龄二免；猪群50~60日龄三免。

③其他措施：坚持自繁自养，如需要购进猪只时，应从洁净猪场购进，进行严格的隔离检疫1个月，并采血送实验室检查。保持猪舍地面、墙壁、设施及用具等的卫生，坚持每周消毒1次，粪尿及时清扫，放人发酵池或沼气池处理。全场范围内捕灭鼠类及野生动物等，严禁散养家禽和犬、猫进入猪场。

感染种猪场的净化可根据种猪场的条件分别采取以下措施：全群淘汰更新，适用于高度污染的种猪场，种猪血统并不太昂贵者，猪舍的设备不允许采用其他方法清除本病者，淘汰阳性反应猪，每隔30天以血清学试验检查1次，连续检查4次以上，直至淘汰阳性反应猪为止；隔离饲养阳性反应母猪所生的后裔，为保全优良血统，对阳性反应母猪的后裔，在3~4周龄断奶时，分别按窝隔离饲养至16周龄，以血清学试验测其抗体，淘汰阳性反应猪，经30天再测其抗体，连续2次检疫均为阴性者，可作为后备种猪；注射伪狂犬病油乳剂灭活苗，种猪（包括公、母）每6个月注射1次，母猪于产前1个月再加强免疫1次。种猪场仔猪于1月龄左右注射1次，隔4~5周重复注射1次，以后隔半年注射1次。种猪场一般不宜用弱毒疫苗。

（2）对症治疗　为提高仔猪自身免疫力，防止继发感染，可采取以下措施。

①若哺乳仔猪伴随腹泻和神经症状，死亡率100%。

②若没有神经症状，仅仅伴随腹泻和呕吐，可进行疫苗免疫，2倍量即可；配合一针长效头孢噻肟。

③保育和育肥猪发生伪狂犬病，首先必须强免疫伪狂犬疫苗（小猪3倍量，中猪4倍量，大猪5倍量）；同时必须用药。

药物选择：保护肝脏的药物（VC/葡萄醛糖酸内酯等）；抗病毒药物（核酸、转移因子、干扰素、胸腺肽等）拌料；选择对肝脏没有损伤的药物（头孢、阿莫西林、磺胺等）；如果继发传染性胸膜肺炎可以加入氟苯尼考控制。

④个体治疗：带有神经症状的猪（与链球菌病相区别）马上注射伪狂犬疫苗，体重50千克用甘露醇100毫升静脉点滴，地塞米松20毫克+青霉素1000万单位肌肉注射。

⑤咳喘型伪狂犬病病例：马上注射伪狂犬疫苗；同时氟尼辛稀释注射头孢噻呋或噻肟粉针（不用油剂，速度慢）一天2次，另一侧注射30%氟苯尼考即可。

五、猪口蹄疫

猪口蹄疫是由口蹄疫病毒引起的偶蹄兽的一种急性、热性和高度接触性传染病。临床特征为病猪的口腔黏膜、蹄部和乳房皮肤出现水疱和溃疡。

流行特点

本病潜伏期短，传染快，流行广，发病率高，在同一时间内，往往牛、羊、猪一起发病，而猪对口蹄疫病毒易感性强，愈年幼的仔猪，发病率及死亡率愈高，1月龄内的哺乳仔猪死亡率可达60%~80%。本病一年四季均可发生，但以寒冷冬春季节多发。

病畜是该病的主要传染源，一旦家畜被感染，在症状出现之前，病畜体内开始排出大量致病力很强的病毒，症状严重期排毒量最多，症状恢复期排毒量逐渐减少。传染途径主要是消化道、损伤的黏膜（口、鼻、眼、乳腺）、皮肤等。传染的原因有直接的，如病猪与健康猪接触；有间接的，如病猪的唾液、乳、尿、粪、血液及病猪的肉、内脏污染了饲料、饮水及工具等。野生动物、鼠、狗、猫、鸟类、昆虫均是本病的重要传染媒介。

临床症状

本病潜伏期为2~7天，有时较长。患猪的主要症状表现在蹄部。病初体温升至40~41.5℃，经3天左右，在蹄叉、蹄冠、蹄踵等处出现水疱，不久破溃，表面出血，糜烂。患猪跛行，严重者不能站立，甚至蹄匣脱落。少数病例在口腔发生病变、流涎、咀嚼及吞咽困难。患猪鼻盘、齿龈、舌、额部等也可出现水疱，破溃后露出浅的溃疡面，不久可愈合。也有的病例，母猪的乳房和乳头的皮肤发生水疱，破溃后发生糜烂，不久结痂（图4-105~图4-110）。哺乳仔猪常无口蹄疫症状，出现急性胃肠炎和心肌炎而死亡。

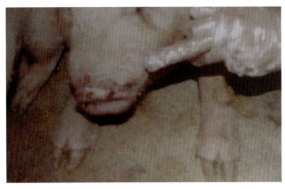

图 4-105 患猪上、下唇出现烂斑

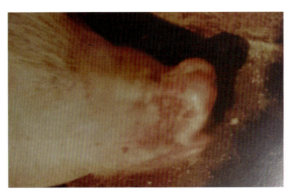

图 4-106 患猪吻突出现水疱和烂斑

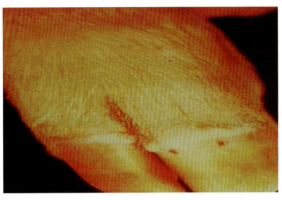

图 4-107 患猪蹄冠交界处皮肤充血、水肿，表面有一些小水疱

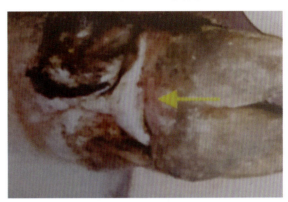

图 4-108 患猪悬蹄皮肤间形成水疱

图 4-109 患猪蹄甲脱落，蹄踵破溃

图 4-110 患猪乳房皮肤破溃、糜烂

病理变化

　　病猪蹄部、口腔、乳房皮肤有水疱和糜烂病变，个别病猪局部感染化脓，有脓样渗出物。

　　死亡的哺乳仔猪，胃肠可发生出血性炎症，肺浆液性浸润，心包膜有点状出血，心包液浑浊，心肌切面有灰白色或淡黄色斑或条纹，称为"虎斑心"（图4-111~图4-114）。心肌变软，类似煮过的肉。由于心肌纤维变性、坏死、溶解，释放出有毒分解产物而使仔猪死亡。

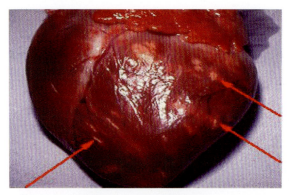

图 4-111　患猪虎斑心，心肌出现明显的灰白色条纹状坏死

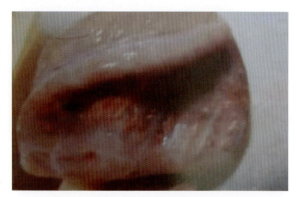

图 4-112　患猪心外膜下出现浅黄色斑纹、变性、坏死

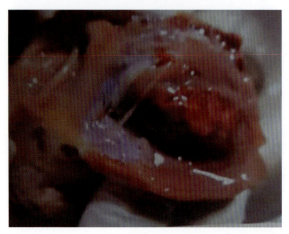

图 4-113　患猪心内膜出血、变性

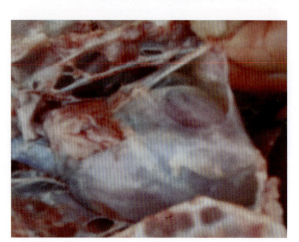

图 4-114　患猪心包内有少量积液

鉴别诊断

（1）猪口蹄疫与猪传染性水疱病的鉴别　二者均表现精神沉郁，体温升高，食欲不振，口腔和蹄部出现水疱。但区别是：猪传染性水疱病的病原为水疱病毒，大型猪场或仓库易发生，农村较少发生。病猪水疱首先从蹄与皮肤交接处发生，而后口腔有小水疱，舌面水疱则罕见。病料接种7~9日龄乳鼠无反应，水疱病血清对本病有保护作用。

（2）猪口蹄疫与猪水疱性口炎的鉴别　二者均表现精神沉郁，体温升高，食欲不振，口腔出现水疱。但区别是：猪水疱性口炎的病原为水疱性口炎病毒，多发于夏季，多为散发，蹄部很少或无水疱。病料接种乳兔不感染，猪口蹄疫血清对本病无保护作用。

（3）猪口蹄疫与猪水疱性疹的鉴别　二者均表现精神沉郁，体温升高，食欲不振，口腔和蹄部出现水疱。但区别是：猪水疱性疹的病原为水疱性疹病毒，多呈地方性流行或散发，发病率在10%~100%，动物接种2日龄乳鼠、1~9日龄乳鼠及乳兔均无反应。用口蹄疫和水疱病血清均不能保护。

（1）预防措施 预防猪口蹄疫，除采取一般综合检疫措施外，主要是采取注射口蹄疫灭能苗进行预防接种，注射后14天产生免疫力，免疫期3个月。在牛羊注射口蹄疫疫苗期间，邻近猪场应封锁，注射口蹄疫疫苗的器具再用于猪场时，必须严格消毒。

对于母猪、种公猪，每3~4个月免疫1次，每年免疫3~4次。母猪任何时期均可免疫，采用一刀切免疫方式。

对于仔猪和育肥猪，在母猪免疫较好情况下，仔猪50~55日龄、80~85日龄各免疫1次（很多规模化猪场首免在70日龄）；如果母猪免疫情况不好，仔猪在45日、75日各免疫1次，出栏前2个月（140日龄左右）加强免疫1次。

对于散养户，强化春、秋免疫。

（2）疑似病例的处理 国家明确要求发生口蹄疫要上报、封锁、扑杀。发现可疑病例时，除采取上述措施外，还可采取以下临时措施。

①将病猪放到干燥的地方，少打扰。

②周围环境消毒：酸、碘消毒剂，喷雾消毒。

③多利肽（干扰素）+维生素C+阿莫西林饮水。维生素C，保证心肌，清除自由基，预防心肌炎；多利肽，刺激体内产生干扰素，抗病毒，解热镇痛，恢复食欲。

④破溃处涂抹碘甘油。其作用是消毒杀菌，还有收敛的作用。

⑤葡萄糖+鱼肝油饮水。

治疗关键点是治疗心肌炎，不让蹄壳脱落。能吃料后，基本上5天以内都会站起来，效果很好。当仔猪发生心肌炎时，临床注射口蹄疫血清效果非常好。

（3）疫苗紧急接种 附近有发生口蹄疫时最好尽快接种疫苗。注射疫苗后即使发病，症状也轻，恢复快，影响小。此时注射疫苗，虽然并不能保证猪群不得口蹄疫，但能尽快产生保护（目前抗体产生已经非常快了，临床中最快7天即可产生保护）。

六、猪圆环病毒病

猪圆环病毒病是由猪圆环病毒2型（PCV2）引起猪的一种新的传染病，引起仔猪断奶衰竭综合征、猪皮炎与肾病综合征和母猪的繁殖障碍等，其临床表现多种多样，还可导致猪群严重的免疫抑制，易继发感染，导致难以进行准确的临床诊断。

家猪和野猪是本病的自然宿主，各种年龄猪均易感，但本病主要发生在保育阶段和生长期的仔猪，病猪和带毒猪以及公猪精液、流产胎儿均是本病的传染源。易感猪通过消化道、呼吸道而感染，也可通过精液感染，经胎盘垂直感染，引起繁殖障碍。

（1）仔猪断奶多系统衰竭综合征　本病常发生于断奶后2~3周仔猪（40~70日龄），表现为猪只渐进性消瘦或生长迟缓、被毛粗乱、皮肤苍白、呼吸困难和咳嗽，有时腹泻和黄疸等。早期常出现腹股沟淋巴结肿大，眼睑水肿。发病率很低而病死率很高。一头猪见不到上述所有症状，但在发病猪群可见所有症状（图4-115）。

剖检可见脾脏、淋巴结肿大，尤其是腹股沟淋巴结、肺门淋巴结、肠系膜淋巴结和下颌淋巴结等。肠系膜水肿有时可以观察到（图4-116~图4-120）。

图4-115　患猪渐进性消瘦、被毛粗乱、皮肤苍白、呼吸困难和咳嗽

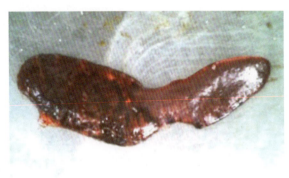

图4-116　患猪脾头肿大（容易折叠）

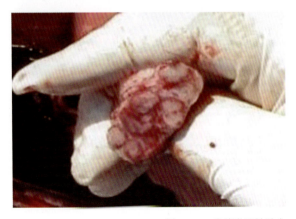

图4-117　患猪淋巴结肿大

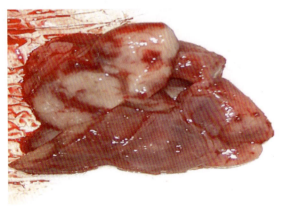

图4-118　患猪淋巴结干酪样坏死

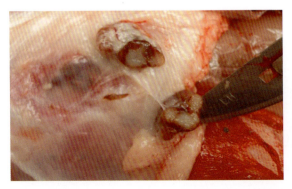

图4-119　患猪淋巴结干酪样坏死

图4-120　患猪腹股沟浅淋巴结肿胀

（2）猪皮炎与肾病综合征　多发生于12~14周龄，病猪食欲减退，轻度发热，不愿走动，皮肤出现圆形或不规则形状的隆起，呈现周围红色或紫色而中央为黑色的病灶，病灶通常出现在后躯和腹部，逐渐蔓延到胸部或耳部，融合成条带状和斑块状（图4-121）。严重感染的猪往往出现症状后几天就死亡；部分猪可以自动康复，但是影响种猪的外观。

剖检可见为双侧肾肿大、苍白，表面出现白色斑点，皮质红色点状坏死，肾盂水肿。有时可见淋巴结肿大或发红，脾脏肿大并出现梗死。特征性的组织损伤为全身性坏死性脉管炎和纤维蛋白坏死性肾小球肾炎（图4-122）。

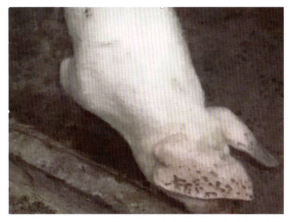

图4-121　患猪耳部有红色或紫色病灶

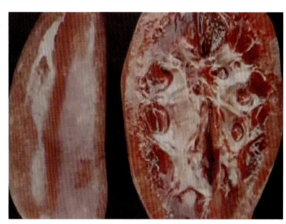

图4-122　患猪肾肿大、苍白，表面出现白色斑点，皮质红色点状坏死，肾盂水肿

（3）繁殖障碍性疾病　可发生于不同妊娠阶段，但多见于妊娠后期，表现为流产、产死胎和木乃伊胎、断奶前死亡率上升等。

死亡胎儿表现明显的心肌肥大和心肌损伤，组织学变化是纤维素性或坏死性心肌炎（图4-123）。

（4）猪呼吸道疾病综合征　指育肥猪的顽固性肺炎，难以根治，极易反复，最后因肺衰竭继发其他感染而死。一般情况下是以圆环病毒为主，肺炎支原体、猪流感、繁殖与呼吸综合征、巴氏杆菌、副猪嗜血杆菌、胸膜肺炎放线杆菌等继发感染的呼吸道严重疾病。

图4-123　患猪坏死性心肌炎

剖检可见弥漫性间质性肺炎，颜色灰红色（图4-124、图4-125）。

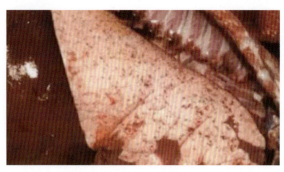
图4-124 患猪弥漫性间质性肺炎，颜色灰红色

图4-125 患猪萎缩性间质性肺炎（肺萎缩，胸腔变大）

（5）猪中枢神经系统疾病 仔猪出生后震颤不止，常因为吃不到奶而饿死，如果加强护理并保证仔猪吃到初乳、不冷、不饿，一般1周内后都能自愈。

很多研究认为仔猪先天性震颤与温和型猪瘟关联更大，但感染圆环病毒病的猪场发病率更高，学术界和生产者更趋向于认为是圆环降低了猪群生物安全屏障梯度，导致对猪瘟免疫力下降。另霉菌毒素感染严重场，此病发病率也多。

育肥猪不明原因瘫痪，突然后腿不灵活及瘫痪等。

鉴别诊断

（1）猪圆环病毒病与猪繁殖与呼吸综合征的鉴别 二者均表现流产、产死胎和木乃伊胎等繁殖障碍症状。但区别是：猪繁殖与呼吸综合征的病原为Lelystacl病毒。母猪感染初期乳头、四肢末端、阴户、尾和耳尖发绀，并以耳尖最为常见。生长育肥猪和断奶仔猪染病后主要表现呼吸困难，厌食，咳嗽，嗜睡。

（2）猪圆环病毒病与猪瘟的鉴别 二者均表现精神沉郁，呼吸困难，消瘦，皮肤有出血点，淋巴结肿大等临床症状的病理变化。但区别是：猪瘟的病原为猪瘟病毒。病猪体温升高，弓背，寒战，耳根、四肢、腹部有出血点，呈紫红色，指压不褪色。剖检可见淋巴结肿大，暗红色，切面周边出血，呈大理石样；肾脏呈现麻雀卵样，脾脏边缘梗死。

（3）猪圆环病毒病与猪痘的鉴别 二者均表现精神沉郁，呼吸困难，皮肤表面有突起病斑等临床症状。但区别是：猪痘的病原为猪痘病毒。传播快，感染率高，有明显的季节性，主要发生在每年的5~7月。痘疹主要发生于躯干的下腹部、四肢内侧、鼻镜、眼皮、耳部等无毛和少毛部位。痘疹中央凹陷如肚脐，多是孤立的，密度稍小。有时猪痘发展有一个循序渐进的过程：斑点（发红）→丘疹（水肿的红斑）→水疱（从痘病变中流出液体）→脓疱或形成硬皮。

（4）猪圆环病毒病与猪流行性腹泻的鉴别 二者均表现精神沉郁，腹泻、脱水。但区别是：猪流行性腹泻的病原为冠状病毒。临床与病理特征与猪传染性胃肠炎基本相同，但是对胃黏膜的损伤较小。通过直接免疫荧光方法可以最终确诊。

（5）猪圆环病毒病与仔猪白痢的鉴别 二者均表现精神沉郁，腹泻、脱水。但区别是：仔猪白痢的病原为大肠埃希菌。该病多发于10~20日龄的仔猪。病猪排乳白色稀粪，有特异腥臭味。一般不见呕吐。剖检病变主要在胃和小肠的前部。肠壁菲薄透明，不见出血表现。细菌分离鉴定可见致病性大肠埃希菌，抗生素和磺胺类药物对该病有较好疗效。

（6）猪圆环病毒病与仔猪黄痢的鉴别　二者均表现精神沉郁，腹泻、脱水。但区别是：仔猪黄痢多发于1周龄以内的仔猪，粪便多为黄色稀便。不见呕吐。粪便呈弱碱性，pH7~8，药物治疗及时有效，治疗不及时或脱水严重的病死率很高，尤其是3日龄以内的仔猪。从肠内容物或粪便中可分离到致病性大肠埃希菌。

（7）猪圆环病毒病与仔猪红痢的鉴别　二者均表现精神沉郁，腹泻、脱水。但区别是：仔猪红痢的病原为C型产气荚膜杆菌（魏氏梭菌）。主要侵害1~3日龄的仔猪，粪便红褐色（亚急性型的为黄色），粪便中含有灰白色的组织碎片。每窝仔猪中1~4头表现症状，通常较大和较健康的猪先发生，急性症状的病死率高达100%，慢性的存活率较高。剖检可见皮下胶冻样浸润，胸腔、腹腔、心包积水呈樱桃红色，空肠暗红色，肠内容物暗红色。肠黏膜下层或淋巴结有小气泡。

防制措施

（1）提高生物安全水平，改变、完善饲养方式

①真正做到"全进全出"，划小单位，猪舍不要建很大。

②早期断奶，隔离饲养。

③合理安排饲养密度：饲养密度分要大于0.33平方米/猪，喂料器空间大于7厘米/头（仔猪）。

④保证舍温：3周龄仔猪为28℃，每隔1周调低2℃，直至常温。

⑤猪种选择：长白猪、约克夏猪抵抗力低，易发圆环病毒病。汉普夏猪、杜洛克猪、土猪抵抗力强。建议母猪含一点当地黑猪的血液。

（2）合理的免疫程序

①在高发期前做好疫苗免疫：本病高发期是30~70日龄，仔猪就要在10~14日龄免疫。断奶后再做就晚了，容易发病。圆环病毒疫苗目前都是灭活苗，产生抗体都在20天左右，如果30天以后做，正是高发期，疫苗免疫效果都不好。

②如果猪场仔猪断奶后，猪群的圆环病毒症状不是很明显，可以只给母猪免疫。母猪产前40天、产前20天各注射1次，免疫2次，让母猪产生很好的母源抗体，可保证仔猪在60~70天以内得到保护。

③如果有的猪场仔猪发病很严重，一断奶就发病。除了母猪免疫外，仔猪在10~14日龄要免疫，晚了会发病。严重的猪场在25~30日龄再加强免疫，可防止仔猪在70~80日龄后发生圆环病毒病。

（3）疫苗的选择　现在国产的疫苗种类有很多，现列4种：

南农高科：是我国第一家生产圆环病毒疫苗的，圆克清SH株。

普莱柯：圆建SH株。

哈维科：LG株。

上海海利：圆比净LG株。

国外的有：梅里亚、博林格。

（4）种猪群净化　公猪、母猪做好免疫，淘汰感染的种猪，阻断场内循环。

（5）对症治疗

①必选药物：核酸、多利肽等。

②可选药物：头孢噻呋钠、头孢喹肟，肌肉注射效果就很好。

具体治疗方法可参照猪传染性胃肠炎的防治措施。

七、猪流行性腹泻

猪流行性腹泻是由猪流行性腹泻病毒引起的一种急性肠道传染病。其主要特征为病猪排水样便，呕吐，脱水。

本病的发生有一定的季节性，我国多发生于冬季，特别是12月至来年2月发生最多。不同年龄、品种和性别的猪都能感染发病，哺乳仔猪和架子猪以及肥育猪的发病率通常为100%，母猪为15%~90%，病猪和病愈猪的粪便含有大量病毒，主要经消化道传染，也可经呼吸道传染，并可由呼吸道分泌物排出病毒，传播迅速，数日之内可波及全群。一般流行过程延续4~5周，可自然平息。

临床症状与传染性胃肠炎相似。仔猪的潜伏期为15~30小时，肥育猪约2天。病猪开始体温稍升高或仍正常，精神沉郁，食欲减退，继而排水样便，粪便内含有黄白色的凝乳块，呈灰黄色或灰色，腹泻最严重时，排出的几乎全是水，吃食或吮乳后部分仔猪发生呕吐，日龄越小，症状越重，1周龄以内的仔猪常于腹泻2~4天后，因脱水死亡，病死率50%（图4-126~图4-129）。出生后立即感染本病时，病死率更高。断奶猪、肥育猪及母猪持续腹泻4~7天，逐渐恢复正常。成年猪发生呕吐和厌食。

尸体消瘦脱水、皮肤干燥，胃内有多量黄白色的凝乳块，小肠病变具有特征性，肠管膨满、扩张，含有大量黄色液体，肠壁变薄，小肠绒毛缩短。肠系膜淋巴结水肿（图4-130至图4-133）。

（1）猪流行性腹泻与猪轮状病毒感染的鉴别　二者均表现精神沉郁，腹泻、脱水。但区别是：猪轮状病毒感染的病原为轮状病毒。在一般情况下，该病主要发生于

图 4-126　患猪排黄白色稀便

图 4-127　患猪排污黄绿色稀便

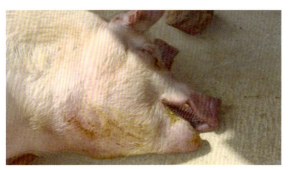

图 4-128　患猪呕吐

图 4-129 新生仔猪脱水死亡

图 4-130　患猪小肠肠壁透明变薄

图 4-131　患猪小肠膨胀、肠壁变薄透明，乳糜管消失

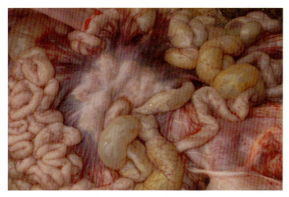

图 4-132　患猪肠系膜充血

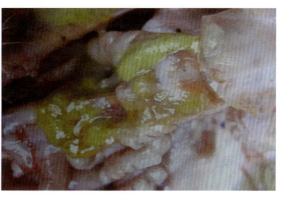

图 4-133　患猪肠管内充满黄色黏液

8周龄以内的仔猪，虽然也有呕吐，但是没有猪流行性腹泻严重，病死率也相对较低，不见胃底出血。肠内容物、粪便或病毒分离的细胞培养物电镜检查可见到轮状病毒粒子。

（2）猪流行性腹泻与仔猪红痢的鉴别　二者均表现精神沉郁，腹泻、脱水。但区别是：仔猪红痢的病原为C型产气荚膜杆菌（魏氏梭菌）。一般只在7日龄以内仔猪发生，不见呕吐。腹泻为红褐色粪便。病程为最急性或急性。剖检可见小肠出血、坏死，肠内溶物呈红色，坏死肠段浆膜下有气泡等病变，能分离出魏氏梭菌。一般来不及治疗。

（3）猪流行性腹泻与猪痢疾的鉴别　二者均表现精神沉郁，腹泻、脱水。但区别是：猪痢疾的病原为密螺旋体。该病不同年龄不同品种的猪均可感染，1.5~4月龄猪最为常见，无明显的季节性，以黏液性和出血性下痢为特征，初期粪便稀软，后有半透明黏液使粪便呈胶冻样。剖检病变主要在大肠，可见结肠、盲肠黏膜肿胀、出血，肠内容物呈酱色或巧克力色，大肠黏膜可见坏死、有黄色或灰色伪膜。显微镜检查可见猪密螺旋体，每个视野2~3个以上。

（4）猪流行性腹泻与猪坏死性肠炎的鉴别　二者均表现精神沉郁，腹泻、脱水。但区别是：猪坏死性肠炎的病原为坏死杆菌。该病急性病例多发生于4~12月龄间的猪，主要表现为排焦黑色粪便或血痢并突然死亡；慢性病例常见于6~20周龄的育肥猪，病死率一般低于5%。下痢呈糊状、棕色或水样，有时混有血液，体重下降，生长缓慢（最常现）。剖检最常见的病变部位位于小肠末端50厘米处以及邻近结肠上1/3处，并可形成不同程度的增生变化，可以看到病变部位肠壁增厚，肠管变粗，病变部位回肠内层增厚。

防治措施　可参照猪传染性胃肠炎的防治措施。

八、猪传染性胃肠炎

猪传染性胃肠炎是由冠状病毒引起的急性、高度接触性消化道传染病，其主要特征是多发生于寒冷季节，急性腹泻，同时出现呕吐。

流行特点　本病除猪以外，其他动物不感染，发病有明显季节性，多发于冬、春寒冷季节（12月至翌年4月），具有高度接触传染性，常呈地方性流行。不同年龄、性别、品种的猪均能发病，但以仔猪发病严重，特别是10日龄以内的仔猪死亡率高。病猪粪便中排毒时间可达2月之久，传染途径主要是消化道，另外病毒也可由呼吸道传染。

临床症状

　　潜伏期一般为12~18小时，所以一个猪场刚开始发病，在1~3天内可使全群感染。仔猪发生呕吐、腹泻及口渴，粪便白色、黄色或绿色，内含有未消化母乳，后呈水样，甚至向外喷射，腹部、耳尖及肛门附近皮肤发紫，迅速脱水消瘦，多随即死亡，7日龄以内的仔猪死亡率可达100%。成年猪症状轻微，有的食欲不振、呕吐及腹泻，母猪泌乳停止，一般症状持续5~7天即停止，逐渐恢复食欲，很少出现死亡（图4-134~图4-137）。

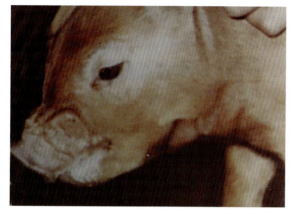

图4-134　患病仔猪呕吐

图4-135　患病生长猪排出黄色水样稀粪

图4-136　患猪水样腹泻

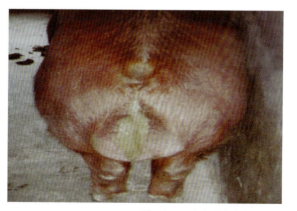

图4-137　患病种公猪水样腹泻

病理变化

　　病变主要在消化道，胃肠黏膜充血、点状出血，胃肠腔内充满稀薄的食糜呈灰黄色。肠系膜血管、肝、脾、肾、淋巴结均表现明显的淤血，心肌因衰竭而扩张。左心室内膜和冠状沟有明显的出血点和出血斑（图4-138~图4-142）。

鉴别诊断

　　（1）猪传染性胃肠炎与猪流行性腹泻的鉴别　　二者在临床上都是以腹泻为主，失水相似。但区别是：猪流行性腹泻的病原为冠状病毒，多发生于寒冷季节，大小猪几乎同时发生腹泻，大猪在数日内可康复，乳猪有部分死亡。应用猪流行性腹泻病毒的荧光抗体或免疫电镜可检测出猪流行性腹泻病毒抗原或病毒。

（2）猪传染性胃肠炎与猪轮状病毒感染的鉴别　二者均表现精神沉郁，呕吐、腹泻、脱水。但区别是：猪轮状病毒感染的病原为轮状病毒。在一般情况下，猪轮状病毒主要发生于8周龄以内的仔猪，虽然

图4-138　患猪胃黏膜充血、坏死、脱落，胃壁变薄

也有呕吐，但是没有猪传染性胃肠炎严重。病死率也相对较低。剖检不见胃底出血。应用轮状病毒的荧光抗体或免疫电镜可检出轮状病毒。

（3）猪传染性胃肠炎与仔猪黄痢的别　二者均表现精神沉郁，腹泻、脱水。但区别是：仔猪黄痢的病原为大肠埃希菌。该病多发于1周龄以内的仔猪，病猪排黄色稀粪，但较少发生呕吐，病程为最急性或急性。剖检可见十二指肠、空肠，肠壁变薄，严重的呈透明状。胃黏膜可见红色出血斑，肠内容物多为黄色。细菌分离鉴定，仔猪黄痢可从粪便和肠内容物中分离到致病性大肠埃希菌。

（4）猪传染性胃肠炎与猪痢疾的鉴别　二者均表现精神沉郁，腹泻、脱水。但区别是：猪痢疾的病原为密螺旋体。该病不同年龄不同品种的猪均可感染，1.5~4月龄猪

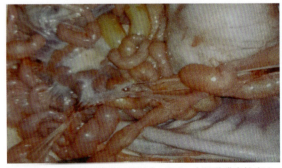

图4-139　患猪肠系膜淋巴结肿大、出血，小肠黏膜炎性充血、扩张

图4-140　患猪肠壁变薄、透明，系膜淋巴结肿大、出血，小肠浆膜炎性充血、扩张

图4-141　患猪肠道充血，肠壁薄

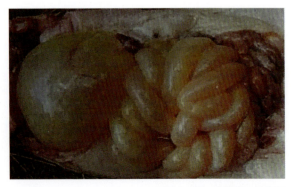

图4-142　患猪胃、肠臌气

最为常见，无明显的季节性，以黏液性和出血性下痢为特征，初期粪便稀软，后期伴有半透明黏液使粪便呈胶冻样。剖检病变主要在大肠，可见结肠、盲肠黏膜肿胀、出血，肠内容物呈酱色或巧克力色，大肠黏膜可见坏死、有黄色或灰色伪膜。显微镜检查可见猪密螺旋体，每个视野2~3个以上。

（5）猪传染性胃肠炎与猪坏死性肠炎的鉴别　二者均表现精神沉郁，腹泻、脱水。但区别是：猪坏死性肠炎的病原为坏死杆菌。该病急性病例多发生于4~12月龄间的猪，主要表现为排焦黑色粪便或血痢并突然死亡；慢性病例常见于6~20周龄的育肥猪，病死率一般低于5%。下痢呈糊状、棕色或水样，有时混有血液，体重下降，生长缓慢（最常见）。剖检最常见的病变部位位于小肠末端50厘米处以及邻近结肠上1/3处，并可形成不同程度的增生变化，可以看到病变部位肠壁增厚，肠管变粗，病变部位回肠内层增厚。

防治措施

（1）预防措施

①免疫接种：在每年温差大、腹泻发生率高的季节前预先做2次的疫苗普免（不同地区时间不一致），间隔20天。而后母猪产前10~30天再加强1次免疫。注意如果灭活疫苗和活疫苗同时使用，必须活疫苗在前，灭活疫苗在后。

对于疫苗的选择，流行性腹泻和胃肠炎二联灭活疫苗，价格便宜，效果一般；流行性腹泻、胃肠炎、轮状病毒三联弱毒疫苗，效果好，但价格较贵。

②粪便管理：设立专门人用厕所（最好为冲水厕所），绝对避免随地大小便。

③人畜隔离：专设猪舍，避免散养。

④加强环境卫生：猪舍经常保持清洁并定期消毒。

（2）对症治疗　为提高仔猪自身免疫力，防止继发感染，可采取以下措施。

①一月以内的哺乳仔猪：如果是规模化猪场，可以通过提高仔猪初生重来增加成活率。

②出生及时注射高免血清（高热金针）或者干扰素1毫升，同时进行伪狂犬疫苗滴鼻刺激机体产生干扰素。

③母乳药物止痢：给母猪饲喂止痢药物（白头翁散+母子乐等）通过母体吸收进入乳汁中的药物控制仔猪继发感染。

④严重脱水腹腔补液：

配方：5%葡萄糖10毫升，生理盐水10毫升，维生素C10毫升，碳酸氢钠10毫升（理论上不能和维生素C配伍，但实践中没有问题）庆大霉素10毫升，氯化钾1.5毫升（也可不加）。

将以上药物混合腹腔补液，一天必须2次，7天以内5毫升，7天以上10毫升（注意同温，必须保证药液温度尽量接近体温）。同时把饮水嘴封死，只给仔猪饮用凉白开水，并在水中加入口服补液盐+新霉素+阿莫西林（口服补液盐每天饮水5小时即可），自由饮水，勤更换。

⑤注射刀豆素或干扰素配合20%恩诺沙星，1天1次（实践应用效果较好）。

⑥藿香正气水1.5毫升或纳米级蒙脱石5克加50%葡萄糖10毫升混合灌服，每天2次即可。

⑦15日龄以上仔猪，必须断奶，提高舍内温度，刀豆素配合恩诺沙星注射。饲喂奶粉、奶料。凉白开水+口服补液盐+新霉素+阿莫西林饮用（口服补液盐每天饮水4~5小时）。

⑧保育猪和育肥猪：通过控制饲料，每1000千克饲料中加入5千克蒙脱石粉，水中加入口服补液盐+干扰素+新霉素（黏杆菌素）+阿莫西林，自由饮水（口服补液盐每天饮水4~5小时即可），病程一般是7天。

⑨加强清洁消毒：做好消毒，及时清走母猪粪便。保温箱内和产房严禁有拉稀小猪的粪便，可用干燥粉盖住稀便或用抹布及时擦干净并用消毒水擦洗。产床下粪便及时用生石灰覆盖，防止病毒传播，同时还可保持舍内干燥。

九、猪细小病毒感染

猪细小病毒感染又称猪繁殖障碍病，是由细小病毒引起的繁殖失常。其特征为受感染的母猪，特别是初产母猪产生死胎、畸形胎、木乃伊胎或病弱仔猪，偶有流产，但母猪本身无明显症状。

由于猪细小病毒感染对于养猪业影响较大，稍有疏忽就可能造成整窝仔猪死亡。加之目前尚无特效治疗药物，又与其他一些传染病症状相类似。因此，在临床上一定要采取流行病学、临床症状、病理变化等综合性诊断措施，并做好与其他病的鉴别诊断。同时，提要严格做好各项预防措施，将细小病毒病拒之门外，将疾病损失降到最低。

流行特点　猪是唯一已知的易感动物。本病通过胎盘传给胎儿，感染母猪所产死胎、木乃伊胎或活胎组织内带有病毒，并可由阴道分泌物、粪便或其他分泌物排毒。感染公猪的精液也含有病毒，可通过配种传染给母猪。污染的猪舍是猪细小病毒的主要贮存所。本病主要发生于初产母猪，呈地方性或散发性流行。疾病发生后，猪场可能连续几年不断出现母猪繁殖失能。母猪杯孕早期感染本病毒时，胚胎、胎猪死亡率可高达80%~100%。

临床症状　主要表现为母猪繁殖失能，如多次发情而不受孕，或产出死胎、木乃伊以及只产少数仔猪，并可出现流产。这种情况与母猪不同孕期感染有关。在怀孕30~50天感染时，主要是产木乃伊胎，如早期死亡，产出小的黑色木乃伊胎，如晚期死亡，则子宫内有较大木乃伊胎，怀孕50~60天感染时，主要产死胎，怀孕70天感染时常出现流产，怀孕70天之后感染，母猪多能正常生产，而产出仔猪有抗体和带毒，有些甚至能成为终身带毒者。如果将这些猪留作种用，此病很可能在猪群中长期存在，难以根除。公猪感染本病毒后，其受精率或性欲不受明显的影响。所以，特别注意带毒种公猪通过配种而传染给母猪。

病理变化

怀孕母猪感染未见明显的肉眼病变，仅见子宫内膜有轻微炎症。胎儿在子宫内有被溶解、吸收的现象，受感染的胎儿表现不同程度的发育障碍和生长不良，可见充血、水肿、出血、体腔积液、脱水（木乃伊化）及坏死等病变（图4-143~图4-145）。

鉴别诊断

（1）猪细小病毒感染与猪繁殖与呼吸综合征的鉴别　二者均表现不孕、死胎、木乃伊等繁殖障碍症状。但区别是：猪繁殖与呼吸综合征的病原为Lelystacl病毒。病母猪厌食，昏睡，呼吸困难，体温升高。除了死胎、流产、木乃伊胎儿外，还有提前2~8天出现早产，在两个星期间流产、早产的猪超过80%，1周龄内仔猪病死率大于25%。其他猪只也出现厌食、昏睡、咳嗽、呼吸困难等病症，部分仔猪可出现耳朵发绀。

（2）猪细小病毒感染与猪衣原体病的鉴别　二者均表现不孕、死胎、木乃伊胎等繁殖障碍症状。但区别是：猪衣原体病的病原为衣原体。衣原体感染母猪所产仔猪表现为发绀，寒战、尖叫，吸乳无力，步态不稳，恶性腹泻。病程长的可出现肺炎、肠炎、关节炎、结膜炎。公猪出现睾丸炎、附睾炎、尿道炎、龟头包皮炎等。

（3）猪细小病毒感染与猪流行性乙型脑炎的鉴别　二者均表现不孕、死胎、木乃伊胎等繁殖障碍症状。但区别是：猪流行性乙型脑

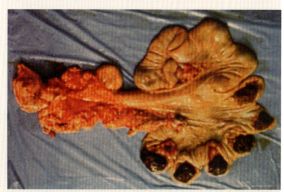

图4-143　患猪子宫内黑褐色的肿块为木乃伊化的死胎

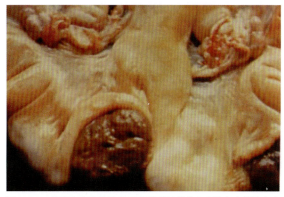

图4-144　患猪含木乃伊胎的子宫黏膜轻度出血和发生卡他性炎症

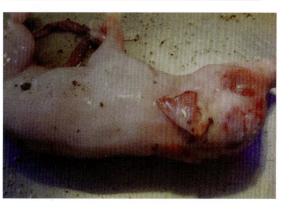

图4-145　患病母猪产的死胎皮肤、皮下水肿

炎的病原为猪流行性乙型脑炎病毒，发病高峰在7—9月，体温较高（40~41.5℃），同胎的胎儿大小及病变有很大的差异，虽然也有整窝的木乃伊胎，多数超过预产期才分娩。生后仔猪高度衰弱，并伴有震颤、抽搐、癫痫等神经症状，公猪多患有单侧睾丸炎，有热痛。剖检可见脑室积液呈黄红色，软脑膜树枝状充血，脑沟回变浅，出血。

（4）猪细小病毒感染与猪布氏杆菌病的鉴别　二者均表现不孕、流产、死胎等繁殖障碍症状。但区别是：猪布氏杆菌病的病原为布氏杆菌。母猪流产多发生于妊娠后第四至第十二周，有的第二至第三周即发生流产。流产前精神沉郁，阴唇、乳房肿胀，有时阴户流黏液性或脓性分泌物，一般产后8~10天可以自愈。公猪常见双侧睾丸肿大，触摸有痛感。剖检可见子宫黏膜有许多粟粒大黄色小结节。胎盘有大量出血点。胎膜显著变厚，因水肿而呈胶冻样。

（5）猪细小病毒感染与猪钩端螺旋体病的鉴别　二者均表现流产、死胎、木乃伊胎等繁殖障碍症状。但区别是：猪钩端螺旋体病的病原为钩端螺旋体，主要在3—6月流行。急性病例在大、中猪表现为黄疸，可视黏膜泛黄、发痒，尿红色或浓茶样，亚急性型和慢性型多发于断奶猪或体重30千克以下的小猪，皮肤发红、黄疸。剖检可见心内膜、肠系膜、肠、膀胱有出血，膀胱内有血红蛋白尿。

（6）猪细小病毒感染与猪伪犬病的鉴别　二者均表现流产、死胎、晚产等繁殖障碍症状。但区别是：猪伪犬病的病原为猪伪犬病病毒。膘情好而健壮的初生仔猪，生后第二天即表现为眼红、昏睡，体温升高至41~41.5℃，口流白沫，两耳后竖，遇到响声即兴奋尖叫，站立不稳。20日龄至断奶前后，发病的仔猪表现为呼吸困难，流鼻液，咳嗽，腹泻，有的猪出现呕吐。剖检可见母猪胎盘有凝固样坏死。流产胎儿的实质脏器也出现凝固性坏死。用延脑制成无菌悬液，肌肉皮下注射，大腿内侧的皮下出现瘙痒，注射部位被撕咬出血，可以确诊。

防制措施

目前本病尚无有效治疗药物，应以预防为主。

1）坚持自繁自养。引进种猪时，必须从未发生过本病的猪场引进，引进种猪后隔离饲养半个月，经过两次血清学检查，效价在1∶256以下或为阴性时，再合群饲养。

2）在本病发生地区，将初产母猪配种时间推迟到9月龄后，此时母猪已建立起主动免疫；也可使初产母猪在配种前获得主动免疫，将血清学阳性母猪放入后备母猪群中，或将后备母猪赶入血清学阳性的母猪群中，从而使后备母猪受到感染，获得主动免疫力。

3）免疫接种。一般可用灭活疫苗进行注射。母猪可在配种前4~5周进行免疫注射，2~3周后再加强免疫1次，分娩后15天注射1次，一般跟3胎即可，严重猪场一直跟胎。

十、猪流感

猪流行性感冒是由猪A型流感病毒引起的急性、高度接触性传染病，其主要特征是发病突然，传播迅速，具有高热、肌肉疼痛和呼吸道炎等症状。

流行特点

本病流行具有季节性，多发于气候骤变的晚秋和早冬，炎热季节很少发生，不同品种、年龄的猪均可感染，常呈地方性流行。传播方式主要是病猪和带毒猪（痊愈后带毒6周）的飞沫，经呼吸道而传染。

临床症状

潜伏期为5~7天。病来得突然，常见猪群同时发病，体温升高，有时高达42℃，精神萎靡，结膜发红，不愿起立行走，经常伏卧在垫草上，食欲减退或废绝，呼吸急促，急剧咳嗽，并间有喷嚏，先流清鼻水，后流黏性鼻涕，粪便干硬，尿呈茶红色，病程5~7天，妊娠母猪发病常易引起流产（图4-146、图4-147）。一般病例，若无并发症，经1周左右，可以恢复健康，个别猪转为慢性，出现持续咳嗽、消化不良等，本病一般能拖延1个月以上。如并发肺炎，则易死亡。

图4-146　猪群体发病，聚堆

图4-147　患猪鼻液增多，流脓涕

病理变化

呼吸道病变最为显著，鼻腔潮红。咽喉、气管和支气管黏膜充血，并附有大量泡沫，有时混有血液。喉头及气管内有泡沫性黏液，肺部呈紫色病变，严重的呈鲜牛肉状，病区呈膨胀不全，其周围肺组织呈气肿和苍白色，胃肠内浆液增多，并有充血（图4-148~图4-154）。

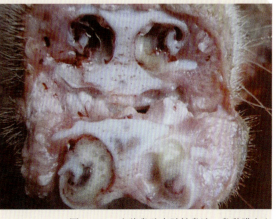

图4-148　患猪鼻腔有脓性鼻液，鼻黏膜充血

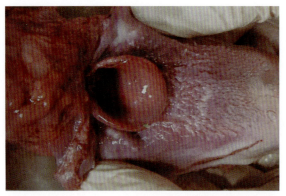

图 4-149　患猪喉头充血、出血

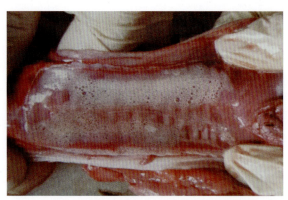

图 4-150　患猪气管环出血、内有大量泡沫

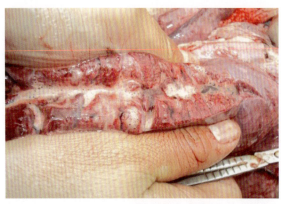

图 4-151　患猪支气管分泌泡沫

图 4-152　患猪肮脏呈牛肉样

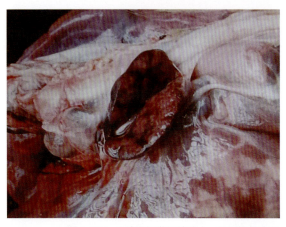

图 4-153　患猪肺门淋巴结肿大，切面炎性充血

图 4-154　患猪脾脏肿胀、呈蓝紫色

鉴别诊断

（1）猪流感与猪急性气喘病的鉴别　二者均表现食欲不振、体温升高、精神沉郁、呼吸困难、咳嗽。但区别是：猪气喘病的病原为猪肺炎支原体，临床主要症状为咳嗽（反复干咳、频咳）和气喘，一般不打喷嚏，不出现疼痛反应，病程长。病变特征是融合性支气管肺炎；于尖叶、心叶、中间时和膈叶前缘呈"肉样"或"虾肉样"实变。

（2）猪流感与猪肺疫的鉴别　二者均表现食欲不振、体温升高、精神沉郁、呼吸困难、咳嗽。但区别是：猪肺疫的病原为多杀性巴氏杆菌。咽喉型病猪咽喉部肿胀，呼吸困难，犬坐姿势，流涎。胸膜肺炎型病猪咳嗽，流鼻液，犬坐犬卧姿势，呼吸困难，叩诊肋部有痛感，并引起咳嗽。剖检皮下有大量胶冻样淡黄色或灰青色纤维性浆液，肺有纤维素炎，切面呈大理石样，胸膜与肺粘连，气管、支气管发炎且有黏液。用淋巴结、血液涂片，镜检可见有革兰阴性卵圆形两极浓染的短杆菌。

（1）预防措施

①寒冷、温差大的季节注意猪舍保温、通风，特别要防住"贼风"。

②消毒：空气消毒效果最好。消毒液可以选择过氧乙酸、碘酸等。周边猪场有流感症状时，猪舍要每天空气消毒1次。

③注意人患流感情况。有"感冒"症状的饲养员、技术员不要与猪直接接触。

④猪场不要有禽类混养，杜绝野鸟进入猪舍。

⑤提高整个猪群抗病能力。全群使用金免康、速肥康、维母康等产品。

⑥在秋冬季节来临前（每年10月），猪流感疫苗免疫。考虑到疫苗成本，最好给母猪、种公猪群注射流感疫苗，减少流产率，提高母猪生产性能。

（2）对症治疗　为提高仔猪自身免疫力，防止继发感染，可采取以下措施。

①发病猪舍加强空气消毒，每天2次喷雾消毒。

②饮水给药为主：前期用淡爽感康散兑水全群饮用。注意猪流感治疗除了降温以外，有效镇疼、减少猪难受状况也非常重要，淡爽感康散有很强的降温、镇疼、减少呼吸道刺激作用，抗流感病毒效果很好，用后猪难受状况明显改善，会恢复一些食欲。后期有少许食欲时，使用蓝圆抗毒散+金花平喘散拌料。

十一、猪传染性水疱病

猪传染性水疱病又称水疱病，是由水疱病毒引起的一种极似口蹄疫的急性、热性、接触性传染病。其主要特征是患猪蹄、鼻、口腔、乳房及皮肤出现水疱。

本病自然流行只感染猪，其他动物不感染。发病无明显季节性，多发于猪高度集中、饲养密度大、且地面潮湿的地方，在分散饲养的情况下，极少引起流行。传染途径主要是消化道、呼吸道、皮肤和黏膜。发病后的患猪及其产品是主要传染源，病猪的新鲜粪、尿，以及被病毒污染后的运输工具、饲料和水均是传播媒介。

潜伏期一般为2~5天，成年猪发病率高于仔猪。病初只有少数病猪可见体温升高，在蹄冠、蹄叉、蹄底或副蹄出现一个或几个黄豆至蚕豆大的水疱，随后融合在一起，充满透明的液体，1~2日后水疱破裂，形成溃疡面，病猪疼痛加剧，不易行走，严重者蹄匣脱落，卧地不起。少数病猪的鼻盘、口腔和乳头周围也会出现水疱（图4-155、图4-156）。一般病程10天左右，然后自然康复。

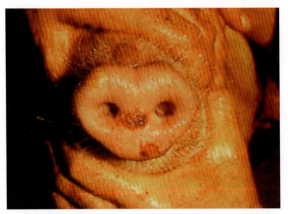

图4-155 患猪鼻镜及唇部常见有水疱、结痂和溃疡

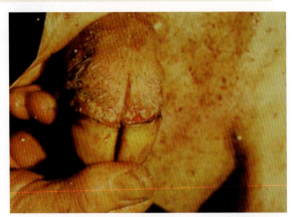

图4-156 患猪蹄冠部皮肤粗糙，出现小水疱和浅表性溃疡

病理变化

　　剖检病变主要在蹄部。口腔和鼻端出现水疱、溃疡等病变，内脏器官一般无明显变化，有的仅见有局部淋巴结出血或偶尔可见到心内膜有条纹状出血。

鉴别诊断

　　（1）猪传染性水疱病与猪口蹄疫的鉴别　二者均表现精神沉郁，体温升高，食欲不振，口腔和蹄部出现水疱。但区别是：猪口蹄疫的病原为口蹄疫病毒，一般呈流行性或大流行性发生，以冬、春、秋寒冷季节多发，口、鼻、舌发生水疱比较普遍而不是少数。

　　（2）猪传染性水疱病与猪水疱性口炎的鉴别　二者均表现精神沉郁，体温升高，食欲不振，口腔出现水疱。但区别是：猪水疱性口炎的病原为水疱性口炎病毒，多种动物均易感染，多发于夏季和秋初。病猪先在口腔发生水疱，随后蹄冠和趾相继发生水疱，水疱数较少。用病料接种2日龄和7~9日龄乳鼠、乳兔，乳兔无反应。用间接酶联免疫吸附法（间接ELISA）检测水疱性口炎抗体是一种快速准确和高度敏感的检测方法。

　　（3）猪传染性水疱病与猪水疱性疹的鉴别　二者均表现精神沉郁，体温升高，食欲不振，口腔和蹄部出现水疱。但区别是：猪水疱性疹的病原为水疱性疹病毒。病猪有时在腕前、跗前皮肤出现水疱，水疱较大。用病料接种2日龄和7~9日龄乳鼠和乳兔均不发病。

防治措施

　　1）不要从疫区调入猪只及其肉产品，用泔水和屠宰下脚料喂猪时，必须经过煮沸消毒。

　　2）要加强检疫、隔离、封锁措施，收购和调运生猪时应逐头检查，如发现病猪，就地处理，不能调出。

要加强对市场的管理和检疫，严禁病猪和同群猪上市。猪群患病要严格封锁，封锁期一般以最后一头猪治愈后3周才能解除。病猪肉及其头、蹄不准鲜销上市，应做高温处理。

3）要注意环境的卫生和消毒，消毒液应选用5%氨水、10%漂白粉溶液、3%热火碱水，热溶液比冷溶液效果好。

4）蹄部等病变治疗方法同口蹄疫。

十二、猪水疱性口炎

猪水疱性口炎是由水疱性病毒引起的一种极似口蹄疫、传染性水疱病的急性、热性、接触性传染病。其主要特征是患猪口腔、鼻盘及蹄部出现水疱。

流行特点

在自然环境条件下，以牛、马、猪较易感，羊、犬、兔不易得病。一般通过唾液和水疱液传播，但传染强度不如口蹄疫，传染途径主要是损伤黏膜和消化道。发病有明显的季节性，常在昆虫活跃的5—10月，以8—9月为流行高峰。

临床症状

自然感染的潜伏期为3~5天。病猪先体温升高，精神沉郁，食欲减退，经过1~2天，口腔和蹄部出现水疱，多发生于舌、唇部、鼻端及蹄叉部（图4-157、图4-158）。水疱内含黄色透明液体，水疱破裂后显露溃疡面，体温降至正常或偏高，蹄部病变严重的可出现跛行，不愿站立。如无继发感染，创面较快地形成痂块，多取良性经过，一般在7~10天内康复，如继发感染，则出现蹄匣脱落，露出鲜红样出血面，不能站立，有的呈犬坐姿势。

病理变化

剖检时内脏器官无明显的变化，只是在口腔、蹄部出现水疱疹或溃疡面等。

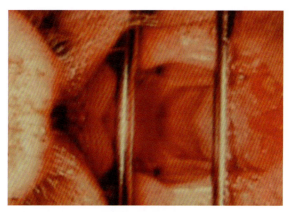

图4-157　患猪舌面有破裂的水疱，形成鲜红的溃疡

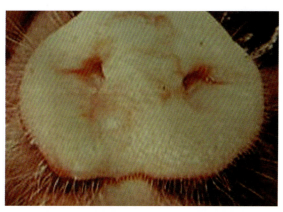

图4-158　患猪鼻盘部有由多个水疱融合而成的大水疱

鉴别诊断

（1）猪水疱性口炎与猪口蹄疫的鉴别　二者均表现精神沉郁，体温升高，食欲不振，口腔出现水疱。但区别是：猪口蹄疫的病原为口蹄疫病毒，一般发病多在冬季、早春寒冷季节，传染迅速，常为大流行。用病料接种2日龄和7~9日龄乳鼠及乳兔均发病，口蹄疫血清有保护作用。

（2）猪水疱性口炎与猪传染性水疱病的鉴别　二者均表现精神沉郁，体温升高，食欲不振，口腔出现水疱。但区别是：猪传染性水疱病的病原为水疱病毒，仅猪感染，一年四季均有发生，而以猪只密集、调动频繁的猪场传播较快。病猪先在蹄部发生水疱，随后仅少数病例在口、鼻发生水疱，舌面罕见水疱。接种2日龄和7~9日龄乳鼠及乳兔，7~9日龄乳鼠不发病，2日龄乳鼠及乳兔发病。

（3）猪水疱性口炎与猪水疱性疹的鉴别　二者均表现精神沉郁，体温升高，食欲不振，口腔出现水疱。但区别是：猪水疱性疹的病原为水疱性疹病毒，仅感染猪。病猪有时在腕前、跗前皮肤出现水疱，水疱较大，大者直径30毫米。用病料接种2日龄和7~9日龄乳鼠和乳兔均不发病。

防治措施

在疫区可使用当地病畜组织和血制备的结晶紫甘油疫苗或鸡胚结晶紫甘油疫苗，进行预防接种。病猪只要加强饲养管理，能很快康复，疫区要严格封锁，用具与运输工具要彻底消毒，消毒液可用2%氢氧化钠等。

本病无特效的治疗方法，当无并发症时，由于其病情轻微和病程持续时间不长，一般只需要采取保守治疗和加强护理即可很快痊愈，治疗可参考猪传染性水疱病。

十三、猪水疱性疹

　　猪水疱性疹是由水疱性疹病毒引起的一种急性、热性传染病，其临床特征是口、蹄部发生水疱性炎症，破溃后形成溃疡，很快痊愈，死亡率低。

流行特点

病猪和带毒猪是主要的传染源，喂污染的泔水造成该病传播。自然情况下，只感染猪。

临床症状

本病的潜伏期一般为1~4天。病初体温升高，数天后鼻盘、唇、口腔、蹄部出现水疱，有的蹄部肿胀，疼痛严重，行动不便，以膝着地或卧地不起，严重者蹄匣脱落。哺乳母猪的乳头也能发生水疱（图4-159、图4-160）。口腔发炎时有流涎、厌食。少数病例可见腹泻，孕猪流产，哺乳母猪乳汁减少。

主要的病变是在患部出现原发性或继发性的水疱，特别是口腔黏膜、蹄部的水疱更具特征。由于上皮的受损，使上皮细胞核崩解或皱缩。病变部有的局部坏死，病变周围细胞变性、水肿，有的皮下组织充血，真皮层有大量多形核白细胞浸润。

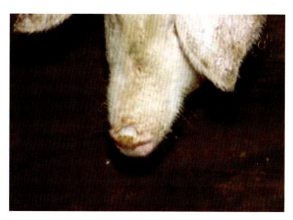

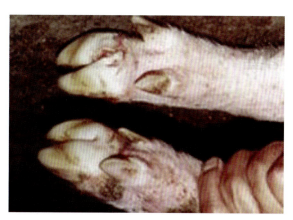

图 4-159　患猪鼻盘部有水疱　　　　　　　　　　　　图 4-160　患猪蹄部有水疱、破溃

（1）猪水疱性疹与猪口蹄疫的鉴别　二者均表现精神沉郁，体温升高，食欲不振，口腔和蹄部出现水疱。但区别是：猪口蹄疫的病原为口蹄疫病毒，疫情多发生于秋、冬、春寒冷季节，常呈大流行。病死猪剖检可见心肌呈虎斑状，病料接种2日龄、7~9日龄乳鼠及乳兔均发病。

（2）猪水疱性疹与猪传染性水疱病的鉴别　二者均表现精神沉郁，体温升高，食欲不振，口腔和蹄部出现水疱。但区别是：猪传染性水疱病的病原为水疱病毒。该病在猪只密集、调动频繁的猪场传播快，接种2日龄、7~9日龄乳鼠及乳兔，7~9日龄乳鼠不发病，其余发病。

（3）猪水疱性疹与猪水疱性口炎的鉴别　二者均表现精神沉郁，体温升高，食欲不振，口腔出现水疱。但区别是：猪水疱性口炎的病原为猪水疱性口炎病毒。病猪有时也在腕前、附前皮肤出现水疱，但口腔水疱较为严重，用病料接种2日龄和7~9日龄乳鼠及乳兔均不发病。

鉴别诊断

目前尚无疫苗，主要是依靠封锁、隔离消毒来控制。病猪及其产品不得移动，凡与病猪接触过的运输工具和用具消毒后，方能使用。泔水必须煮熟后再喂，消毒药以2%氢氧化钠为佳。

防治措施

十四、猪痘

猪痘是由猪痘病毒引起的一种急性、热性传染病，其特征为在病猪皮肤和某些部位的黏膜上出现痘疹。

猪痘病毒引起的猪痘常发生于仔猪和小猪，成年猪的抵抗力较强，其他动物不感染。痘苗病毒引起的猪痘，各种年龄的猪均易感。呈地方性流行，此外还可感染乳牛、兔和豚鼠及猴子等动物。猪痘主要通过损伤的皮肤传染，在猪虱和其他吸血昆虫

流行特点

较多、卫生不良的猪场和猪舍，最易发生猪痘。由于痘病毒在于痂皮中能生存很长时间，随着猪场成猪不断地被新猪更替，致使猪痘可以无限期地留存在猪群内。本病可发生任何季节，但以春秋天气阴冷多雨、猪舍潮湿污秽以及卫生差、营养不良等情况下流行比较严重，发病率高，但致死率不高。

临床症状

猪痘病毒感染的潜伏期为3~6天，痘苗病毒感染仅2~3天。病猪体温升高到41.3~41.8℃，精神不振，食欲减退，鼻黏膜、眼结膜潮红、肿胀，并有分泌物，分泌物多为黏液性或脓性。痘疹主要发生于下腹部和四肢少毛处，如四肢内侧、鼻盘、眼睑和面部褶皱处，有的也可发生于身体两侧和背部。痘疹开始为深红色的硬结节，凸出于皮肤表面，略呈半球状，表面平整，见不到水疱期即转为脓疱，并很快结成棕黄色痂块，脱落后遗留白色斑块而痊愈，有的出现溃烂面，病程10~15天（图4-161~图4-165）。另外，也有的猪痘疹发生口咽、气管和支气管等处，如果继发细菌感染，常可引起败血症，最终导致死亡。

本病多为良性经过，病死率不高，所以易被忽视，以致影响猪只的发育，但在饲养管理不善或继发感染时，尤其是仔猪病死率较高。

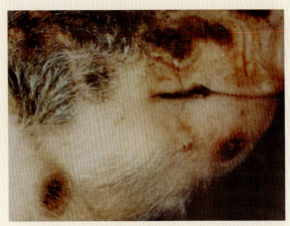

图4-161　患猪头部继发细菌感染，咬肌下痘疹为出血型

病理变化

死亡猪的口腔、咽、胃、气管常发生痘疹，常继发肠炎、肺炎引起败血症而死亡。组织学病变可见棘细胞膨胀、溶解，胞核染色溶解，出现特征性的核空泡。

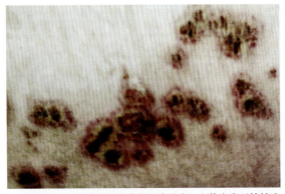

图4-162　患猪圆形痘疹发展为脓疱，少数痘疹开始结痂

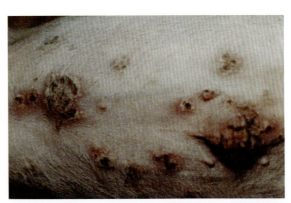

图4-163　患猪猪体凸出于表皮的脓疱

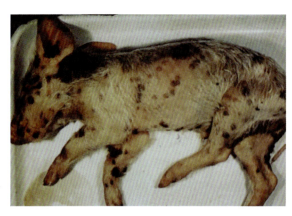

图 4-164　患猪痘疹呈暗棕色

图 4-165　患猪痘疹凸出于体表

鉴别
诊断

（1）猪痘与猪口蹄疫的鉴别　二者均表现精神沉郁，体温升高，食欲不振，口腔、鼻镜面部出现水疱等。但区别是：猪口蹄疫的病原为口蹄疫病毒，疫情多发于春、秋、冬寒冷季节，传播迅速，水疱发生在唇、齿龈、口、乳房及蹄部，躯干不发生，口蹄疫血清能保护。

（2）猪痘与猪传染性水疱病的鉴别　二者均表现精神沉郁，体温升高，食欲不振，口腔、蹄部出现水疱等。但区别是：猪传染性水疱病的病原为水疱病毒，以猪密集、调动频繁的猪舍传播较快。病猪水疱多发生在蹄部及口、鼻，躯干不发生，猪水疱病血清能保护。

（3）猪痘与猪湿疹的鉴别　二者均表现精神沉郁，体温升高，食欲不振，躯干出现丘疹等。但区别在是：猪湿疹无传染性，病猪丘疹中央无脐状凹陷，有奇痒。

（4）猪痘与猪水疱性疹的鉴别　二者均表现精神沉郁，体温升高，食欲不振，口腔、躯干出现水疱等。但区别是：猪水疱性疹的病原为猪水疱性疹病毒，多因采食未经煮沸的食物泔水、下脚料而发病，水疱多发生在鼻镜、舌、蹄部。躯干不出现丘疹和水疱。

（5）猪痘与猪水疱性口炎的鉴别　二者均表现精神沉郁，体温升高，食欲不振，口腔和蹄部出现水疱等。但区别是：猪水疱性口炎的病原为猪水疱性口炎病毒，多种动物均感染，水疱多发生在鼻端、口及蹄部，躯干不发生。

（6）猪痘与猪葡萄球菌病的鉴别　二者均表现精神沉郁，体温升高，食欲不振，躯干出现水疱等。但区别是：猪葡萄球菌病的病原为葡萄球菌，多由创伤感染，水疱破裂后水疱液呈棕黄色，如香油样。病猪呼吸急促，挤在一起，呻吟，大量流涎、拉稀。取痂下渗出物肉汤培养呈混浊状。取培养菌涂片镜检，可见革兰阳性呈葡萄状排列的球菌。

防治措施

目前尚无有效疫苗。预防本病的有效措施是，加强饲养管理，搞好卫生，杀灭一切体外寄生虫，防止引入病猪。另外，可试用中草药进行治疗。

1）金银花40克，紫草30克，黄芪30克，升麻25克，甘草15克，混合后研成细末，开水冲调，候温灌服，每千克体重1~2克，每日3次。

2）生石膏40克，烟油15克，将生石膏研细，加温水100毫升，去渣取汁，放入烟油中，烧煮15分钟，用药液擦猪患部，每日2次，连续2日即可见效。

十五、猪流行性乙型脑炎

猪流行性乙型脑炎，也叫日本乙型脑炎，是由乙脑病毒引起的一种人畜共患的急性传染病。妊娠母猪感染后表现流产和死胎，公猪发生睾丸炎，肥育猪持续性高热，仔猪常呈脑炎症状。

流行特点

本病可感染多种动物和人，主要通过蚊虫传播，由于蚊子感染乙脑可以终生带毒，并能在蚊子体内增殖病毒越冬，成为翌年传染源。因此，乙脑流行有明显的季节性，多发生于夏秋蚊子滋生季节。

临床症状

患病后肥育猪精神沉郁，食欲减退，饮欲增加，体温升高到41℃左右，嗜睡喜卧，强行赶起，则摇头甩尾，似正常样，但不久又卧下。结膜潮红，粪便干燥，尿呈深黄色。仔猪可发生神经症状，如磨牙，口吐白沫，转圈运动，视力障碍，盲目冲撞等，最后倒地不起而死亡。

图4-166 患病母猪产出的死胎及木乃伊胎

成年猪或妊娠母猪自身在受乙型脑炎病毒感染后不一定表现临床症状，但妊娠母猪感染后，表现流产，胎儿多是死胎或木乃伊胎，也有发育正常的胎儿（图4-166）。

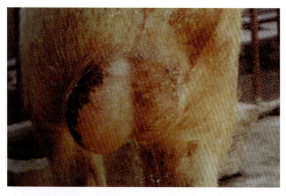

图4-167 患病公猪左侧睾丸肿大，阴囊出血；皱襞消失、发亮

图4-168 患病公猪睾丸萎缩、发硬

公猪感染后，睾丸发炎，常表现一侧性肿大（图4-167），触摸有热感，体温升高，精神不振，食欲减退，性欲降低。经2~3天后炎症开始消失，但睾丸变硬或萎缩造成终生不育（图4-168）。

病理变化

脑、脑膜和脊髓膜充血，脑室和脑硬膜下腔积液增多（图4-169）。睾丸切面可见颗粒状小坏死灶，最明显的变化是楔状或斑点状出血和坏死。间质结缔组织增生，常与阴囊粘连（图4-170）。

母猪子宫黏膜充血，黏膜表面有较多的黏液。死胎皮下水肿（图4-171）、肌褪色如水煮样。胸腔和心包腔积液，心、脾、肾、肝肿胀并有小点出血。

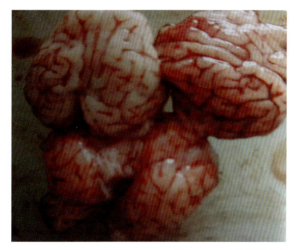

图 4-169 患猪脑回充血

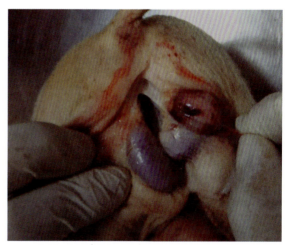

图 4-170 患病仔猪睾丸肿大、出血

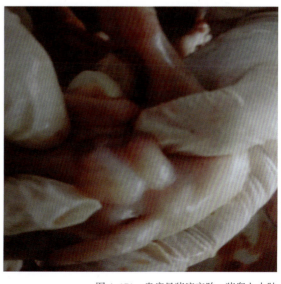

图 4-171 患病母猪流产胎，猪睾丸水肿

（1）猪流行性乙型脑炎与猪繁殖与呼吸综合征的鉴别　二者均表现母猪流产、死胎、木乃伊胎儿。但区别是：猪繁殖与呼吸综合征的病原为猪繁殖与呼吸综合征病毒。本病除了死胎流产、木乃伊胎儿外，还表现母猪提前2~8天早产，在两个星期间流产，早产的猪超过80%，1周龄内仔猪病死率大于25%。其他猪只也出现厌食、昏睡、咳嗽、呼吸困难等病症，部分仔猪可出现耳朵发绀。不见公猪睾丸炎和仔猪的神经症状。

（2）猪流行性乙型脑炎与猪细小病毒感染的鉴别　二者均表现母猪流产、死胎、木乃伊胎。但区别是：猪细小病毒感染的病原为细小病毒。本病的流产、死胎、木乃伊胎在初产母猪多发，其他猪只无症状。不见公猪的睾丸炎和仔猪的神经症状。

（3）猪流行性乙型脑炎与猪伪狂犬病的鉴别　二者均表现母猪流产、死胎、木乃伊胎和精神沉郁、运动失调、痉挛。但区别是：猪伪狂犬病的病原为伪狂犬病病毒，可以感染多种动物。膘情好而健壮的初产仔猪，生后第二天即出现眼红、昏睡，体温升高至41~41.5℃，口流白沫，两耳后竖，遇到响声即兴奋尖叫。站立不稳。20日龄至断奶前后，发病的仔猪表现为呼吸困难、流鼻液，咳嗽，腹泻，有的猪出现呕吐。剖检可见母猪胎盘有凝固性坏死。流产胎儿的实质脏器也出现凝固性坏死。用延脑制成无菌悬液，肌内或皮下注射家兔2~3天后，注射部位出现瘙痒，继而被撕咬出血，可以确诊。

（4）猪流行性乙型脑炎与猪弓形体病的鉴别　二者均表现母猪流产、死胎和精神沉郁、运动失调、痉挛。但区别是：猪弓形体病的病原为弓形虫。病猪表现高热，最高可达42.9℃，呼吸困难。身体下部、耳翼、鼻端出现淤血斑，严重的出现结痂、坏死。体表淋巴结肿大、出血、水肿、坏死。肺膈叶、心叶呈不同程度间质水肿，表现间质增宽，内有半透明胶冻样物质，肺实质中有小米粒大的白色坏死灶或出血点，磺胺类药物治疗可收到显著效果。

（5）猪流行性乙型脑炎与猪脑脊髓炎的鉴别　二者均表现食欲不振，休温升高和精神沉郁、运动失调、痉挛。但区别是：猪脑脊髓炎的病原为猪脑脊髓炎病毒，3周龄以上的猪很少发生，发病及康复均迅速。母猪不见流产，公猪无睾丸炎。

1）采取综合性防疫卫生措施。要经常注意猪场周围的环境卫生，排除积水，消除蚊、蝇的滋生场所，同时也可使用驱虫药在猪舍内外经常喷洒消灭蚊、蝇。

2）及时进行免疫。受本病威胁的地区可使用猪乙型脑炎弱毒疫苗，每年蚊虫季节出现前，猪群进行乙型脑炎弱毒疫苗免疫2次，间隔28天普免。

3）本病目前尚无特效治疗药物，但可根据实际情况进行镇静、退热镇痛疗法对症和抗菌药物治疗，以便缩短病程和防止继发感染。

十六、猪传染性脑脊髓炎

猪传染性脑脊髓炎是由脑脊髓炎病毒引起的中枢神经系统传染病，其主要特征是四肢麻痹和脑、脊髓炎。

流行特点

猪是唯一的易感动物，幼龄仔猪（4~5周龄）最易发病，成猪多为隐性感染、病猪和健康带毒猪随粪便排毒，主要通过污染的饲料、饮水等经消化道感染，经呼吸道和其他途径感染也是重要的传播途径。在新疫区，发病率和病死率较高，在老疫区，多呈散发。当本地变为地方性流行和产生畜群免疫时，主要局限在断奶猪和幼龄猪排毒，成年猪通常具有高的循环抗体水平，吸吮母乳的仔猪因母乳中含有较高的抗体而不感染，若母乳中抗体水平低或无，则仔猪断奶前也可能发病。

临床症状

潜伏期5~7天，病的早期发热（40~41℃），精神沉郁，食欲减退或废绝，倦怠和后肢发生轻度不协调，随后不久出现神经症状，表现共济失调。病情严重者，出现眼球震颤，肌肉抽搐，头颈后弯，昏迷。接着发生麻痹，有时呈犬坐姿势，或侧面躺下，受到音响或触摸的刺激时，可引起四肢不协调运动或头颈后弯，通常于出现症状的3~4天内死亡，有些病例在精心护理下可存活下来，但残留有肌肉萎缩和麻痹症状。

由毒力较低的毒株引起的病例症状较轻，发病率和病死率均低，病初体温升高，后腿控制能力减退，运动失调，背部软弱，这些症状大多可在几天内消失，有些病猪随后出现易兴奋，发抖，平衡失调，运动失控，最后肢体麻痹等症状。14日龄以内的仔猪表现感觉过敏，肌肉震颤，关节着地，共济失调，后退行走，呈犬坐姿势，最终出现脑炎症状。

病理变化

病变主要分布在脊髓腹角、小脑灰质和脑干。肉眼病变不明显，组织学检查可见非化脓性脑脊髓灰质炎变化，灰质部分的神经细胞变性和坏死，神经胶质细胞增生聚集，有明显的噬神经现象（图4-172），小血管周围有大量淋巴细胞浸润，形成明显的管套现象。在神经细胞质内有嗜酸性包涵体。病程较长的，有心肌和肌肉萎缩现象。

图4-172　患猪大脑切面有水流造成的空腔（脑积水）

（1）猪传染性脑脊髓炎与仔猪水肿病的鉴别　二者均表现食欲不振、体温升高和运动失调、惊厥、麻痹。但区别是：仔猪水肿病的病原为大肠埃希菌，健康的膘情好的仔猪更容易发病，病死率高，主要是断奶前后的仔猪多发，寒冷和饲养环境的改变可以诱发本病的发生。除了神经症状外，主要表现为眼睑、皮下水肿，剖检可见胃壁、肠系膜水肿，水肿呈胶冻样，胃壁增厚2~3倍。

（2）猪传染性脑脊髓炎与猪流行性乙型脑炎的鉴别　二者均表现食欲不振、体温升高和精神沉郁、运动失调、痉挛。但区别是：猪流行性乙型脑炎的病原为猪流行性乙型脑炎病毒。本病仅发生于蚊蝇活动季节，除妊娠母猪发生流产和产死胎外，公猪可发生睾丸肿胀，一般为单侧。其他小猪呈现体温升高，精神沉郁，肢腿轻度麻痹等神经症状。

（3）猪传染性脑脊髓炎与猪伪狂犬病的鉴别　二者均表现仔猪易感、体温升高41~41.5℃和精神沉郁、行动失调、站立不稳、痉挛、尖叫、角弓反张。但区别是：猪伪狂犬病的病原为伪狂犬病病毒。病猪耳尖发紫，腹泻，呕吐。剖检可见到鼻腔出血性或化脓性炎症、咽喉水肿、浆液浸润，黏膜有出血斑，胃底大面积出血，小肠黏膜出血、水肿。用病猪的延脑制成悬液，注射家兔股内侧皮下，24小时后，出现精神沉郁、发热、呼吸加快，注射部位发痒撕咬，4~6小时衰竭死亡。

（4）猪传染性脑脊髓炎与猪李氏杆菌病的鉴别　二者均表现体温升高和精神沉郁、行动失调，站立不稳，痉挛等；脑及脑膜充血水肿。但区别是：猪李氏杆菌病的病原为李氏杆菌，多发生于断乳后的仔猪，初期兴奋时表现为盲目乱跑或低头抵墙不动，四肢张开，头颈后仰如"观星"姿势。剖检可见脑干特别是脑桥、延髓和脊髓变软，有小的化脓灶。

（5）猪传染性脑脊髓炎与猪食盐中毒的鉴别　二者均表现全身肌肉痉挛，震颤，僵硬。但区别是：猪食盐中毒是因采食含盐多的食物而发病。病猪表现口渴，喜饮。尿少或无尿，口腔黏膜潮红肿胀，兴奋时奔跑。急性瞳孔散大，腹下皮肤发绀。

本病目前尚无特效疗法。在加强护理的基础上进行对症治疗，有一定效果。也可试用康复猪的血清或血液进行治疗。

要特别注意引进种猪的检疫，以防止引入带病毒猪。一旦发生本病，要迅速确诊，坚决采取隔离、消毒等措施，予以消灭。疫情严重时，可试用组织培养灭活疫苗或弱毒疫苗，或让母猪在怀孕前1个月与发生过本病的猪舍的猪接触，使其轻度感染，产生免疫力，以保护将来出生的哺乳仔猪。

十七、猪血凝性脑脊髓炎

猪血凝性脑脊髓炎是由血球凝集性脑脊髓炎病毒引起的猪的一种急性传染病。主要侵害哺乳仔猪。临床上以呕吐、衰弱、进行性消瘦、便秘及中枢神经系统障碍为特征，因此也称该病为仔猪呕吐–衰弱病，病死率很高。

流行特点

特别易感的是哺乳仔猪。传染源是病猪和带毒猪，病毒通常存在于上呼吸道及脑组织中，常通过鼻液传播，经呼吸道和消化道传染，多数是在引进新的种猪之后而发病，侵害一窝或几窝哺乳仔猪，以后由于猪群产生了免疫反应而停止发病，被感染的仔猪发病率和死亡率均为100%。较大的猪多为隐性感染，且隐性感染率很高。

临床症状

本病根据症状分为脑脊髓炎型和呕吐–衰弱型。两种病型可以同时存在于一个猪群，也可分别存在于不同的猪群或不同的地区。

（1）脑脊髓炎型　本病多发生在2周龄以下的仔猪，最早的病例见于4~7日龄。病猪先食欲废绝，继而发生嗜眠、呕吐、便秘，少数猪体温升高，常聚堆。其后病猪被毛逆立，体表有血斑，四肢蓝紫（图4-173），有些病猪打喷嚏，咳嗽，磨牙，1~3天后大多数出现中枢神经系统障碍症状。大部分病猪的感觉和知觉过敏，如果突然予以骚扰，则嚎叫乱跑，共济失调，步样不自然、不协调，后肢逐渐麻痹而呈犬坐姿势。最后病猪侧卧，四肢做游泳状运动，呼吸困难，眼球震颤，失明，昏迷死亡。病程10天左右。病死率几乎100%，少数不死者可在几天内完全恢复。

图4-173　患猪体表有出血斑点

（2）呕吐–衰弱型　本病病初短期体温升高，反复呕吐，仔猪聚堆，倦怠无力，时常拱背。以后常见病猪磨牙，将嘴伸到水中而又不喝或喝水量少，有的出现咽喉肌肉麻痹，不能吞咽，口角有泡沫样液体或流涎，并有便秘。较小的仔猪在几天之后严重脱水，不食，结膜蓝紫，昏迷而死亡。较大的猪症状较轻，也表现不食、消瘦、衰弱、呕吐等症状。3周龄以下仔猪的发病率和病死率很高，不死者转为僵猪。

病理变化

眼观变化不明显。在某些病例可见到轻微的卡他性鼻炎，在少数呕吐–衰弱型病例有胃肠炎变化。组织学检查，脑脊髓炎型可见到非化脓性脑脊髓炎变化。呕吐–衰弱型的病例中，有20%~60%的脑组织也可见此种病变，病变的特征是血管周围有单核细胞形成的血管套，神经胶质细胞增生，神经细胞变性。大多数病变见于间脑、延脑、脑桥、上部脊髓等处的灰质部。

（1）猪血凝性脑脊髓炎与猪伪狂犬病的鉴别　二者均表现仔猪易感、体温升高和精神沉郁、行动失调，站立不稳，痉挛，尖叫，角弓反张等。但区别是：猪伪狂犬病的病原为伪狂犬病病毒。本病除了仔猪具有神经症状，表现为对声音敏感、游泳样运动以及呕吐外，多发生于生后2~3天的仔猪，有的可见腹泻。同群的母猪可见到流产、死胎和木乃伊胎。流产母猪的胎盘出现凝固性坏死。

（2）猪血凝性脑脊髓炎与猪传染性脑脊髓炎的鉴别　二者均表现食欲不振、体温升高和精神沉郁、运动失调、痉挛等。但区别是：猪传染性脑脊髓炎的病原为猪传染性脑脊髓炎病毒。本病除具有呕吐、神经症状、呼吸困难外，一批猪发病后经数周另一批猪群发病，呈波浪式发生，四肢僵硬，前肢前移，后肢后移，不能站立，常易跌倒。惊厥时常持续24~36小时。

（3）猪血凝性脑脊髓炎与猪流行性乙型脑炎的鉴别　二者均表现食欲不振、体温升高和精神沉郁、运动失调、痉挛等。但区别是：猪流行性乙型脑炎的病原为猪流行性乙型脑炎病毒。本病仅发生于蚊蝇活动季节，除妊娠母猪发生流产和产死胎外，公猪可发生睾丸肿胀，一般为单侧。其他小猪呈现体温升高，精神沉郁，肢腿轻度麻痹等神经症状。

（4）猪血凝性脑脊髓炎（呕吐－衰弱型）与猪传染性胃肠炎的鉴别　二者均表现食欲不振、体温升高、呕吐、消瘦等。但区别是：猪传染性胃肠炎的病原为冠状病毒。病猪除表现呕吐和消瘦外，还可见水样腹泻，大小年龄的猪只均可发病。不见神经症状。

本病目前尚无有效的疫苗，无特效疗法。防止本病的传入，对发病的猪和猪群要及时隔离，临产前2~3周使母猪人工感染猪血凝性脑脊髓炎病毒，可以产生母源抗体，仔猪可以被动获得保护。

十八、猪狂犬病

狂犬病是由狂犬病病毒引起的人和动物的一种以直接接触传染为主的人畜共患传染病，几乎所有温血动物都能感染发病。其主要特征是先兴奋，有咬人咬物的症状，以后麻痹死亡。

狂犬病的易感宿主很广泛，犬、猫、牛、马、羊、猪、鹿、骆驼及鸡、鸭、鹅等均有易感性，人也易感。野生动物尤其是鼠类及某些蝙蝠是主要的自然储存宿主。对人和家畜威胁最大的主要传染源是患狂犬病的犬，其次是外观正常的带毒犬和猫，多数患病动物（特别是犬）的唾液中带有病毒。主要是由于被病犬咬伤或经过黏膜接触病毒而发生感染，所以流行呈连锁样，以一个接一个的顺序呈现散发，也有经消化道、呼吸道而感染的报道。咬伤部位越靠近头部，潜伏期越短，发病率越高。一般春、秋两季多发。

临床症状

　　潜伏期的变动范围很大，为20~60天。病猪的典型经过是突然发作，兴奋不安，横冲直撞，声音嘶哑，咬人咬物，四肢运动失调，举止笨拙，鼻子歪斜，无意识地咬牙，有时用鼻子反复掘地面，大量流涎，全身肌肉痉挛，咬伤处发痒，在间歇期，常隐藏在垫草中，听到轻微声响即从隐藏处窜跳出来，无目的地乱跑，最后发生麻痹，全身衰弱，病程2~4天，病死率100%。

　　另有麻痹型猪狂犬病，开始后肢和肩部衰弱，运动失调，走路不稳，继而后肢麻痹，全身衰竭而死亡。

病理变化

　　眼观一般无特征性变化，表现尸体消瘦，血液浓稠、凝固不良，口腔黏膜和舌黏膜常见溃疡和糜烂。胃内常有石块、泥土、毛发等异物，胃黏膜充血、出血或溃疡，脑水肿，脑膜和脑实质的小血管充血，有的见有出血点（图4-174）。

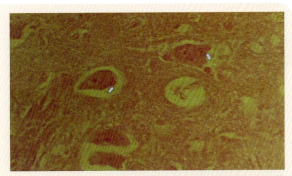

图4-174　患猪大脑海马角神经细胞浆内包涵体

鉴别诊断

　　（1）猪狂犬病与猪伪狂犬病的鉴别　二者均表现叫声嘶哑和精神症状。但区别是：猪伪狂犬病的病原为猪伪狂犬病病毒。主要经直接接触和间接接触传染，无季节性，常有较多的哺乳仔猪患病，临床主要表现为兴奋、痉挛、麻痹、意识不清，病死率可达90%以上。在哺乳仔猪患病的同时常伴有母猪的流产、死胎和木乃伊胎。

　　（2）猪狂犬病与猪破伤风的鉴别　二者均表现严重的精神症状。但区别是：猪破伤风的病原为破伤风梭菌。幼龄猪多发，多因阉割时消毒不严而感染。特征性症状是四肢僵硬、两耳竖立、尾不摆动、牙关紧闭，重者发生全身痉挛及角弓反张。对外界刺激兴奋性增高，常有吱吱的尖叫声。

　　（3）猪狂犬病与猪维生素A缺乏症的鉴别　二者均表现精神症状。但区别是：维生素A缺乏症是一种营养代谢病，以仔猪多发，常于冬末春初青绿饲料缺乏时发生。仔猪呈现明显的神经症状，表现为目光凝视，瞬膜外露，头颈歪斜，共济失调。血浆、肝脏维生素A含量降低，用维生素A治疗有效。

防治措施

目前尚无治疗猪狂犬病的有效方法，也无专供猪用的狂犬病疫苗。

控制和消灭传染源是预防本病的有效措施，犬与猫以及人和其他动物是家畜狂犬病的主要传染源，因此对狂犬病的控制主要是搞好预防狂犬病的工作，每年定期给家犬、警犬注射狂犬病疫苗，扑杀疯犬，以防咬伤人、畜。对患病动物一般不应剖检，应将尸体深埋或焚烧。

猪被可疑动物咬伤后，伤口局部处理越早越好，应立即用肥皂水、清水、0.1%新洁尔灭溶液洗涤伤口，然后用40%~70%酒精或2%~3%碘酊处理，如能在伤口周围注射抗狂犬病血清，预防效果更佳。

十九、猪脑心肌炎

猪脑心肌炎是由脑心肌炎病毒引起的一种急性人畜共患传染病，临床上呈现急性心肌炎、脑炎和心肌周围炎为特征。

流行特点

本病的易感动物较多，如猪、犬、鼠、小鼠、牛、马等都有易感性。20周龄内的猪可发生致死性感染，尤以仔猪更易感，大多数成年猪为隐性感染。主要传染源是带毒的鼠类，通过粪便不断排出病毒。病猪的粪尿虽然也含病毒，但含病毒量较低，病毒主要存在心肌及肝、脾。仔猪主要由于摄食有病的或死的鼠类而感染，或因采食被病毒污染的饲料、饮水而感染。现在证明，本病还可经胎盘感染。本病的发病率和病死率，随饲养管理条件及病毒毒力的强弱而有显著差异，发病率在20%~50%，病死率可达100%。

临床症状

猪脑心肌炎在临床上往往是亚临床感染，急性发作的病猪出现短暂的发热（24小时之内），精神沉郁，食欲减退或废绝，眼球震颤，步态蹒跚，麻痹，呕吐，下痢，呼吸困难，虚脱，往往在兴奋或吃食时突然倒地死亡，表现出急性心脏病的特征。大部分病猪在死前没有见到症状。妊娠母猪可引起死胎、木乃伊、流产等繁殖机能障碍。

病理变化

病猪腹下皮肤蓝紫，胸腔、腹腔及心包积水呈黄色内含少量纤维素，肝肿大或皱缩，胃大弯和肠系膜水肿。胃内含有正常的凝乳块，肾脏皱缩，表面有出血点，脾脏因缺血而萎缩，肺充血水肿，右心室扩张，心室心肌特别是右心室心肌，可见很多白色病灶散布，直径2~15毫米，有的呈条纹状，或者为更大的界线不清楚的灰色区域，有时局部病灶上可见一个白色垩样中心，或在弥漫性病灶上见白垩样斑（图4-175、图4-176）。病理组织学检查，可见心肌变性、坏死，有淋巴细胞及单核细胞浸润。

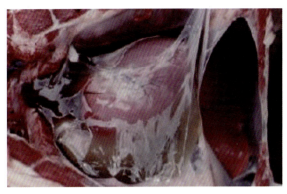
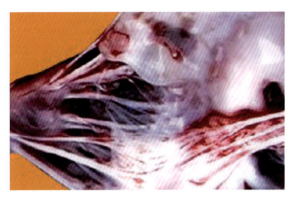

图 4-175　患猪心包腔有大量淡黄色炎性渗出物　　　图 4-176　心室扩张，心内膜呈疣状肿胀

鉴别诊断　　（1）猪脑心肌炎与猪维生素A缺乏症的鉴别　二者均表现食欲不振和精神沉郁、运动失调、痉挛。但区别是：猪维生素A缺乏症的病因是由于日粮中缺乏维生素A所致，以仔猪多发，常于冬末春初青绿饲料缺乏时发生。病仔猪呈现明显的神经症状，表现为目光凝视，瞬膜外露，头颈歪斜，共济失调。用维生素A制剂治疗有效。

　　（2）猪脑心肌炎与仔猪水肿病的鉴别　二者均表现突然发病，震颤，步态不稳，继而后肢麻痹。但区别是：仔猪水肿病的病原为大肠埃希菌，多在仔猪断奶前后发生，膘情好的发病严重。主要表现为脸部和眼部水肿，有时水肿可以蔓延到颈部和腹部。剖检可见胃底区有厚的透明胶冻样水肿，肠系膜水肿。

　　（3）猪脑心肌炎与仔猪白肌病的鉴别　二者均表现食欲不振，震颤，步态不稳，后肢麻痹。但区别是：仔猪白肌病的病因是由于日粮中缺乏维生素E和微量元素硒所致，除具有神经症状外及心肌呈灰白色外，可见病猪排血红蛋白尿。剖检可见骨骼肌色淡如鱼肉样，以肩、胸、背、腰、臀和背最长肌最为明显。可见白色或淡黄色的条纹斑块状稍混浊的坏死灶。肝肿大，质脆，有槟榔样花纹。

防治措施　　猪脑心肌炎是一种自然疫源性疾病，目前尚无有效疗法，也无可供使用的疫苗，主要是采用综合性防疫措施。应注意防止野生动物，尤其是鼠类偷食及污染饲料、饮水，以减少带毒者直接传染猪只。猪群发现可疑病例时，应立即隔离消毒，病死动物应立即进行无害化处理，被污染的猪场应使用含氯的消毒药，如漂白粉彻底消毒环境，以防止人畜感染。对耐过猪应尽量避免过度骚扰，以防因心脏病后遗症而突然死亡。

二十、猪包涵体鼻炎（巨细胞病毒感染）

　　猪包涵体鼻炎又称猪巨细胞病毒感染、猪巨细胞包涵体病。是以鼻炎症状为特征的一种仔猪常见传染病。

流行特点

本病的易感动物仅限于猪，引起胎儿和仔猪死亡、鼻炎、肺炎、发育迟缓和生长缓慢。在管理条件良好的猪群，该病只呈地方性流行。猪巨细胞病毒感染遍布世界各国养猪地区，常通过鼻道散播和传染，尿液也常造成环境污染。感染本病的怀孕母猪的鼻和眼分泌液、尿液和子宫颈液体以及发病公猪的睾丸和附睾中都可以分离出该病毒。

临床症状

首次感染本病的成年猪可能有一般感染性病变，在毒血症阶段表现出厌食、倦怠，妊娠母猪在怀孕期无其他临床症状，胎儿感染可能死产，新生仔猪可能产后无症状即死亡。5~10日龄仔猪感染后表现急性经过，起初频繁打喷嚏、流泪，鼻孔流出浆液性、血性分泌物，而后因鼻塞和吸乳困难，表现沉郁、厌食、消瘦及麻痹症状（图4-177、图4-178）。有些可在发病后5天死亡，病死率最高达20%，耐过仔猪有的增重较慢。猪巨细胞病毒感染不诱发萎缩性鼻炎，但可致少数青年猪产生鼻甲骨萎缩、颜面变形等温和性鼻炎症状，其他症状还有贫血、苍白、水肿、颤抖和呼吸困难等。亚急性型多发生在2周龄以上仔猪，通常只有轻度的呼吸道感染，发病率和病死率低，多数病猪经3~4周恢复正常，4周龄以上的猪感染后若无并发或继发感染，一般不表现出临床症状。

图4-177 患猪鼻腔中有血样分泌物

图4-178 患猪呼吸困难，躺卧气喘，鼻镜暗紫红色

病理变化

病变主要在上呼吸道。鼻黏膜表面有卡他性-脓性分泌物，鼻黏膜深部和肾表面常有因细胞聚集而形成的灰白色小病灶（图4-179）。严重病例可见胸腔和全身皮下组织显著水肿，在胸腔中可见心周和胸膜渗出液，肺水肿遍及全肺，肺尖叶和心叶有肺炎灶，肺小叶腹尖呈紫红色。在喉头及跗关节周围皮下水肿明显。所有

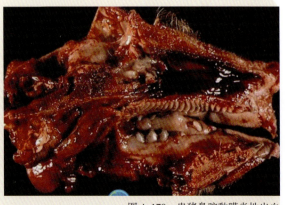

图4-179 患猪鼻腔黏膜炎性出血

淋巴结均肿大、水肿并带有淤血点，肾和心肌有点状出血，淤血点在肾包膜下最为广泛，以至于肾外观呈斑点状或完全发紫、发黑。少数病例小肠可见出血，病变从整个肠段到小于1厘米长的局部区域。胎儿感染不出现肉眼可见的特征性病变，其典型病变是在繁殖障碍时出现死产、木乃伊胎、胚胎死亡和不育。木乃伊胎儿随机分布，有时随胎龄而异。3月龄以上猪几乎无肉眼可见病变。

（1）猪血凝性脑脊髓炎与猪传染性萎缩性鼻炎的鉴别　二者均表现食欲不振，打喷嚏，流鼻液，甲骨萎缩，颜面变形。但区别是：猪传染性萎缩性鼻炎的病原为支气管败血波氏杆菌。鼻炎比较严重，病初打喷嚏，鼻孔流出血样分泌物，逐渐形成黏液性、脓性鼻汁。因鼻泪管堵塞而变黑，并常伴发结膜炎。病猪经常拱地，摇头，向墙壁、食桶、地面摩擦鼻子。重病猪呼吸困难，发生鼾声。接着鼻甲骨开始萎缩，并延及鼻中隔和筛骨等，颜面呈现畸形，膨隆短缩，鼻弯曲歪斜。抗菌类药物治疗有效。

（2）猪血凝性脑脊髓炎与仔猪贫血症的鉴别　二者均表现食欲不振、精神沉郁，贫血，黏膜苍白。但区别是：仔猪贫血症因缺铁所致，为非传染性疾病，多发于15日龄至1月龄的哺乳仔猪。病猪表现为精神委顿，心搏亢进，呼吸增快、气喘，在运动后更为明显，眼结膜、鼻端及四肢的颜色苍白，黄疸。补铁后病情明显好转。

（3）猪血凝性脑脊髓炎与仔猪水肿病的鉴别　二者均表现食欲不振，精神沉郁，皮肤水肿。但区别是：仔猪水肿病的病原为大肠埃希菌，健康的膘情好的仔猪更容易发病，病死率高，主要是断奶前后的仔猪多发，寒冷和饲养环境的改变可以诱发本病的发生。病猪表现精神委顿，反应过敏，兴奋不安，盲目行走，转圈，震颤，口吐白沫，叫声嘶哑，眼睑、面部、头部、颈部及胸腹水肿，最后倒地侧卧，四脚划动，呈游泳状，在昏迷中和体温下降时死去。剖检可见胃壁、肠系膜水肿，水肿呈胶冻样，胃壁增厚2~3倍。从肠系膜淋巴结及小肠内容物中容易分离到致病性大肠埃希菌。

1）在本病呈地方流行性的猪群中，采取良好的管理体系，该病似乎不会造成太大的危害。

2）在引种时应严格检疫。

3）通过剖宫产可建立无病毒猪群。由于本病毒能通过胎盘。因此，必须对子代至少在产后70天连续做认真的血清学监测。

4）本病毒分布广泛，目前尚无理想疫苗。患过本病的猪初乳内含中和抗体，对哺乳仔猪有一定的保护力。

5）对本病无特异性治疗手段，在发生鼻炎时，为预防细菌继发感染可使用抗生素药物。

二十一、仔猪先天性震颤

仔猪先天性震颤又叫传染性先天性震颤，是由先天性震颤病毒引起，在仔猪刚出生不久，出现全身或局部肌肉阵发性挛缩的一种疾病。本病广泛分布于世界各地，多呈散发性发生。

流行特点

本病仅见于新生仔猪，受感染母猪怀孕期间不显示临床症状。成年猪多为隐性感染。本病是由母猪经胎盘传播给仔猪的，未发现仔猪间相互传播的现象。公猪可能通过交配传给母猪，母猪若产过1窝发病仔猪，则以后产的几窝仔猪都不发病，在同一感染猪群中，产仔季节早期出生的仔猪，症状最重，随着季节的推移，后来出生的仔猪的震颤症状就较为轻微，不同品种及其杂交猪对本病的易感性没有明显差异。有人认为，本病的发生与母猪孕期营养不良有关、如维生素和无机盐缺乏，磷、钙比例失调等，可促使本病的发生。

临床症状

母猪发病在仔猪生出的前后无明显的临床症状。仔猪的症状轻重不等，若全窝仔猪发病，则症状往往严重，若一窝中只有部分仔猪发病，则症状较轻。震颤呈双侧性，一般表现在头部、四肢和尾部。轻的仅限于耳、尾，重的可见全身抖动，表现剧烈的、有节奏的、阵发性痉挛。由于震颤严重，使仔猪行动困难，无法吃奶，常饥饿而死（图4-180、图4-181）。仔猪如能存活1周，则一般不死，通常于3周内震颤逐渐减轻以致消失，有的病猪因剧烈震颤，将尾巴抖掉（磨掉）。缓解期或睡眠时震颤减轻或消失，但因噪声，寒冷等外界刺激，可引发或加重症状。症状轻微的病猪可在数日内恢复，症状严重者耐过后，仍有可能长期遗留轻的震颤，且生长发育也受到影响。

病理变化

病猪无肉眼可见的明显病变。对中枢神经的组织学检查，可见明显的髓鞘形成不全，脑血管周围充血，小脑发育不全，小动脉轻度炎症和变性，小脑硬脑膜纵沟窦水肿、增厚和出血等。

图4-180 患病仔猪吸乳困难，全身不停地抖动

图4-181 患病仔猪全身肌肉痉挛、颤抖，走路姿势异常

鉴别诊断

（1）仔猪先天性震颤与猪李氏杆菌病的鉴别　二者均表现精神不振、运动失调，肌肉震颤等。但区别是：猪李氏杆菌病的病原为李氏杆菌，各种年龄的猪均可感染。病猪表现体温升高，食欲不振，头颈后仰，前肢或四肢张开呈典型的观星姿势，剖检可见脑膜、脑实质充血、发炎和水肿，脑脊液增加、混浊，脑桥、延脑、脊髓变软并有点状化脓灶，血管周围有细胞浸润。采血液或肝、脾、肾、脊髓液涂片染色镜检，可见革兰阳性呈"V"字或"Y"字形排列的小杆菌。

（2）仔猪先天性震颤与仔猪水肿病的鉴别　二者均表现精神不振、运动失调、肌肉震颤等。但区别是：仔猪水肿病的病原为大肠埃希菌，多在仔猪断奶前后发生，膘情好的发病严重。主要表现为脸部和眼部水肿，有时水肿可以蔓延到颈部和腹部。剖检可见胃底区有厚的透明胶冻样水肿，肠系膜水肿。

（3）仔猪先天性震颤与猪传染性脑脊髓炎的鉴别　二者均表现精神不振、运动失调、肌肉震颤等。但区别是：猪脑脊髓炎的病原为猪脑脊髓炎病毒，可发生于各种年龄的猪。病猪四肢僵硬，常倒向一侧，肌肉、眼球震颤，呕吐，受到声响或触摸的刺激时能引起强烈的角弓反张和大声尖叫，皮肤知觉反射减少或消失，最后因呼吸麻痹死亡。剖检可见脑膜水肿、脑膜和脑血管充血。

（4）仔猪先天性震颤与仔猪维生素A缺乏症的鉴别　二者均表现精神不振，运动失调，肌肉震颤等。但区别是：猪维生素A缺乏症的病因是母体或母乳中维生素A缺乏所所致。仔猪发病后典型症状是皮肤粗糙、皮屑增多、咳嗽、下痢、生长发育迟缓。严重病例，表现运动失调，多为步态摇摆，随后失控，最终后肢瘫痪。剖检可见胃肠道炎症和黏膜增厚。也可见心、肺、肝、肾充血。

（5）仔猪先天性震颤与仔猪低血糖症的鉴别　二者均表现精神不振，运动失调，肌肉震颤等。但区别是：仔猪低血糖症的病因是由于母猪妊娠后期饲养管理不良而缺奶或无奶、仔猪因病理因素而吮乳不足所致。一般在生后第二天发病，患猪突然发生四肢无力或卧地不起，卧地后有弓角反张状，瞳孔放大，口角流出白沫，此时感觉迟钝或消失，最后昏迷而死。剖检可见肝脏呈橘黄色，边缘锐利，质地像豆腐，稍碰即破，胆囊肿大，肾呈淡黄色，有散在的红色出血点。

防治措施

本病试用过许多种药物疗法，均不能改变病情。对发病仔猪要加强饲养管理，保持猪舍的卫生、温暖和干燥，防止各种刺激。使发病仔猪靠近母猪以便能吃上奶，仔猪吃不到母乳时，应进行人工辅助吃奶，或对仔猪进行人工哺乳，这可使大多数病仔猪自然恢复而减少死亡损失。为避免由公猪通过配种将本病传给母猪，应注意查清公猪的来历。不从有先天性震颤病的猪场引进种猪。

二十二、猪断奶后全身消耗综合征

断奶仔猪这一综合征于1991年首先发现于加拿大，到1994年广泛流行于该国。此病于1996年报告于美国和法国，1997报告于西班牙。自那时以来，此病已在许多其他国家和地区得到了诊断，如意大利、德国、丹麦、荷兰、北爱尔兰和墨西哥。目前世界上普遍公认该病的病原以圆环病毒为主，我国于2000年检疫出血清阳性猪，并随后分离到猪圆环病毒。

流行特点

此综合征可见于5~16周龄的猪，但最常见于6~8周龄，一般有4%~10%的猪发病，这些猪往往散在于正常健康猪中。患病个体的早期死亡率可达80%，总的断奶后死亡率通常为7%，但在有些猪群可达18%。

临床症状

猪进行性消瘦，被毛粗乱，还常常伴以呼吸道症状，皮肤灰白色，有时可见黄疸（图4-182）。在许多病例中还可见淋巴结肿大，肿胀的淋巴结有时可被触摸到。其他症状则各不相同，多见为腹泻、肾衰竭和胃溃疡。

此病的一个特点是发展缓慢。有些猪群发病很慢，常可与其他疾病相混淆。猪群的一次发病可持续12~18个月。

图4-182 患猪食欲减退，呼吸困难，被毛粗乱，进行性消瘦

病理变化

此病的眼观变化具有特点：胴体消瘦和黄疸，脾脏和全身淋巴结异常肿大，肾脏有时肿胀并可见白色小点，肺脏如橡皮状并且色泽斑澜。组织学病变有特征性。

鉴别诊断

（1）猪断奶后全身消耗综合征与仔猪营养不良症的鉴别　二者均表现消瘦，但仔猪营养不良症为散在发生，主要由于饲料中日粮不能满足其营养需求所致。不见呼吸困难和黄疸症状，同时也不见仔猪的震颤。发病日龄没有明显的界线，消瘦，不局限于断奶后的仔猪。

（2）猪断奶后全身消耗综合征与猪萎缩性鼻炎的鉴别　二者均表现食欲不振，呼吸困难，营养不良等。但区别是：猪传染性萎缩性鼻炎的病原为败血波氏杆菌。病猪可见到由于鼻甲骨萎缩导致的鼻子变歪，同时感染猪可见鼻出血，眼角形成泪斑，剖检在第一白齿和第二白齿剖面可见到鼻甲骨萎缩。

（3）猪断奶后全身消耗综合征与猪繁殖与呼吸综合征的鉴别　二者均表现呼吸困难、肺炎和免疫抑制。但猪繁殖与呼吸综合征在妊娠母猪中有流产、死胎和木乃伊胎儿。呼吸困难在各个年龄段均可见，主要以哺乳仔猪为主。

（4）猪断奶后全身消耗综合征与猪气喘病的鉴别　二者均表现食欲不振，呼吸困难等。但区别是：猪气喘病的病原为肺炎支原体，各种年龄的猪均可感染，不见消瘦、仔猪震颤和黄疸。剖检病变主要在肺脏，表现为肺脏呈对称性的肉变、肝变。病原分离可以得到猪肺炎支原体。

**防治
措施**

抗生素治疗和良好的管理，有助于解决并发感染的问题，但对本病无治疗作用。

目前无疫苗供使用，所以要控制此病只能依靠加强一般性的管理措施，如降低猪群的饲养密度；实施严格的全进全出制度，至少在同一舍内实施全进全出制度；在每一批猪饲养期间以及在各批猪之间都要实施严格的生物安全措施。在这些措施中应使用有效的消毒剂；不要将不同来源的猪混群，也不要将不同日龄的猪饲养在同一空间中，减少应激因素（温度变化、贼风和有害气体），创造良好的饲养环境；采用适当的手段（免疫接种、抗生素治疗和加强管理）来控制并发感染，降低发病猪的死亡率；要尽可能保证猪群具有稳定的免疫状态。

第五章
猪细菌性传染病的鉴别诊断与防治

一、猪丹毒

猪丹毒是由猪丹毒杆菌引起的一种急性、热性传染病，其主要特征是：急性型呈败血症经过，亚急性型在皮肤上出现特异性疹块，慢性病例则多表现为非化脓性关节炎或疣状的心内膜炎。

流行特点 猪丹毒广泛流行于世界各地，对养猪业危害很大，一般多为散发和地方性流行，常发生在夏、秋炎热季节，冬春寒冷季节很少发生。因夏秋雨水多，湿热适合细菌繁殖，加之蚊蝇等昆虫多，极易传播，一旦有了疫情，很容易扩散，发生流行。

临床症状 潜伏期为1~8天。临床上可分为急性型（败血型）、亚急性型（疹块型）和慢性型3种。

（1）急性型（败血型）此型最为常见，以发病突然且死亡率高为特征。初期以一头或数头无明显症状而突然死亡，其他猪只相继发病。病猪体温升高达42~43℃，食欲废绝，呼吸急促，嗜睡，运动失调。先便秘并有脓性黏液附着，后拉稀并带血。结膜充血，有浆液性分泌物。不死或病的后期耳、颈、背、胸、腹部、四脚内侧等处可出现大小不等的红斑，用手指按压红色暂时可消退，后红斑变为暗

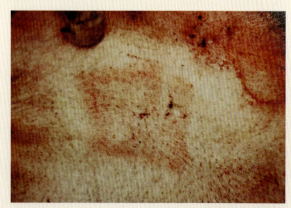

图 5-1　患猪皮肤出现疹块

红色（图5-1）。死前体温降至正常以下，不死的转为亚急性型或慢性型。

（2）亚急性型（疹块型）此型症状较轻，主要以出现疹块为特征，患猪体温在41℃以上，精神不振，食欲减退，多于背、胸、腹部及四肢皮肤上出现扁平凸起的紫红色疹块（打火印），呈方形或菱形（图5-2），白猪易观察，黑色或棕色猪种不易观察，但若用力贴平皮肤触摸，可感觉有疹块凸起，有的不明显，急宰刮毛后才能发现上述症状，疹块发生后，体温逐渐下降至正常，脱痂好转，病势减轻，数日后痊愈。病程一般在10天左右，死亡率不高。个别转为败血型或继发感染的可引起死亡，妊娠母猪有的发生流产。

（3）慢性型 多由急性型或亚急性型转变而来。主要患有心内膜炎和四肢关节炎，或两者并发。发生心内膜炎时，呼吸困难、消瘦、贫血、喜卧、举步缓慢、行走无力。此类型病猪很难治愈，最终多因麻痹而死亡。发生关节炎时表现为四肢关节炎性肿胀，僵硬疼痛。一肢或两肢跛行卧地不起，食欲较差，生长缓慢，消瘦（图5-3）。

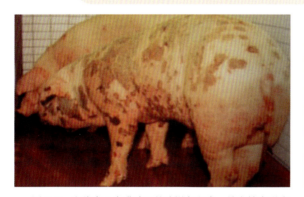

图5-2 患猪身上布满陈旧的暗褐色斑疹，并有结痂形成

图5-3 患猪关节肿胀、疼痛，不能站立

急性型表现皮肤上有大小不一、形状不同的红斑，呈弥漫性红色，脾肿大，呈樱桃红色，肾淤血肿大，呈暗红色，皮质部有出血点，肺淤血、水肿，胃、十二指肠发炎、有出血点，关节液增多。亚急性型特征为皮肤上有方形或菱形红色疹块；内脏的变化比急性型轻。慢性型特征是心脏房室瓣常有疣状心内膜炎，瓣膜上有灰白色增生物，呈菜花状，其次是关节肿大，有炎症，在关节腔内有纤维素性渗出物（图5-4~图5-8）。

（1）猪丹毒与猪瘟的鉴别 二者均表现精神沉郁，体温升高，食欲不振，步态不稳，皮肤表面有出血斑点；肠道、肺、肾出血等。但区别是：猪瘟的病原为猪瘟病毒，急性病例的死亡常常在出现症状几天后，而败血型猪丹毒病猪死亡常在初期症状出现后数小时至二三天；猪瘟发展到发病高峰期比较慢，而猪丹毒比较快；猪瘟常有腹泻，而猪丹毒则不常见；猪丹毒脾轻度肿大、紧张、蓝红色，而猪瘟一般脾不肿大而有楔形的出血性梗死；猪丹毒淋巴结充血肿胀呈紫红色，而猪瘟淋巴结出血切面呈

图 5-4 急性病例呈败血症症状，腹部皮肤潮红，皮肤出现
菱形疹块

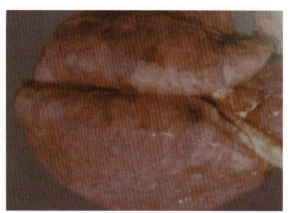

图 5-5 患猪肺呈花斑状

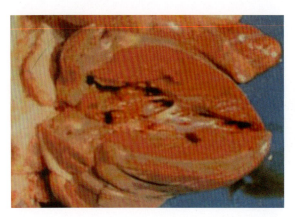

图 5-6 患猪心脏的二尖瓣上出现大小不等的疣状物，形如
花椰菜样

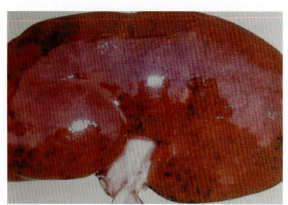

图 5-7 患猪肾脏淤血、肿大，呈紫黑色，俗称"大紫肾"

大理石状斑纹；猪丹毒肾常淤血肿大，俗称"大红肾"，而猪瘟不见肿大而呈密集小点出血。

（2）猪丹毒与猪肺疫的鉴别二者均表现精神沉郁，体温升高，食欲不振，步态不稳，皮肤表面有出血斑点。但区别是：猪肺疫的病原为多杀性巴氏杆菌。咽喉型病猪咽喉部肿胀，呼吸困难，犬坐姿势，流涎。胸膜肺炎型病猪咳嗽，流鼻液，犬坐姿

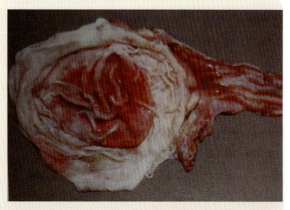

图 5-8 患猪胃底和十二指肠初段出血

势，呼吸困难，叩诊肋部有痛感，并引起咳嗽。剖检皮下有大量胶冻样淡黄色或灰青色纤维素性浆液，肺有纤维素炎，切面呈大理石样；胸膜与肺粘连，气管、支气管发

炎且有黏液。用淋巴结、血液涂片，镜检可见有革兰阴性、卵圆形呈两极浓染的短杆菌。

（3）猪丹毒与猪败血型链球菌病的鉴别　二者均表现精神沉郁，体温升高，食欲不振，步态不稳，呼吸困难，皮肤表面有出血斑点；肝、肺、肾出血等。但区别是：猪链球菌病的病原为链球菌。病猪从口、鼻流出淡红色泡沫样黏液，腹下有紫红斑，后期少数耳尖，四肢下端腹下皮肤出现紫红或出血性红斑。剖检可见脾肿大1~3倍，呈暗红色或紫蓝色，偶见脾边缘黑红色出血性梗死灶。采心血、脾、肝病料或淋巴结脓汁涂片，可见到革兰阳性、多数散在或成双排列的短链圆形或椭圆形无芽孢球菌。可与猪丹毒杆菌区分。

（4）猪丹毒与猪流感的鉴别　二者均表现精神沉郁，体温升高，食欲不振，呼吸困难，步态不稳。但区别是：猪流感的病原为猪流感病毒。病猪呼吸急促，常有阵发性咳嗽，眼流分泌物，眼结膜肿胀，鼻液中常有血，皮肤不变色。抗生素治疗无效。

（5）猪丹毒与猪弓形虫病的鉴别　二者均表现精神沉郁，体温升高，食欲不振，步态不稳，皮肤表面有出血斑点。但区别是：猪弓形虫病的病原为弓形虫。病猪粪便呈煤焦油样，呼吸浅快，耳郭、耳根、下肢、下腹、股内侧有紫红斑。剖检可见肺呈橙黄色或淡红色，间质增宽、水肿，支气管有泡沫；肾黄褐色，有针尖大小坏死灶，坏死灶周围有红色炎症带；胃有出血斑，片状或带状溃疡；肠壁肥厚、糜烂和溃疡、病料（肺、淋巴结、脑、肌肉）涂片或病料悬液注入小白鼠腹腔，发病后取病料涂片，可见到半月形的弓形虫。

防治措施

1）加强猪群的饲养管理，做好卫生防疫工作，提高猪群的自然抵抗力。

2）保持环境和使用器具的清洁及定期用消毒剂消毒；食堂下脚料及泔水必须煮沸后才能喂猪；粪便垫料堆积发酵处理后方可使用。

3）按时接种猪丹毒菌苗。母猪群、保育猪注射弱毒疫苗（GC42、G4T10株）。也可以用丹毒、肺疫、伤寒三联苗。

4）治疗。青霉素类、头孢类为本病的特效药。治疗时不宜过早停药（应在体温和食欲恢复正常后24小时），以防止疾病复发或转为慢性。四环素、土霉素、林肯霉素也是治疗本病的有效药物。

①青霉素，每千克体重1万~1.5万单位，肌肉注射，每天2次。

②四环素、土霉素，每天每千克体重为7~15毫克，肌肉注射。

③林可霉素，每次每千克体重11毫克，每天1次。

二、猪链球菌病

猪链球菌病是由链球菌属中某些血清群引起的一些疾病的总称。猪常发生的有出血性败血症、急性脑膜炎、急性胸膜炎、化脓性关节炎、淋巴结脓肿等病状。

流行特点

病猪及带菌猪是本病的主要传染源，经呼吸道和伤口感染。不同年龄、性别、品种的猪都有易感性，但仔猪和体重50千克左右的肥育猪发病较多，发病的哺乳仔猪死亡率高。

本病一年四季均可发生，春季和夏季发生较多，其他季节常见局部流行或散发；在新疫区常呈地方性流行，在老疫区多呈散发。

临床症状

本病潜伏期1~3天，最短4小时，长者可达6天以上。根据临床症状和病理变化可分为败血型、急性脑膜炎型、胸膜肺炎型、关节炎型和淋巴结脓肿型。

（1）败血型 流行初期常有最急性病例，多不见症状而突然死亡，多数病例常见精神沉郁，喜卧，厌食，体温升高至41℃以上，呼吸急促，流浆液性鼻汁，少数患猪在病的后期，耳尖、四肢下端、腹下呈紫红色，并有出血斑点，可发生多发性关节炎，导致跛行（图5-9）。病程2~4天，多数死亡。

（2）急性脑膜炎型 大多数病例病初表现精神沉郁，食欲废绝，体温升高，便秘，尔后出现共济失调、磨牙、转圈等神经症状，后躯麻痹，前肢爬行，四肢做游泳状（图5-10），最后因衰竭或麻痹而

图5-9 患猪皮肤发绀、发紫

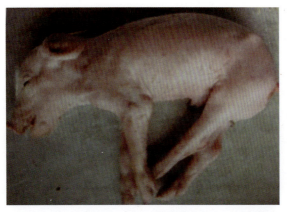

图5-10 患猪四肢做游泳样运动，嗜睡昏迷

图5-11 患猪关节肿大

死亡，病程1~2天。

（3）急性胸膜炎　少数病例表现肺炎或胸膜肺炎型。病猪呼吸急促、咳嗽，呈犬坐姿势，最后窒息死亡。

（4）关节炎型　多由前三型转来，也可从发病之初即呈现关节炎症状。病猪单肢或多肢关节肿痛、跛行，行走困难或卧地不起，病程2~3周（图5-11）。

（5）淋巴结脓肿型　主要发生于刚断乳至出栏的肥育猪，以颌下淋巴结脓肿最为多见，咽部、耳下及颌部淋巴结也可受侵害，或有双侧的。受害淋巴结呈现肿胀、硬而有热痛（炎症初期），采食、咀嚼、吞咽呈困难状，但一旦肿胀变软时（此时化脓成熟），上述症状消失，不久脓肿破溃，流出绿色或乳白色的浓汁。病程3~5周，一般不引起死亡。

病理
变化

（1）急性败血症型　皮肤上有生前同样的红斑，尸僵不全，血液凝固不良，口、鼻流出血样泡沫状的液体，淋巴结发黑，气管内充满泡沫，肺充血或有出血斑，心内、外膜出血，胆囊壁肿大，有时有出血块，肾呈紫色，皮质上密密麻麻地出现出血斑点，膀胱发黑，有出血病变，胃底部出血，脾脏肿大（图5-12~图5-18）。

（2）急性脑炎型　脑脊髓液显著增多，脑部血管充血，脑膜有轻度化脓性炎症，软脑膜下及脑室周围组织液化坏死，脑沟变浅（图5-19）。部分病例具有上述败血症的内脏病变。

（3）急性胸膜肺炎型　肺呈化脓性支气管炎，多见于尖叶、心叶和膈叶前下部。病变部坚实，灰白、灰红和暗红的肺组织相互间杂，切面有脓样病灶，挤压后从细支气管内流出脓性分泌物。肺膜粗糙、增厚，与胸壁粘连（图5-20）。

（4）慢性关节炎型　受害关节肿胀，严重者关节周围化脓，关节软骨坏死，关节皮下有胶样水肿，关节面粗糙，滑液混浊，呈淡黄色，有的形成干酪样黄白色块状物（图5-21）。

（5）慢性淋巴结炎型　常发生于下颌淋巴结，淋巴结红肿发热，切面有浓汁或坏死。少数病例出现内脏病变。

鉴别诊断

（1）猪链球菌病与猪丹毒（败血型）的鉴别　二者均表现精神沉郁，体温升高，食欲不振，呼吸困难，步态不稳，皮肤表面有出血斑点。但区别是：猪丹毒的病原为丹毒杆菌。病猪常表现卧地不起，驱赶甚至脚踢也不动弹，全身皮肤潮红。疹块型有方形、菱形、圆形高出周边皮肤的红色或紫红色疹块。剖检可见脾呈桃红色或暗红色，被膜紧张，松软，白髓周围有红晕。淋巴结肿胀，切面灰白，周边暗红。采取脾脏、肾脏或血液涂片染色，镜检可见到革兰阳性（呈紫红色）纤细的小杆菌。

（2）猪链球菌病与猪李氏杆菌病（脑膜炎型）的鉴别　二者均表现精神沉郁，

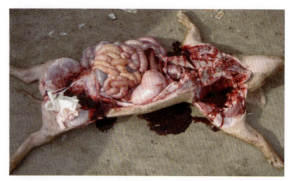

图 5-12　患猪凝血不良

图 5-13　患猪肠管迅速充血、变红

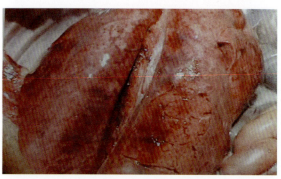

图 5-14　患猪肺脏表面有大量出血点

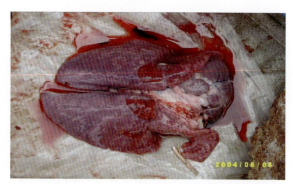

图 5-15　患猪弥漫性间质性肺炎

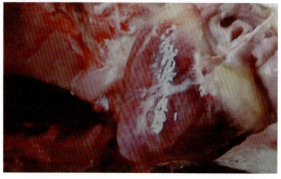

图 5-16　患猪心外膜出血

图 5-17　患猪肝脏质脆、易碎，呈蓝紫色

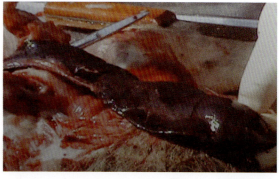

图 5-18　患猪脾脏肿大

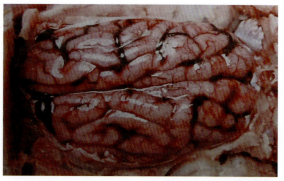

图 5-19　患猪脑严重出血

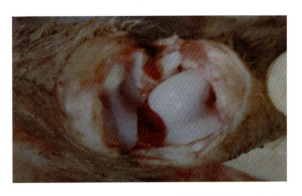

图 5-20　患猪胸腔脏器粘连

图 5-21　患猪腕关节内有红色关节液

体温升高，食欲不振，呼吸困难，步态不稳，皮肤发绀。但区别是：猪李氏杆菌病的病原为李氏杆菌。脑膜炎型李氏杆菌病主要表现头颈后仰，前肢或四肢张开呈典型的观星姿势，剖检可见脑膜、脑实质充血、发炎和水肿，脑脊液增加、混浊，脑桥、延脑、脊髓变软并有点状化脓灶，血管周围有细胞浸润。采血液或肝、脾、肾、脊髓液涂片染色镜检，可见革兰阳性呈"V"字或"Y"字形排列的小杆菌。

（3）猪链球菌病与猪瘟的鉴别　二者均表现精神沉郁，体温升高，食欲不振，呼吸困难，步态不稳，皮肤发绀。但区别是：猪瘟的病原为猪瘟病毒。病猪口渴，废食，嗜液，皮肤和黏膜发绀和出血，多数病猪有明显的浓性结膜炎，有的病猪出现便秘，随后出现下痢，粪便恶臭。剖检可见全身淋巴结肿大，尤其是肠系膜淋巴结，外表呈暗红色，中间有出血条纹，切面呈红白相间的大理石样外观，扁桃体出血或坏死。胃和小肠呈出血性炎症。在大肠的回盲瓣段黏膜上形成特征性的纽扣状溃疡。肾呈土黄色，表面和切面有针尖大的出血点，膀胱黏膜层布满出血点。用抗生素和磺胺类药物治疗无效。

（4）猪链球菌病与猪弓形虫病的鉴别　二者均表现体温高（4~42℃），精神沉郁，绝食，流鼻液，便秘，眼结膜充血，流泪，皮肤有红斑，运动障碍，后肢麻痹。但区别是：猪弓形虫病的病原为弓形虫，多种动物（包括人）均能感染。患猪皮肤红紫斑有局限性，与周围皮肤界限清晰。剖检可见肺淡红或橙黄色，膨大有光泽；表面有出血点，间质水肿，其内充满透明胶冻样物质，切面流泡沫样液体。肠系膜淋巴结肿胀如绳索样，切面外翻多汁，并有粟粒大灰白色坏死灶和出血点，颌下、肝门、肺门淋巴结肿大2~3倍，有淡褐色或褐色干酪样坏死灶和暗红色出血点。脾有的肿大，有的萎缩，脾髓如泥，有少量粟状出血点和灰白色坏死灶（边缘无出血性梗死）。回盲瓣、结肠有溃疡。将病料涂片可见弓形虫。

防治措施

1）彻底清除本病传染源。发现病猪，及时隔离治疗，带菌母猪尽可能淘汰，污染的环境和各种用具彻底消毒，急宰猪屠宰后发现可疑病变的猪尸体，要经高温消毒后方可食用。

2）消除本病感染因素。猪舍内不能有尖锐易引起猪伤害的物体，如食槽破损尖锐物、碎玻璃、尖石头等易引起外伤的物体，应彻底清除；注意阉割、注射和新生仔猪的断脐消毒，防止通过伤口感染。

3）在疫区或疫地合理使用菌苗进行预防接种。

4）治疗。猪链球菌病多为急性型，而且对药物特别是抗生素容易产生耐药性。因此，必须早期用药，药量要足，最好通过药敏试验选用最有效的抗菌药物。若未进行药敏试验，可选用对革兰阳性菌敏感的药物，如青霉素、四环素、林可霉素、磺胺嘧啶。

①青霉素，每头每次40万~80万单位，肌肉注射，每天2~4次。

②林可霉素，每千克体重5毫克，肌肉注射。

③磺胺嘧啶钠注射液，每千克体重0.07克，肌肉注射。

对已出现脓肿的病猪，待脓肿成熟后，及时切开，排出脓汁，用3%双氧化氢或0.1%高锰酸钾液冲洗后，涂敷碘酊。

三、猪副嗜血杆菌病

猪副嗜血杆菌病是由猪副嗜血杆菌引起的猪多发性浆膜炎和关节炎，又称为革拉泽氏病。临床症状主要表现为咳嗽、呼吸困难、消瘦、跛行和被毛粗乱。剖检病变主要表现为胸膜炎、心包炎、腹膜炎、关节炎和脑膜脑炎等。

本病多发于猪断奶前后和保育阶段，5~8周龄易感。病猪和带菌猪是传染源，主要通过呼吸系统传播。当猪群中存在繁殖呼吸综合征、流感或地方性肺炎病猪的情况下发生，饲养环境差、断水等情况下容易发生。断奶、转群、混群或长途运输也是常见的诱因。

本病的流行无明显的季节性，但在寒冷、潮湿季节多发。

临床症状取决于炎症部位，包括发热、呼吸困难、关节肿胀、跛行、皮肤及黏膜发绀（图5-22）、站立困难甚至瘫痪、僵猪或死亡。母猪发病可引起流产，公猪有跛行。哺乳母猪的跛行可能导致母性的极端弱化。濒死期体表发紫，因腹腔内有大量黄色腹水，腹围增大。

尸体消瘦，体端末梢及胸腹下呈紫红色，甚至蓝紫色。胸膜炎明显（包括心包炎和肺炎），关节炎次之，腹膜炎和脑膜脑炎相对少一些。以浆液性、纤维素性渗出为炎症（严重的豆腐渣样）特征。喉气管内有大量黏液，肺间质水肿，肺与胸膜粘连

（图5-23）；心包内有多量浑浊积液，心包膜粗糙、增厚，心外膜有大量纤维素性渗出物，好似"绒毛心"（图5-24）；腹腔有浑浊积液（图5-25、图5-26），肠系膜、肠浆膜、腹膜及腹腔内脏上附着有大量纤维素性渗出物（图5-27），尤其是肝脏可整个被包住，肝脾肿大，常与腹腔粘连；关节肿胀，关节液增多且黏稠而浑浊，特别是后肢关节切开有胶冻样物（图5-28）；肝脏边缘出血严重；脾脏有出血，边缘可隆起米粒大的血泡且有梗死；腹股沟淋巴结切面呈大理石状（图5-29），下颌淋巴结出血严重，肠系膜淋巴结变化不明显；肾脏可见出血点，肾乳头有严重出血。

图 5-22　患猪渐瘦，跛行，体端末梢及腹下皮肤逐渐变紫红色

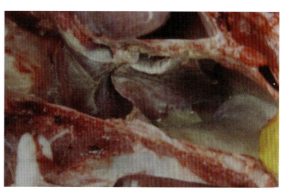

图 5-23　患猪肺水肿，肺与胸膜粘连，胸腔内有多量纤维素性渗出物

图 5-24　患猪心外膜有大量纤维素性渗出物，形成"绒毛心"

图 5-25　患猪腹腔有浑浊的积液，呈现明显的腹膜炎、浆膜炎

图 5-26　患猪腹膜炎（渗出）

图 5-27　患猪肠系膜、肠浆膜、腹膜及腹腔内脏上附着有大量纤维素性渗出物

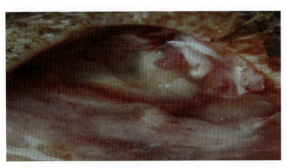

图 5-28　患猪关节肿胀，关节液增多。黏稠而浑浊

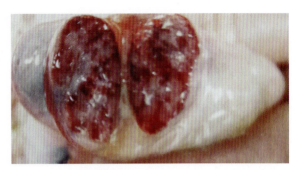

图 5-29　患猪腹股沟淋巴结肿大、出血 . 切面呈大理石状

鉴别诊断

（1）猪副嗜血杆菌病与猪传染性胸膜肺炎的鉴别　二者均表现体温升高（39.5~41.5℃），呼吸急促，流鼻液，毛蓬乱，皮肤及黏膜发绀，喜卧。但区别是：一是病原不同，猪传染性胸膜肺炎的病原为胸膜肺炎放线杆菌，而猪副嗜血杆菌病的病原为副嗜血杆菌；二是易感动物不同。猪传染性胸膜肺炎各个年龄猪均易感，但以3月龄仔猪最易感；副猪嗜血杆菌病主要在断奶前后和保育阶段发病，5~8周龄易感。三是病变部位不同。猪传染性胸膜肺炎以双侧纤维素性胸膜肺炎和出血性、坏死性肺炎为特征；副猪嗜血杆菌病属于多系统感染，呈多发性浆膜炎（心包、胸腔和腹腔都有纤维素性渗出物）、多发性关节炎、脑膜脑炎等。

（2）猪副嗜血杆菌病与猪霉菌性肺炎的鉴别　二者均表现体温升高（39.5~41.5℃），呼吸急促，流鼻液，减食或停食，毛蓬乱，皮肤及黏膜发绀，喜卧。但区别是：猪霉菌性肺炎的病原为霉菌。猪患病中、后期多数下痢，小猪更甚，粪稀恶臭，后躯有粪污，严重病例失水，眼球下陷，皮肤皱缩，不愿行动，强之行走，步态艰难。剖检可见肺表面分布有不同程度的肉芽样灰白色或黄白色圆形结节，针尖至粟粒大，以膈叶最多，结节触之坚实。鼻腔、喉、气管充满白色泡沫、胸、腹水血水样，接触空气凝成胶冻样。肝、脾肉眼不见异常。如取肺、肾结节压片、镜检，可见到大量放射状菌丝或不规则的菌丝团。

（3）猪副嗜血杆菌病与猪链球菌病的鉴别　二者均表现体温升高，精神委顿，减食或停食，关节肿胀、跛行、站立困难甚至瘫痪。但区别是：猪链球菌病的病原为链球菌。病猪从口、鼻流出淡红色泡沫样黏液，腹下有紫红斑，后期少数耳尖，四肢下端腹下皮肤出现紫红或出血性红斑。剖检可见脾肿大1~3倍，呈暗红色或紫蓝色，偶见脾边缘黑红色出血性梗死灶。采心血、脾、肝病料或淋巴结脓汁涂片，可见到革兰阳性、多数散在或成双排列的短链圆形或椭圆形无芽孢球菌。

防治措施

（1）严格消毒　彻底清理猪舍卫生，用2%氢氧化钠溶液喷洒猪圈和墙壁，2小时后用清水冲净，再用复合碘喷雾消毒，连续喷雾消毒4~5天。

（2）加强管理　消除诱因，加强饲养管理与环境消毒，减少各种应激。在疾病流行期间，有条件的猪场，仔猪断奶时可暂不混群，对混群的一定把病猪集中隔离在同一猪舍，对断奶后保育猪"分级饲养"。注意温差的变化及保温；猪群断奶、转群、混群或运输前后可在饮水中加一些抗应激的药物，如电解质加维生素粉饮水5~7天，以增强机体抵抗力，减少应激反应。

（3）免疫接种　母猪和仔猪即使都进行接种，也不能完全避免感染。用自家苗（最好是能分离到该菌，增殖、灭活后加入该苗中）、猪副嗜血杆菌多价灭活苗能取得较好效果。种猪用猪副嗜血杆菌多价灭活苗免疫能有效保护小猪早期不发病，降低复发的可能性。母猪初免在产前40天，二免在产前20天。经免母猪产前30天免疫1次即可。受本病严重威胁的猪场，小猪也要进行免疫，根据猪场发病日龄推断免疫时间，仔猪免疫一般安排在7~30日龄内进行，每次1毫升，最好一免后过15天再重复免疫1次，二免距发病时间要有10天以上的间隔。

（4）治疗

①硫酸卡那霉素注射液：肌肉注射，0.1~0.2毫升/千克体重，每天2次，连用3~5天。

②30%氟苯尼考注射液：肌肉注射，0.1~0.15毫升/千克体重，连用5~7天。

③复方磺胺甲唑注射液，肌肉注射，0.1~0.15毫升/千克体重，连用5~7天。

④猪群口服土霉素，30毫克/千克体重，连用3~5天。

四、猪传染性胸膜肺炎

本病是由胸膜肺炎放线杆菌引起的猪的一种呼吸道传染病，以急性出血性纤维素性胸膜肺炎和慢性纤维素性坏死性胸膜肺炎为特征。近20年来，本病在世界上呈逐年增长的趋势，并已成为主要猪病之一。

流行特点　各种年龄、不同性别和品种的猪都有易感性，但以3月龄幼猪最易感。猪群之间的传播主要通过引入带菌猪或慢性感染猪，公猪在本病的传播中起重要作用。由于细菌主要存在于呼吸道中，往往通过空气飞沫传播，大群饲养条件下最易接触传播。不良气候条件或运输后最易流行。本病的发病率和死亡率差异很大，通常在50%以上。

临床症状　本病潜伏期为1~7天或更久，常为最急性型和急性型。

（1）最急性型　病猪死前不表现任何症状而突然死亡，有的病例可从口和鼻孔流出泡沫状的血样渗出物（图5-30）。

（2）急性型　呈败血症。猪只突然发病，精神沉郁，食欲废绝，体温升高至42℃以上，呼吸极度困难，张口呼吸，咳嗽，常站立或呈犬坐姿势而不愿卧下（图5-31）。若不及时治疗，多在1~2天内因窒息而死亡。病初症状较为缓和者，若能耐过

图 5-30　患猪鼻孔流出血色样的分泌物

图 5-31　患猪呼吸困难，呈犬坐姿势

4~5天，则症状逐渐减退，多能自行康复，但病程延续时间较长。

很多猪感染后无临床症状或症状轻微，呈隐性感染或慢性经过，一旦有呼吸道并发、继发感染或在运输后会发展为急性病例。

病理变化

病变多局限于呼吸系统。急性病例病死猪的鼻腔内有血性泡沫，多为两侧性肺炎病变，肺组织呈紫红色，切面似肝组织，肺间质内充满血色胶样液体。病程不足24小时者，胸膜只见淡红色渗出液，肺充血和水肿，不见硬实的肝变。病程超过24小时以上者，在肺炎区出现纤维素性渗出物附着于表面，并有黄色渗出物渗出。病程较长的慢性病例中，可见到硬实的实变肺炎区，表面有结缔组织化的粘连性附着物，肺炎病灶呈硬化或坏死性病灶，常与胸膜粘连（图5-32~图5-35）。

鉴别诊断

（1）猪传染性胸膜肺炎与猪瘟的鉴别　二者均表现体温高（40.5~41.5℃），精神沉郁，废食，鼻、耳、四肢皮肤蓝紫色，呼吸困难。但区别是：猪瘟的病原为猪瘟病毒。公猪尿鞘积有浑浊异臭液。喜钻草窝，叩盆呼食即能应召而来，嗅嗅食盆即走，后躯软弱。剖检可见回盲瓣有纽扣状溃疡，脾边缘有粟粒至黄豆大的梗死。对家兔先肌注病猪的病料悬液，而后再肌注兔化猪瘟弱毒疫苗，6小时测温1次，如不发生定型热即是猪瘟。

（2）猪传染性胸膜肺炎与猪流感的鉴别　二者均表现精神沉郁，体温升高，食欲不振，呼吸困难。但区别是：猪流感的病原为A型流感病毒。病猪咽、喉、气管和支气管内有黏稠的黏液，肺有下陷的深紫色区，可与猪传染性胸膜肺炎相区别。抗生素和磺胺类药治疗无效。

（3）猪传染性胸膜肺炎与猪繁殖与呼吸综合征的鉴别　二者均表现精神沉郁，体温升高，食欲不振，呼吸困难。但区别是：猪繁殖与呼吸综合征的病原为猪繁殖与呼吸综合征病毒。病猪发病初期具有类似流感的症状，母猪出现流产、早产和死产。剖检可见褐色、斑驳状间质性肺炎，淋巴结肿大，呈褐色。

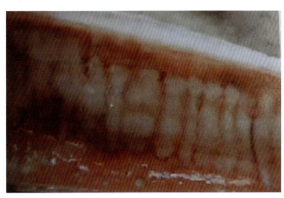

图 5-32　患猪气管环充血，并有泡沫

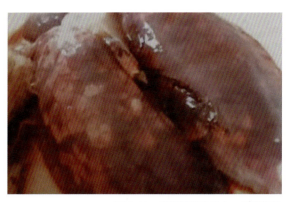

图 5-33　患猪肺脏出出血，呈花斑状

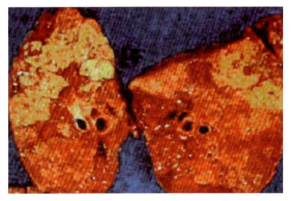

图 5-34　患猪肺切面呈大理石样花纹

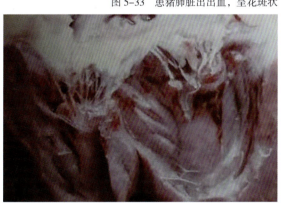

图 5-35　患猪心内膜出血

（4）猪传染性胸膜肺炎与猪肺疫的鉴别　体温高（41~42℃），呼吸困难，咳嗽，犬坐姿势，口鼻流泡沫，口、鼻、四肢皮肤有紫红斑；剖检有纤维性胸膜炎等。但区别是：猪肺疫的病原为多杀性巴杆菌。咽喉型病例颈下咽喉红肿发热坚硬，口流涎，剖检可见颈部皮下出血性炎性水肿，有多量淡黄透明液体。胸膜肺炎型病例有痉挛性咳嗽，胸部听诊有啰音、摩擦音。剖检可见肺肿大坚实，表面呈暗红色或灰黄红色，切面有大理石花纹，病灶周围一般均表现淤血、水肿和气肿。全身浆膜、黏膜和皮下组织有大量出血点。病料涂片镜检可见两极浓染的小球杆菌。

（5）猪传染性胸膜肺炎与猪链球菌病的鉴别　二者均表现体温高（41.5~42℃），精神沉郁，体温升高，食欲不振，呼吸困难等。但区别是：猪链球菌病的病原为链球菌。败血型病例眼结膜潮红，流泪，跛行。脑膜炎型病例多见于哺乳仔猪和断奶后小猪，有运动失调、转圈、磨牙、卧地做游泳动作等神经症状。病料涂片镜检可见散在或成双排列的短链带荚膜的球菌。

（6）猪传染性胸膜肺炎与猪棒状杆菌感染（急性）的鉴别　二者均表现体温高（39.5~41.5℃），呼吸急促困难，流鼻液，皮肤紫红等。但区别是：猪棒状杆菌感染的病原为棒状杆菌。与病猪邻近的猪不传播，多在分娩后3~5天或28~33天发病，泌乳减少或停止，个别病例有乳腺炎。剖检可见膀胱黏膜有弥漫性出血，有血色尿、纤维素性、脓性分泌物和黏膜坏死碎片。肾受侵害时有变性和坏死灶。在化脓性肺炎，支气管有淡绿色或黄白色泡沫性、脓性分泌物。用病料涂片镜检，可见革兰阳性无芽孢无荚膜呈多形性的细小杆菌、球杆菌、一端膨大而呈棒状纤细略弯或两端纤细的杆菌。

（7）猪传染性胸膜肺炎与猪气喘病的鉴别　二者均表现精神沉郁，体温升高，食欲不振，呼吸困难。但区别是：猪气喘病的病原为猪肺炎支原体，临床主要症状为咳嗽（反复干咳、频）和气喘，一般不打喷嚏，不出现疼痛反应，病程长。病变特征是融合性支气管肺炎；于尖叶、心叶、中间时和膈叶前缘呈"肉样"或"虾肉样"实变。

防治措施

（1）预防措施　主要从环境管控，生物安全，抗菌保健方面控制，必要时可以尝试疫苗免疫。

①坚持自繁自养，加强检疫，严格消毒。

②注意猪舍通风换气，保持合适的温湿度及密度，最好采取批次化生产，猪舍洗消后最好空舍7天以上。

③严禁引入带菌种公猪和后备母猪，防鸟防鼠。

（2）治疗方法

①氟苯尼考肌肉注射或胸腔注射，连用3天以上。

②饲料中拌支原净、多西环素、氟苯尼考或北里霉素，连续用药5~7天。

③有条件的最好做药敏试验，选择敏感药物进行治疗。

五、猪传染性萎缩性鼻炎

猪传染性萎缩性鼻炎是由支气管败血波氏杆菌引起的慢性传染病，其主要特征为患猪鼻炎，鼻甲骨下陷萎缩，颜面部变形及生长迟缓。

流行特点

任何年龄的猪均可感染，但哺乳仔猪，特别是6~8周龄的仔猪最易感，多引起鼻甲骨萎缩。随着年龄增长，发病率有所下降，病症减轻，3月龄以后的猪感染，症状不明显，一般成为带菌猪。病猪和带菌猪是本病的主要传染源，传播方式主要通过飞沫感染易感猪。不同品种猪易感性有所差异，如长白猪易感，国内地方品种猪较少发病。本病多为散发，但也可成为地方性流行。饲养管理条件的好坏对本病的发生起重要作用，如饲养管理不良、猪舍拥挤、卫生条件差、营养缺乏等因素可促使本病的发生。

临床症状

最早一周龄仔猪可见鼻炎症状，一般2~3月龄最显著。病初打喷嚏，鼻孔流出血样分泌物，逐渐形成黏液性、脓性鼻汁，特别在吃食时流出较多。因鼻泪管堵塞而变黑，并常伴发结膜炎。由于鼻黏膜受到刺激，病猪表现不安，经常拱地，摇头，向墙壁、食桶、地面摩擦鼻子。重病猪呼吸困难，发生鼾声。接着鼻甲骨开始萎缩，并延及鼻中隔和筛骨等，颜面呈现畸形，膨隆短缩，鼻弯曲歪斜（图5-36）。这时呼吸更加困难，由鼻孔流出更多黏液或脓性鼻汁，鼻常出血。有时病变由鼻腔蔓延到脑或肺，从而伴发脑炎或肺炎。病猪死亡率不高，但生长停滞，成为僵猪。

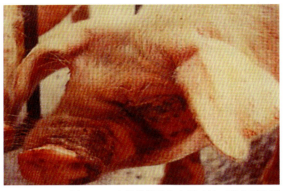

图5-36 患猪的鼻端向病侧歪斜，形成歪鼻子

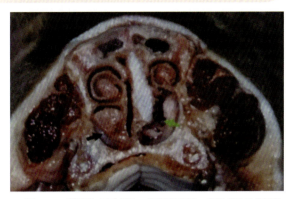

图5-37 患猪鼻中隔变形，鼻甲骨萎缩，鼻窦有脓性分泌物

病理变化　病变局限于鼻腔和邻近组织。特征性变化为鼻甲骨萎缩，尤其是鼻甲骨的下卷曲最常见，严重时鼻甲骨消失，鼻中隔弯曲，导致鼻腔成为一个鼻道，有的下鼻甲消失，只剩下小块黏膜褶皱附在鼻腔外侧壁上（图5-37）。鼻腔黏膜常附有脓性渗出物。

鉴别诊断　（1）猪传染性萎缩性鼻炎与猪坏死性鼻炎（坏死杆菌病）的鉴别　二者均表现精神沉郁，呼吸急促，流脓性鼻液。但区别是：猪坏死性鼻炎的病原是坏死杆菌。病猪鼻黏膜出现溃疡，并形成黄白色伪膜，严重的蔓延到鼻旁窦、气管、肺组织，从而出现呼吸困难、咳嗽、流化脓性鼻液和腹泻。病料涂片镜检可见串珠状长丝形菌体。

（2）猪传染性萎缩性鼻炎与猪一般性鼻炎的鉴别　二者均表现鼻阻塞，流鼻液，打喷嚏。但区别是：猪一般性鼻炎无传染性。患猪不出现鼻盘上翘，嘴歪一侧。剖检鼻甲骨不萎缩变形。

（3）猪传染性萎缩性鼻炎与猪巨细胞病毒感染的鉴别　二者均表现精神沉郁，呼吸急促，流鼻液。但区别是：猪巨细胞病毒感染的病原是猪巨细胞病毒。患猪有贫血、苍白、水肿、颤抖和呼吸困难等症状，严重病例可引起胎儿和仔猪死亡。

防治措施　1）不从疫区引进种猪，确需引进时，必须隔离观察1个月以上，证明无本病方可合群。

2）加强猪群的饲养管理。仔猪饲料中应配合适量的矿物质和维生素，哺乳母猪与其他猪分开饲养，断乳仔猪实行"全进全出"的饲养方式，避免新断乳仔猪与年龄较大的仔猪接触。

3）在本病流行严重的地区或猪场进行菌苗免疫接种。

4）治疗。治疗时采用全身与局部相结合的治疗方案，疗效较好。

①全身疗法可用链霉素肌肉注射，连用3~5天，疗效较好，另外，还可选用青霉素、土霉素、磺胺类药等。

②对鼻甲骨萎缩的病猪，可用苯丙酸诺龙0.05~0.1克肌肉注射。隔14天注射一次，重症猪隔3~4天注射1次，本药只能短期使用。鼻腔可用复方碘溶液、1%~2%硼酸水、0.1%高锰酸钾、链霉素溶液，滴鼻或冲洗鼻腔。

六、猪肺疫

猪肺疫又称猪巴氏杆菌病，是由多杀性巴杆菌引起的急性、热性传染病，以急性败血及组织器官出血性炎症为主要特征。

本病一年四季均可发生，但以秋末春初气候骤变时发病较多，在南方多发生在潮湿闷热多雨季节，中小猪多发，成年猪患病症状较轻。特别是圈舍寒冷潮湿、卫生条件差、饲喂不当、猪只比较消瘦等均可发生本病。病猪的排泄物、分泌物不断排出有毒力的细菌，污染饲料、饮水、用具和外界环境，通过消化道传染给健康猪，或通过飞沫经呼吸道感染。根据猪体的抵抗力和细菌的毒力，本病的流行类型可分为地方流行和散发两种，一般后者更为多见。

本病潜伏期1~5天，临床上根据病程长短可分为最急性、急性和慢性3个类型。

（1）最急性型　临床表现突然发病，迅速死亡。病程稍长、症状明显者可表现体温升高（41~42℃），颈部高热红肿，食欲废绝，卧地不起，呼吸极度困难，口鼻流出泡沫，可视黏膜发绀，病程1~2天，死亡率几乎100%（图5-38）。

（2）急性型　为本病主要的和常见类型。患猪体温升高（40~41℃），病初发生痉挛性干咳，后变为湿咳，呼吸困难，鼻流黏稠液体，常伴有脓性结膜炎，触诊胸部有剧烈疼痛。精神不振，步态不稳，拒食呆立，心跳加速，结膜、皮肤发绀（图5-39、图5-40）。病初便秘，后期出现腹泻，多因窒息而死亡。病程5~8天，不死者转为慢性。

（3）慢性型　主要表现出慢性肺炎和慢性胃肠炎症状。患猪有时表现持续性咳嗽与呼吸困难，食欲不振，进行性营养不良，极度消瘦，行动不稳或呈犬坐状（图5-41）。口、鼻、肛门黏膜发绀，有的因体质极度衰弱而死。

最急性型猪肺疫病理变化常不明显，急性型猪肺疫病理变化较为明显，咽喉肿胀、潮红、周围结缔组织有炎性浸润。喉头腔、气管、支气管腔内有带泡沫的黏液，黏膜暗红色，有的表面有纤维素附着。两侧肺膨隆，呈暗红色，肺膜上有小出血点，肺

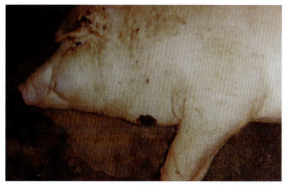

图5-38　患猪下颌皮下水肿严重

图5-39　患猪呼吸困难，张口呼吸

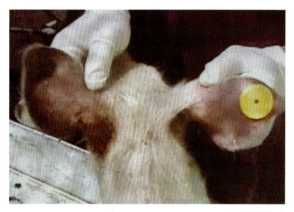

图5-40　患猪耳发绀

图5-41　患猪消瘦，成为僵猪

小叶间质增宽，肺的质地变硬。心包液增多呈橘红色，心外膜可见点状出血。全身淋巴结呈暗红色，切面平整。胃与小肠前段有卡他性炎症。慢性猪肺疫肺的变化较为突出，肺间质水肿，两侧肺叶中心、肺尖、肺叶前下部可见肺膜有纤维素膜附着，小叶呈暗红与灰红色大理石样变化。有明显心包炎变化，脾和淋巴结明显肿大（图5-42~图5-48）。

鉴别诊断

（1）猪肺疫与猪瘟的鉴别　二者均表现精神沉郁，体温升高，食欲不振，步态不稳，皮肤表面有出血斑点；肠道、肺、肾出血等。但区别是：猪瘟的病原为猪瘟病毒。病猪口渴，废食，嗜液，皮肤和黏膜紫绀和出血，多数病猪有明显的浓性结膜炎，有的病猪出现便秘，随后出现下痢，粪便恶臭。剖检可见全身淋巴结肿大，尤其是肠系膜淋巴结，外表呈暗红色，中间有出血条纹，切面呈红白相间的大理石样外观，

图5-42　患猪颈部有胶冻物浸润

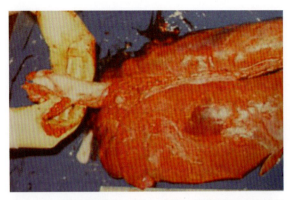

图 5-43 患猪肺脏膨大、充血、水肿，有明显的肺炎病灶和
纤维蛋白渗出物

图 5-44 患猪肺脏充血、水肿，有大量暗红色出血及红色肝
变期病灶

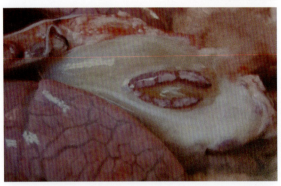

图 5-45 患猪肺门淋巴结出血，周边有大量胶冻物

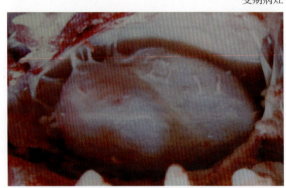

图 5-46 患猪心脏表面覆盖纤维素，称"绒毛心"

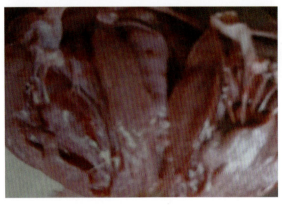

图 5-47 患猪心内膜出血

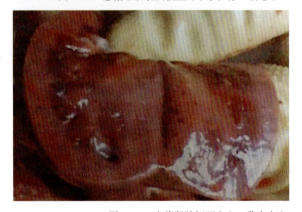

图 5-48 患猪肾脏切面出血，乳头出血

扁桃体出血或坏死。胃和小肠呈出血性炎症。在大肠的回盲瓣段黏膜上形成特征性的纽扣状溃疡。肾呈土黄色，表面和切面有针尖大的出血点，膀胱黏膜层布满出血点。

（2）猪肺疫与猪流感的鉴别　二者均表现精神沉郁，体温升高，食欲不振，呼吸困难。但区别是：猪流感的病原为猪流感病毒。病猪咽、喉、气管和支气管内有黏稠的黏液，肺有下陷的深紫色区，可与猪肺疫相区别。

（3）猪肺疫与猪繁殖与呼吸综合征的鉴别　二者均表现精神沉郁，体温升高，食欲不振，呼吸困难。但区别是：猪繁殖与呼吸综合征的病原为猪繁殖与呼吸综合征病毒。病猪发初期具有类似流感的症状，母猪出现流产、早产和死产。剖检可见褐色、斑驳状间质性肺炎，淋巴结肿大，呈褐色。

（4）猪肺疫与猪丹毒的鉴别　二者均表现体温升高（41~42℃），精神沉郁，绝食，皮肤变色。但区别是：猪丹毒的病原为丹毒杆菌。败血型病例卧地不愿起立，甚至脚踢也无反应。疹块型病例皮肤有菱形、方形、圆形疹块。均不出现咽喉部肿胀流涎或咳嗽和听诊啰音、摩擦音及犬坐犬卧等症状。剖检可见脾呈樱红色，切面白髓周围有红晕，心瓣膜有菜花样血栓性赘生物。咽喉部无出血性浆液浸润和皮下胶冻样淡黄或灰青色纤维性浆液。采耳血、心血、脾、肝、肾、淋巴结涂片镜检，可见革兰阳性纤细的小杆菌。

（5）猪肺疫与猪沙门氏菌病（猪副伤寒）的鉴别　二者均表现体温升高（41~42℃），精神沉郁，绝食，呼吸急促，痉挛性咳嗽，鼻流分泌物，皮肤有紫红斑。但区别是：猪沙门氏菌病的病原为沙门氏菌，多发生于1~4月龄仔猪，败血型多见于断奶仔猪。患猪虽呼吸困难，咽喉却不肿胀，不流涎，不犬坐犬卧。结肠炎型眼结膜有脓性分泌物，寒战并喜扎堆，后期下痢，粪便呈淡黄或灰绿色，含有坏死组织碎片、纤维素、血液，有恶臭，有时便秘几天后又下痢，皮肤有弥漫性湿疹，有时可见绿豆大、黄豆大干涸的浆性覆盖物。剖检可见：脾切面白髓周围有红晕，盲肠、结肠甚至回肠黏膜有不规则溃疡，上覆糠麸样假膜（坏死肠黏膜），肠系膜淋巴结明显增大（索状肿胀），切面呈灰白色脑髓样，并散在灰黄色坏死灶，有时形成大块的干酪样坏死灶。用病料涂片革兰染色，镜检可见革兰阴性杆菌。

（6）猪肺疫与猪气喘病的鉴别　二者均表现精神沉郁，体温升高，食欲不振，呼吸困难。但区别是：猪气喘病的病原为猪肺炎支原体，临床主要症状为咳嗽（反复干咳）和气喘，一般不打喷嚏，不出现疼痛反应，病程长。病变特征是融合性支气管肺炎；于尖叶、心叶、中间叶和膈叶前缘呈"肉样"或"虾肉样"实变。

防治措施

1）加强猪群的饲养管理，提高猪群的自然抵抗力　合理配合饲料，保持猪舍内干燥、清洁和良好的通风，定期进行药物消毒。

2）定期接种猪肺疫菌苗。

3）治疗。对本病敏感的药物有青霉素、链霉素、四环素、土霉素、林可霉素等，首选药物以青霉素为最好。

①青霉素，每千克体重8000~10000单位，肌肉注射，每天2次（间隔12小时）。

②链霉素，每千克体重50毫克（1克相当于100万单位），肌肉注射，每天1~2次。

③四环素、土霉素，每天每千克体重为7~15毫克，肌肉注射。

④林可霉素，每次每千克体重11毫克，每天1次。

七、猪增生性肠炎

猪增生性肠炎又称猪增生性回肠炎，是由肠黏膜细胞中的专性内寄生菌——胞内劳森菌引起的肠道传染病，包括急性型出血性增生性肠病和慢性型猪肠腺瘤，还有不表现任何明显临床症状的亚临床增生性回肠炎。

流行特点
带菌猪粪便污染的饮水、饮料为主要传播途径。并群、运输、拥挤、气温骤变及抗生素使用不当能引起暴发和流行。

临床症状
（1）急性型　多发生在4~12月龄育肥猪、后备猪及经产1~2胎小母猪。表现急性出血腹泻、病程较长时，粪由血染发展为黑色柏油样（图5-49、图5-50）。贫血、皮肤苍白，精神萎靡不振，喜卧扎堆，一般发病率2%~5%，个别严重的高达30%~40%。

（2）慢性型　多在8~16周龄育肥猪、育成猪发生，发病率25%~30%。一个栏内个别猪呈间歇性下痢，粪便变软。食欲减退，沉郁，拱背弯腰，毛粗乱，皮肤苍白。渐进性消瘦，发病猪群整齐度逐渐下降，10%左右的猪发展成僵猪或明显生长缓慢。若症状较轻或无继发感染，大部分可在4~10周后逐渐恢复。

（3）亚临床型　多发于6~20周龄猪群，发病率70%。症状轻或无明显腹泻症状。日增重减少，售价降低，出栏时体重差异大。

图5-49　患猪腹泻，排血染便

图5-50　患猪排黑色柏油样便

病理变化
变化常见于回肠，有时也可能在结肠和盲肠出现。可明显见到肠壁变厚，肠管直径显著增大，增厚的肠黏膜被挤成纵向或横向的褶皱，表面湿润无黏液，有时附有颗粒状分泌物。浆膜、肠系膜水肿。

发生坏死性肠炎时，肠黏膜水肿，增生的肠黏膜上覆有炎性渗出物和凝固坏死

图 5-51 患猪浆膜下和肠系膜水肿

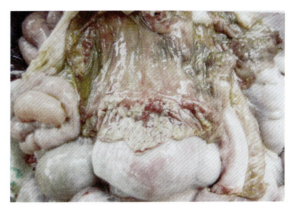

图 5-52 患猪大肠初段黏膜上有顽固附着的干酪样物

物，呈灰黄干酪状，紧附在肠黏膜增厚部位（图5-51、图5-52）。凝固性坏死界线清晰，有纤维蛋白沉积和变性炎性细胞出现。

局部性肠炎感染部位常在回肠末端，肠道肌肉层显著肥大，肠腔缩小形成硬管，打开肠腔可见条形溃疡面，毗邻正常黏膜呈岛状，病程中发生肉芽组织增生，肠壁黏膜萎缩并变坚硬且呈纤维化（图5-53）。

出血性增生性肠炎感染部位位于回肠末端和结肠。肠肿大肥厚，肠系膜淋巴结和浆膜水肿，回肠和结肠腔内有一个或多个血块，在结肠和直肠含有消化残物混合而成的黑色柏油状粪便（图5-54、图5-55）。

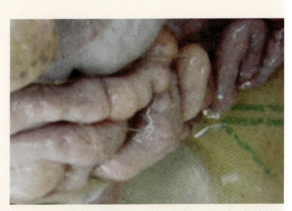

图 5-53 患猪回肠肠管肥大，如同硬管，习惯上称"软管肠"

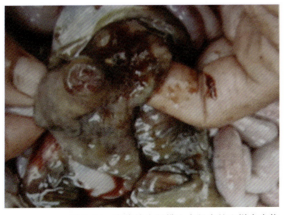

图 5-54 患猪从小肠排入大肠内的血样内容物

图 5-55 患猪肠系膜淋巴结肿大

鉴别诊断

（1）猪增生性肠炎与猪圆环病毒感染的鉴别　二者均多发于仔猪，均有消瘦，贫血，腹泻，生长缓慢等。但区别是：猪圆环病毒感染的病原为圆环病毒。患猪体表淋巴结肿大，黄疸。剖检可见全身淋巴结肿胀，切面灰黄色或出血。肾灰白，皮质散在或弥漫性白色坏死灶。检测猪血清中抗体即可确诊。

（2）猪增生性肠炎与猪痢疾（密螺旋体病）的鉴别　二者均表现逐渐消瘦，粪中含血或黑紫色，贫血，生长缓慢。但区别是：猪痢疾的病原为密螺旋体。患猪里急后重，腹泻反复发生。剖检可见盲肠、结肠黏膜肿胀出血，有点状坏死，肠内有黏液、血液，直肠肥厚。荧光显微镜可见黄绿色螺旋体样菌体。

（3）猪增生性肠炎与猪蓖麻中毒的鉴别　二者均表现精神沉郁，减食，腹泻，粪带血或黑色恶臭。但区别是：猪蓖麻中毒病例因吃蓖麻籽叶而发病。有呕吐。口吐白沫，腹痛，体温高（40.5~41.5℃），排血红蛋白尿，严重时皮肤发绀。

（4）猪增生性肠炎与猪胃肠炎的鉴别　二者均表现精神沉郁，废食，腹泻，粪有血液。但区别是：猪胃肠炎病例体温高（40℃或以上），初病呕吐物带有黏液和血液，常排混有黏液、血液和未消化食物的水样粪，腥臭，眼结膜充血。剖检可见肠黏膜充血、出血、溢血、坏死，有纤维素覆盖。

防治措施

（1）预防　现无疫苗，预防主要靠加强日常饲养管理（饲料全价、加强通风、足量饮水、降低密度、清洁卫生、消毒等）。

（2）治疗

①群体治疗：拌料，每1000千克饲料添加80%支原净300克+10%多西环素1千克+20%地美硝唑2千克+蒙脱石3千克，连续使用2~3周为1个疗程；好转后进入调理阶段，使用乳酸菌素拌料，调理菌群，提高肠道免疫力。

②个体治疗：上午，酚磺乙胺1针，泰乐菌素或者林可霉素1针；下午，乙酰甲喹1针，注射奥美拉唑每50千克体重2支。

八、仔猪黄痢

仔猪黄痢又称早发性大肠埃希菌病，是一种由大肠埃希菌引起的仔猪急性、高度致死性肠道传染病，以剧烈腹泻、呈黄色稀便、迅速死亡为特征。

流行特点

本病多发于1~3日龄仔猪，多集中在产仔旺季，其死亡率随日龄增长而降低。生后24小时左右发病的仔猪，如不及时治疗，死亡率可达100%。本病的传染源是带菌母猪尤其是引进品种母猪。

临床症状

　　本病潜伏期最短不到~10小时，一般为1天左右。临床表现为，刚出生的仔猪尚健康，数小时后突然下痢，粪便呈水样，黄色或灰黄色，有气泡并带腥臭味（图5-56）。病初肛门周围多不留便迹，易被忽视。由于不断拉稀以致肛门松弛失禁，粪水顺流而下，在尾端和后躯附着粪便。捕捉时由于挣扎，常由肛门冒出黄色粪水。重者尾部脱毛或表皮脱落，肛门周围及小母猪阴户尖端皮肤发红。患猪精神沉郁，衰弱（图5-57）。停止吃奶，眼窝下陷，很快出现脱水、昏迷而死亡。

病理变化

　　病死猪消瘦、脱水，被黄色稀便污染。肠黏膜有急性、卡他性炎症，肠腔内有多量黄色液状内容物和气体，肠腔扩张，肠壁变薄，肠黏膜呈红色，病变以十二指肠最为严重，空肠和回肠次之，结肠较轻（图5-58、图5-59）。肠系膜淋巴结充血、出血、肿胀。

图 5-56　患病仔猪拉黄色水样稀便

图 5-57　新生仔腹泻、消瘦、脱水、衰弱、拉出的粪便呈土黄色

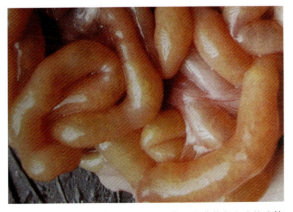

图 5-58　患猪空肠变薄，充满黄色泡沫状液体

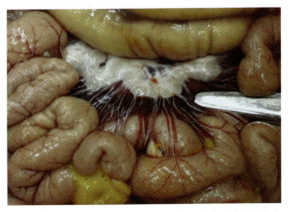

图 5-59　患猪肠系膜淋巴管内具有多量乳糜

（1）仔猪黄痢与仔猪红痢的鉴别　二者均表现精神沉郁，体温升高，食欲不振，腹泻。但区别是：仔猪红痢的病原为C型魏氏梭菌。病猪下痢粪便中带有血液，呈红褐色，并含有坏死组织碎片。剖检可见皮下胶冻样浸润，胸腔、腹腔、心包积液，呈樱桃红色，胃和十二指肠不见病变，空肠内充满血色液体。慢性经过的猪只，肠壁增厚、弹性消失，浆膜可见黄色或灰黄色的假膜，易剥离，黏膜下有高粱粒大和小米粒大的气泡。用心血、肺、胸水等涂片或分离细菌，染色后在光学显微镜下观察，可见两端钝圆的单个或双个革兰阳性杆菌，进一步生化鉴定为魏氏梭菌。

（2）仔猪黄痢与仔猪白痢的鉴别　二者均表现精神沉郁，体温升高，食欲不振，腹泻。但区别是：仔猪白痢主要以10~30日龄多发，以20日龄左右最常见，3日龄以内和1月龄以上很少发生。粪便白色或灰白色，有特殊的腥臭味。病死率低。

（3）仔猪黄痢与猪传染性胃肠炎的鉴别　二者均表现精神沉郁，体温升高，食欲不振，腹泻。但区别是：猪传染性胃肠炎的病原为猪传染性胃肠炎病毒，各年龄段的猪只均可发生，尤其以冬春寒冷季节多发，部分猪只出现呕吐，无论是大猪和小猪均可发生。发病迅速，几天即可导致全群发病。水样腹泻，粪便黄色、绿色或白色，有恶臭或腥臭味，病变部位在小肠，表现为肠壁菲薄透明，肠内容物稀薄如水，呈黄色，内有大量凝乳块。抗生素和磺胺类药治疗无效。

（4）仔猪黄痢与猪伪狂犬病的鉴别　二者均表现精神沉郁，体温升高，食欲不振，腹泻。但区别是：猪伪狂犬病的病原为猪伪狂犬病病毒。病猪体温升高达41~41.5℃，发病后有呕吐，同时表现出神经症状，遇到声音的刺激兴奋尖叫，步态不稳，肌肉痉挛，角弓反张等。同群或同场的怀孕母猪出现流产、死胎、木乃伊胎儿等症状。剖检可见鼻出血性或化脓性炎症，肺水肿，胃底部大面积出血，小肠黏膜充血。

（5）仔猪黄痢与仔猪副伤寒鉴别　二者均表现精神沉郁，体温升高，食欲不振，腹泻。但区别是：仔猪副伤寒的病原为沙门氏菌，多发生于2~4月龄仔猪，体温升高达41~42℃，粪便中混有血液、假膜。病变部位在大肠，表现为大肠壁增厚，黏膜有坏死，上面附有伪膜如麸皮样。耳根、胸前、腹下皮肤有紫红色出血斑。业急性型眼有脓性分泌物，粪便淡黄色或灰绿色。剖检可见肝脏有糠麸样细小灰黄色坏死点。脾肿大呈暗蓝色，硬度如橡皮。

预防本病必须严格采取综合卫生防疫措施，加强母猪的饲养管理，搞好圈舍及用具的卫生和消毒，让仔猪及早吃到初乳，增强自身免疫力。在经常发生本病的猪场，可对预产母猪进行大肠埃希菌病菌苗接种，对初生仔猪可进行预防性投药。对发病的仔猪及时治疗，可选用土霉素、链霉素、磺胺脒、恩诺沙星、诺氟沙星等药物。

①链霉素，每头20万单位，内服，每日2次。

②恩诺沙星，肌肉注射，每千克体重2.5毫克，每日2次。

③磺胺脒，每千克体重100~150毫克，内服，每日2次。

九、仔猪白痢

仔猪白痢又称迟发性大肠杆菌病，是一种由大肠埃希菌引起的哺乳仔猪急性肠道传染病。以下痢、排出乳白色、淡黄色或灰白色黏稠的、并有特异腥臭味的糊状粪便为特征，发病率高，而死亡率不高。

本病主要发生于5~25日龄的哺乳仔猪。一年四季均可发生，但冬季、早春、炎热季节发病较多，一般在气候突然转变时，如寒流、下雪或下雨等，发病的仔猪突然增多，当气候转暖后，病猪不治逐渐而愈。特别是冬季产房寒冷，病猪数量增多，几乎遍及每窝仔猪。实践证明，母猪的饲养管理较差，猪舍环境不好，都是引起本病的重要原因。

大肠埃希菌在自然界分布广泛，在猪消化道内也普遍存在，其中有些大肠埃希菌只有微小致病力，有的则有明显的致病力，只有在某些诱因下（如饲料突变、乳汁缺乏等）使得肠道内乳酸杆菌比例大减，而致病性大肠埃希菌占有优势，大量繁殖，产生毒素引起发病。

患猪拉稀，排出白色、灰色以至黄色糊状有特殊腥臭味的稀便，肛门周围被稀便污染，精神不振，四肢无力。病情严重时，背拱起，毛粗乱。食欲减退或废绝，喜欢钻进垫草里卧睡，慢慢消瘦而死亡（图5-60~图5-63）。病程一般3~4天，长的可达1~2周，病死率的高低与饲养管理及治疗情况有直接关系，一般情况下，死亡率不高。

病死猪外观苍白、消瘦，肛门和尾部附着污秽的带有特殊腥臭味的粪便。小肠呈现肠炎变化，整个肠管松弛，肠管浆膜呈灰红色，肠系膜血管呈树枝状，肠淋巴结轻度肿大，呈橘红色；肠管充满灰白色稀便，黏膜潮红（图5-64~图5-68）。

（1）仔猪白痢与猪传染性胃肠炎的鉴别　二者均表现精神沉郁，体温升高，食欲不振，腹泻。但区别是：猪传染性胃肠炎的病原为猪传染性胃肠炎病毒，各年龄段的猪只均可发生，尤其以冬春寒冷季节多发，部分猪只出现呕吐，无论是大猪和小猪均可发生。发病迅速，几天即可导致全群发病。水样腹泻，粪便黄色、绿色或白色，有恶臭或腥臭味，病变部位在小肠，表现为肠壁菲薄透明，肠内容物稀薄如水，呈黄色，内有大量凝乳块。抗生素和磺胺类药治疗无效。

（2）仔猪白痢与猪流行性腹泻的鉴别　二者均表现精神沉郁，体温升高，食欲不振，腹泻。但区别是：猪流行性腹泻的病原为猪流行性腹泻病毒，各种年龄的猪均可感染发病。仔猪白痢发病主要是5~25日龄的哺乳仔猪。流行性腹泻有部分猪只出现呕吐，而仔猪红痢不见呕吐。流行性腹泻粪便呈水样，粪便灰黄色、灰白色，不见血样

图 5-60 患猪腹泻，排出石灰浆样粪便

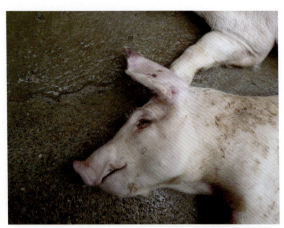

图 5-61 患猪水样下痢并脱水

图 5-62 患猪严重腹泻，时间长久时脱水、衰弱、消瘦、不能站立

图 5-63 患猪眼皮水肿

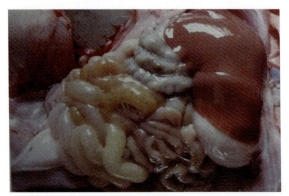

图 5-64 患猪肝脏发黄，肠壁薄，内有白色泡沫样液体

便，偶见胃黏膜出血点，胃黏膜溃疡，十二指肠、空肠段肠壁变薄透明。抗生素、磺胺类药物治疗无效。

（3）仔猪白痢与猪痢疾的鉴别　二者均表现精神沉郁，体温升高，食欲不振，腹泻。但区别是：猪痢疾的病原为猪痢疾密螺旋体，不同年龄、不同品种的猪均可感

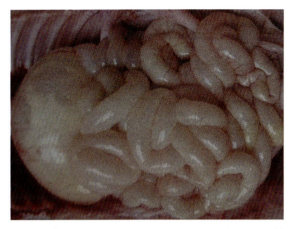

图 5-65　患猪胃、肠壁薄，充满了内有白色泡沫样液体

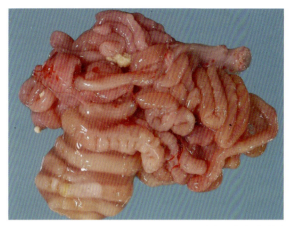

图 5-66　患猪疾肠内容胶冻样

图 5-67　患猪腹腔乳状黏液

图 5-68　患猪肠系膜水肿也会伴有腹泻

染，1.5~4月龄猪最为常见，无明显的季节性，以黏液性和出血性下痢为特征，初期粪便稀软，后有半透明黏液使粪便成胶冻样，结肠、盲肠黏膜肿胀、出血，肠内容物呈酱色或巧克力色，大肠黏膜可见坏死，有黄色、灰色伪膜。

（4）仔猪白痢与仔猪红痢的鉴别　二者均表现精神沉郁，体温升高，食欲不振，腹泻。但区别是：仔猪红痢的病原为C型魏氏梭菌，主要发生于1~3日龄的哺乳仔猪，7日龄以上很少发病。病猪下痢粪便中带有血液，呈红褐色，并含有坏死组织碎片。剖检可见皮下胶冻样浸润，胸腔、腹腔、心包积液，呈樱桃红色，胃和十二指肠不见病变，空肠内充满血色液体。慢性经过的猪只，肠壁增厚、弹性消失，浆膜可见黄色或灰黄色的假膜，易剥离，黏膜下有高粱粒大和小米粒大的气泡。

（5）仔猪白痢与仔猪黄痢的鉴别　二者均表现精神沉郁，体温升高，食欲不振，腹泻。但区别是：仔猪黄痢表现为腹泻的粪便呈黄色，而仔猪红痢腹泻便一般为灰白色；仔猪黄痢表现为生后12小时突然有1~2头发病，以后相继发生腹泻。病变部位主要在十二指肠、空肠，肠壁变薄，严重的呈透明状。胃黏膜可见红色出血斑。仔猪白痢一般在胃和十二指肠不见病变，空肠可见出血、呈暗红色；仔猪黄痢肠内容物多为黄色，而仔猪红痢多为灰白色。

防治措施

预防本病的主要措施是消除本病的各种诱因，增强仔猪消化道的抗菌机能，加强母猪的饲养管理，搞好圈舍的卫生和消毒，给仔猪及早补料，用土霉素等抗菌添加剂预防具有一定效果。对发病仔猪应及时治疗，可选用土霉素、思诺沙星、磺胺脒等药物。

①土霉素，每千克体重50毫克，内服，每日2次。

②恩诺沙星，肌肉注射，每千克体重2.5毫克，每日2次。

③磺胺脒，每千克体重100~150毫克，内服，每日2次。

十、仔猪红痢

仔猪红痢又称仔猪出血性肠炎，是由C型魏氏梭菌引起的仔猪急性肠道传染病。其临床特征为患病仔猪出血性下痢，病程短，死亡率高。

流行特点

本病常发于1~3日龄的哺乳仔猪，7日龄以上很少发病。本病发病季节不明显，任何产仔季节均可发病，任何品种的猪均可感染，带菌母猪和病猪是主要的传染源。病菌随粪便排出体外，污染猪舍和哺乳母猪的乳头、皮肤，初生仔猪通过吮吸母猪乳头或舔食污染地面而感染。病菌侵入空肠中，在肠壁内繁殖，产生强烈的外毒素，使受害肠壁充血、出血和坏死。

该菌在自然界分布很广，如人、畜肠道、土壤、粪便及污水中均含有，其芽孢对外界抵抗力很强。病菌一旦传入猪场，病原就会长期存在，如不采取有效的预防措施，以后出生的仔猪将会继续发生本病。

临床症状

本病的潜伏期很短，一般可分为急性型、亚急性型和慢性型3种。

（1）急性型　此型最为常见，仔猪初生后3小时左右或当日即可发病，表现突然下痢，排出血样稀便，随之虚弱，衰竭，拒绝吮乳，数小时内死亡（图5-69、图5-70）。也有少数病猪未见下痢，有的本次吮乳时正常，下次吮乳时死于一旁。

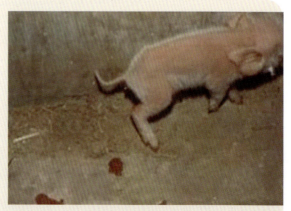

图5-69　患猪精神沉郁，消瘦，排血样稀便

（2）亚急性型　病程在2天左右。病猪下痢，食欲不振，消瘦，脱水，其后躯沾满血样或稍带黄色稀便，并常混有坏死组织碎片和小气泡（图5-71至图5-73）。一窝仔猪往往所剩无几或全部死亡，其死亡日龄常在5日龄左右。

（3）慢性型　此种类型除有急性或亚急性不死转为慢性型外，也有个别的于生后就以慢性经过。病猪呈现持续性出血性腹泻，粪便黄灰色糊状，或稍带红色，肛门周围附有粪痂，生长停滞，于10日龄左右死亡或成为僵猪。

图5-70　患猪血性褐色腹泻，多发生发酵床或户外养殖

图5-71　患猪砖红色血便

图5-72　患猪暗红色血便

图5-73　患猪胀肚

病理变化　病变主要在空肠，有时还扩展到整个回肠，一般十二指肠不受损害（图5-74~图5-77）。急性的为出血性肠炎，亚急性或慢性的可见肠坏死，而出血性病变不太严重，坏死的肠段呈浅黄色或土黄色，其浆膜下层及充血的肠系膜淋巴结中有小气泡。心肌苍白，心外膜有出血点。肾呈灰白色，皮质部有小点出血。膀胱黏膜也有小点出血。

鉴别诊断　（1）仔猪红痢与仔猪黄痢的鉴别　二者均表现精神沉郁，体温升高，食欲不振，腹泻。但区别是：仔猪黄痢的病原为致病性大肠埃希菌。仔猪黄痢表现为腹泻的粪便呈黄色，而仔猪红痢腹泻便一般为红褐色；仔猪黄痢表现为生后12小时突然有1~2头

图 5-74　患猪肠道出血胀气

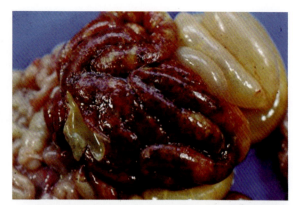

图 5-75　患猪肠道胀气

图 5-76　患猪肠道出血性坏死性肠炎

图 5-77　患猪肠道黏膜出血病坏死（污黄色糠麸样）

发病，以后相继发生腹泻。病变部位主要在十二指肠、空肠，肠壁变薄，严重的呈透明状。胃黏膜可见红色出血斑。仔猪红痢一般在胃和十二指肠不见病变，空肠可见出血、呈暗红色；仔猪黄痢肠内容物多为黄色，而仔猪红痢多为红褐色。细菌分离鉴定，仔猪黄痢可从粪便和肠内容物中分离到致病性大肠埃希菌。

（2）仔猪红痢与仔猪白痢的鉴别　二者均表现精神沉郁，体温升高，食欲不振，腹泻。但区别是：仔猪白痢的病原为致病性大肠埃希菌，主要以10~30日龄多发，以20日龄左右最常见。病猪粪便的颜色为乳白色，有特异腥臭味。剖检病变主要在胃和小肠的前部，肠壁菲薄透明，不见出血表现。细菌分离鉴定可见致病性大肠埃希菌。

（3）仔猪红痢与猪传染性胃肠炎的鉴别　二者均表现精神沉郁，体温升高，食欲不振，腹泻。但区别是：猪传染性胃肠炎的病原为猪传染性胃肠炎病毒，主要多发于冬、春寒冷季节，从出生的仔猪到成年猪均可发病。仔猪红痢主要是7日龄以内的仔猪，尤其以1~3日龄的发病更为严重。传染性胃肠炎有部分猪只出现呕吐，而仔猪红痢不见呕吐。传染性胃肠炎腹泻粪便呈水样，粪便黄色、绿色或白色，不见血样便，偶见胃黏膜出血点，或胃底潮红，胃黏膜溃疡，十二指肠、空肠小肠段肠壁变薄透明。抗生素、磺胺类药物治疗无效。

（4）仔猪红痢与猪流行性腹泻的鉴别　二者均表现精神沉郁，体温升高，食欲不振，腹泻。但区别是：猪流行性腹泻的病原为猪流行性腹泻病毒，主要多发于冬、春寒冷季节，从出生的仔猪到成年猪均可发病。仔猪红痢主要是7日龄以内的仔猪，尤其以1~3日龄的发病更为严重。流行性腹泻有部分猪只出现呕吐，而仔猪红痢不见呕吐。流行性腹泻粪便呈水样，粪便灰黄色、灰白色，不见血样便，偶见胃黏膜出血点，胃黏膜溃疡，十二指肠、空肠小肠段肠壁变薄透明。抗生素、磺胺类药物治疗无效。

（5）仔猪红痢与猪伪狂犬病的鉴别　二者均表现精神沉郁，体温升高，食欲不振，腹泻。但区别是：猪伪狂犬病的病原为猪伪狂犬病病毒。病猪体温升高达41~41.5℃，发病后有呕吐，同时表现出神经症状，遇到声音的刺激兴奋尖叫，步态不稳，肌肉痉挛，角弓反张等。同群或同场的怀孕母猪出现流产、死胎、木乃伊胎等症状。剖检可见鼻出血性或化脓性炎症，肺水肿，胃底部大面积出血，小肠黏膜充血。抗生素、磺胺类药物治疗无效。

防治措施

1）搞好猪舍和环境的卫生消毒工作，在接生前母猪的乳头和周围皮肤要进行清洗和消毒，以减少本病的发生和传播。

2）在本病多发地区或猪场，母猪分别于产前1个月和半个月注射仔猪红痢灭活菌苗，使新生仔猪通过吸吮母猪乳汁获得被动免疫。

3）对正在发生本病的猪场，仔猪一出生就口服青霉素、链霉素等抗菌类药物，连用2~3天。

4）由于本病病程短促，发病后用药治疗往往疗效不佳，病猪一般预后不良。

十一、猪痢疾

猪痢疾又称血痢、黑痢、黏液出血性下痢或弧菌性痢疾等，是由猪痢疾密螺旋体引起的一种肠道传染病，其特征为大肠黏膜发生卡他性出血性炎症，有的发展成为纤维素坏死性炎症，临床症状为黏液性出血性下痢。

流行特点

在自然条件下，本病只感染猪，不分品种、年龄，一年四季均可发生，尤其是刚断乳的仔猪在秋末季节容易发生。主要通过消化道感染，健康猪吃入污染的饲料、饮水而感染。病猪是主要的传染源，也可通过猫、鼠、狗、鸟类、苍蝇等传播媒介引起间接传染。在发病的猪场中常年不断，时好时坏，流行经过缓慢，持续时间较长，不会造成暴发。

临床症状

潜伏期长短不一，自然感染多为7~14天。腹泻是最常见的症状，但严重程度不同。最初1~2周多为急性经过，死亡较多，3~4周后逐渐转为亚急性或慢性，病程长，但很少死亡。急性病例患猪精神沉郁，食欲减退，体温升高（40~40.5℃），开始水样下痢或黄色软便，之后充满血液、黏液，有腥臭味。腹泻导致脱水，渴欲增加，逐渐消瘦，最终因极度衰竭而死亡或转为慢性，病程7~10天（图5-78~图5-80）。慢性病例症状较轻，病程较长，2~6周，反复下痢，时轻时重，排出灰白色带黏液的稀便，并常带有暗褐色血液。病猪进行性消瘦，生长迟滞，虽多数能自然康复，但对养猪生产影响很大。

图5-78 患猪精神沉郁，食欲减退，排水样下痢或黄色软便

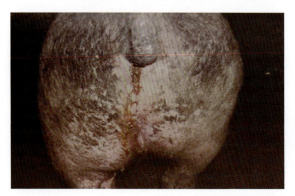

图5-79 患猪污橘黄色稀便

图5-80 患猪排出的带有脱落肠黏膜的血色便

病理变化 主要病变局限于大肠（结肠、盲肠）。急性病猪为大肠黏液性和出血性炎症，黏膜肿胀、充血和出血，肠腔充满黏液和血。病程稍长的病例，主要为坏死性大肠炎，黏膜上有点状、片状或弥漫性坏死，坏死常限于黏膜表面，肠内混有多量黏液和坏死组织碎片（图5-81~图5-86）。其他脏器常无明显变化。

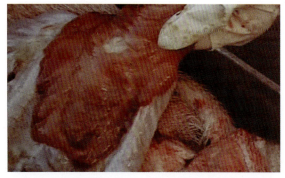

图5-81 患猪结肠黏膜肿胀、呈脑回样、弥散性、暗红色、附有散在的出血凝块

图5-82 患猪糜烂性结肠炎

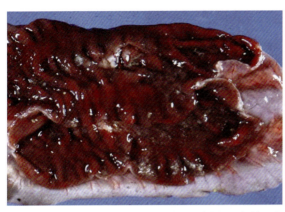

图 5-83 患猪纤维素性出血性结肠炎

图 5-84 患猪纤维素性出血性结肠炎（亚急性）

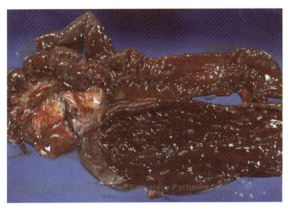

图 5-85 患猪出血性结肠炎、肠系膜淋巴结肿大

图 5-86 患猪增生性出血性坏死性结肠炎（亚急性）

鉴别诊断

（1）猪痢疾与猪副伤寒的鉴别　二者发病年龄相似，多为2~4月龄的幼猪，腹泻、体温升高（41~42℃），粪便中混有血液、假膜。病变部位均为大肠，表现为大肠壁增厚，黏膜有坏死，上面附有伪膜如麸皮样。但是猪副伤寒可见耳根、胸前、腹下皮肤有紫红色出血斑，亚急性型眼有脓性分泌物，粪便淡黄色或灰绿色。剖检可见肝脏有糠麸样细小灰黄色坏死点。脾脏肿大呈暗蓝色，硬度如橡皮。

（2）猪痢疾与猪胃肠炎的鉴别　二者腹泻症状相似外，猪胃肠炎可见呕吐，眼结膜先潮红后黄染，镜检不见密螺旋体。

（3）猪痢疾与猪传染性胃肠炎的鉴别　二者均表现精神沉郁，体温升高，腹泻。但区别是：猪传染性胃肠炎的病原为猪传染性胃肠炎病毒。病猪腹泻呈水样，不见血便。发病迅速，很快传播全场，在冬、春季节多发。部分猪有呕吐症状，无论大猪和小猪，均可感染，尤其是10日龄以内的仔猪，病死率可达100%。

（4）猪痢疾与猪流行性腹泻的鉴别　二者均表现厌食，腹泻粪先黄软后水样。但区别是：猪流行性腹泻的病原为猪流行性腹泻病毒，多发于冬季（12月至次年2月），断奶仔猪、育成猪症状轻，拉稀可持续4~7天，成年猪仅发生呕吐、厌食。哺乳仔猪发病和死亡率均高。剖检肠绒毛显著萎缩，绒毛长度与隐窝深度由正常的7：1降至3：1。

（5）猪痢疾与猪轮状病毒感染的鉴别　二者均表现食欲不振，腹泻，粪先软稀后水样。但区别是：猪轮状病毒感染的病原为轮状病毒，多种动物的幼仔均易感，多发于晚冬和早春，吃奶猪排粪为黄色，吃饲料猪排粪为黑色。剖检可见胃充满凝乳块和乳汁，肠壁菲薄半透明，肠内容浆性或水样、呈灰黄色或灰黑色，空肠、回肠绒毛短缩呈扁平状，用放大镜即可看清楚。

1）要坚持自繁自养的原则。如需引进种猪，应从无猪痢疾病史的猪场引种、并实行严格隔离检疫，观察1~2个月，确实健康方可入群。

2）加强卫生管理和防疫消毒工作。

3）国内目前尚无预防本病的有效菌苗，一旦发现病猪应及时淘汰隔离治疗，同群未发病的猪只，可立即用药物预防，同时进行环境清洁和消毒工作，并减少各种应激因素的刺激。

4）根除本病应考虑培养无特定病原猪，建立健康猪群，逐步清除原有猪群。

5）治疗。许多药物对治疗猪痢疾都有一定效果。常用的药物有：痢菌净、林可霉素等。

①痢菌净：治疗量，口服每千克体重5毫克，1日2次连用5天。预防量，每吨饲料50克，连续使用。

②痢立清：治疗用量为每吨饲料50克，连续使用。预防用量与治疗用量相同。

③二甲硝基咪唑：治疗用量$250 \times 10 - 6$水溶液饮用，连续5天。预防量为每吨饲料100克。

④林可霉素：治疗用量为每吨饲料100克，连续3周。预防量为每吨饲料40克。

⑤硫酸新霉素：治疗用量为每吨饲料300克，连续3~5天。

十二、猪水肿病

猪水肿病是由致病性大肠埃希菌引起的一种仔猪传染病，其特征为患猪全身或局部麻痹，共济失调，眼睑部水肿。

本病主要发生于断乳前后的小仔猪，多发于春秋两季，特别是气候突变和阴雨季节多发。一般呈散发，有时呈地方性流行。促使本病发生的主要诱因是，卫生条件差，仔猪断乳前后饲喂富含蛋白质饲料，引起胃肠机能紊乱，促进了病原菌繁殖、产生毒素而导致发病。

临床症状　本病表现于患猪突然发病，有些病例前一天晚上未见异常，第二天早上却死在圈舍内。发病稍慢的病例，表现精神委顿，食欲减退或废绝，反应过敏，兴奋不安，盲目行走，转圈，震颤，口吐白沫，叫声嘶哑，眼睑、面部、头部、颈部及胸腹水肿，最后倒地侧卧，四脚划动，呈游泳状，在昏迷中和体温下降时死去（图5-87、图5-88）。一般病程为数小时或2天左右，最长为1周，很少能耐过而自愈。

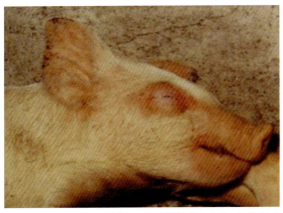

图 5-87　患猪的眼睑水肿，睁眼困难

图 5-88　患猪倒地、四肢乱划似游泳状

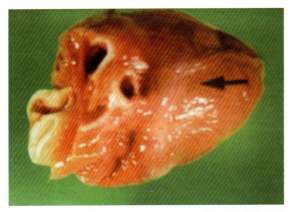

图 5-89　患猪心房冠状沟水肿

图 5-90　患猪小肠黏膜水肿

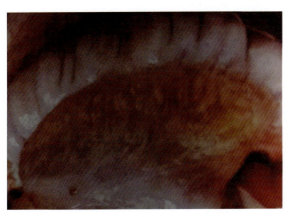

图 5-91　患猪结肠襻胶样水肿

病理变化

主要病变为全身多处组织水肿，特别是胃壁黏膜显著水肿，并多见于胃大弯部和贲门部。切开水肿部位，常有大量透明或微带黄色液体流出。胃底有弥漫性出血性变化。胆囊和喉头也常有水肿。小肠黏膜有弥漫性出血变化，肠系膜有胶冻样水肿。心肌松弛而软，冠状沟常见有水肿。肺水肿或气肿，有的个别小叶有出血性炎症。胸腔、腹腔及胸包腔常积有较多的淡黄色液体，见空气后即变成胶冻样凝固块（图5-89~图5-91）。此外，脊髓、大脑皮层及脑干部也有非炎性水肿。

鉴别诊断

（1）猪水肿病与猪营养不良性水肿的鉴别　二者均表现精神沉郁，体表水肿。但区别是：猪营养不良性水肿多由于饲料中蛋白质含量不足或乳汁摄入量不够所导致，没有明显的年龄界限，很少发生，不见神经症状，在发病猪病料中不能分离出致病性大肠埃希菌。

（2）猪水肿病与猪硒缺乏症（亚急性）的鉴别　二者均多发于2月龄体况良好的仔猪，均有眼睑水肿，精神沉郁、食欲减少或废绝等。但区别是：猪硒缺乏症病例因缺乏硒而发病。体温不高，在沉郁后即卧地不起继而昏睡。剖检可见皮肌、四肢、躯干肌肉色变淡，鱼肉样灰色肿胀，心肌横径增厚，为桑葚形，有灰白色条纹坏死灶。血硒在0.03毫克/千克以下（正常值0.15毫克/千克以上）。

（3）猪水肿病与猪维生素B_1缺乏症的鉴别　二者均表现精神不振，食欲不佳，眼睑、颌下、胸腹下有水肿，腹泻。但区别是：猪维生素B_1缺乏症病例因长期缺乏谷类饲料和青饲料，而多用鱼、虾、蛤类及羊齿类植物（蕨、木贼）而发病。患猪体温不高，呕吐、腹泻、消化不良，运动麻痹瘫痪，股内侧水肿明显，后期皮肤发绀。剖检可见神经有明显病变。

（4）猪水肿病与猪其他神经性疾病的鉴别　这些疾病的共同点是均表现出神经症状，但其他具有神经症状的疾病不见水肿变化，同时还伴有其他的临床表现，可以与之相区别。

诊断重点

如果临床出现腹泻轻微，瘫痪，眼皮水肿、肠系膜水肿的患猪，而且在换用高蛋白饲料时，猪群中那部分发育好的，采食量大的健壮猪多发，此时即可重点怀疑水肿病。

防治措施

预防本病主要是对断乳前后仔猪加强饲养管理，多喂营养丰富易消化的青绿饲料，增加矿物质、维生素的供给，尤其是微量元素硒和维生素E、B_1、B_2的给量。为抑制大肠埃希菌的作用，在饲料中可添加土霉素、链霉素等，对预防本病有一定作用。本病目前没有特效药物，主要采取对症治疗。可选用链霉素、土霉素等抗菌药，人工盐、硫酸镁盐等泻剂，葡萄糖、甘露醇、安那加、氢氯噻嗪、维生素制剂等强心、利尿、解毒药物及镇静剂。治疗时可采取综合疗法。

①用20%磺胺嘧啶钠5毫升肌肉注射，每天2次，维生素B$_1$ 3毫升肌肉注射，每天1次，也可用磺胺二甲基嘧啶、链霉素、土霉素治疗。

②氢化可的松50~100毫升或维生素B$_1$ 200毫升或亚硒酸钠维生素E 1~2毫升肌肉注射。同时配合解毒、抗休克等综合治疗，能获得满意疗效。

③此外，必须通过辅助和对症治疗，可投给硫酸镁15~30克，氢氯噻嗪20~40毫升，维生素B$_1$ 100毫克，加水1次喂服，连用2次。

十三、猪副伤寒

猪副伤寒是由沙门氏菌引起的热性传染病。主要表现为败血症和坏死性肠炎，有时发生脑炎、脑膜炎、卡他性或干酪性肺炎。

流行特点　本病主要发生于4月龄以内的断乳仔猪，成年猪和哺乳母猪很少发病。细菌可通过病猪或带菌猪的粪便、污染的水源和饲料等经消化道感染健康猪。健康猪的肠道内也常有沙门氏菌存在，当饲养管理不良、卫生条件差、气候骤变等因素使猪体抵抗力降低时诱发本病。本病一年四季均可发生，但春初、秋末气候多变季节常发，且常与猪瘟、猪气喘病并发或继发，猪群中一般呈散发或地方性流行。

临床症状　本病的潜伏期为3~30天，按其病程可分为急性型、亚急性型和慢性型。

（1）急性型　多见于断奶后不久的仔猪和地方性流行的初期。其特征是急性败血症症状，体温升高到41~42℃，精神沉郁、伏卧、食欲废绝、呼吸困难、步行摇晃、呕吐和腹泻，有时表现腹痛症状（图5-92）。白皮猪可看到耳、四蹄尖、嘴端、尾尖等猪体远端呈蓝紫色（图5-93）。当本病开始暴发时，常出现有1~2头死亡不呈现任何症状。2~3日后，体温稍有下降。肛门、尾巴、后腿等部位污染混合血液的黏稠粪便，有时伴有呼吸困难。病程多为病后2~4天死亡，不死的转为亚急性或慢性，很少自愈。

图5-92　患猪消瘦，耳部皮肤发绀

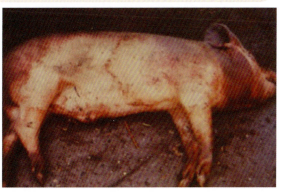

图5-93　死于败血症的仔猪，皮肤淤血并有紫斑，臀部及肛门周围被稀便污染

（2）亚急性型　基本与急性型相同，仅症状明显。患猪呈间歇性发热，初便秘，后下痢，食欲不振，爱喝水，猪体逐渐消瘦，一般经7天左右，因极度衰竭继发肺炎而死，不死的转为慢性，自然康复者少。

（3）慢性型　此型最为多见，开始发病不易观察，以后猪体逐渐消瘦，食欲减退，呈周期性恶性下痢，皮肤呈污红色。体温有时上升继而又降到常温，有的表现肺炎症状，一般数星期后死亡。也有恢复健康的，但康复猪生长缓慢，多数成为带菌的僵猪。

病理变化

急性病例的脾脏明显肿大，以中部1/3处更严重，边缘钝圆，触及感觉绵软，类似橡皮；呈暗蓝色，切面外翻，呈蓝红色；肿大的淋巴滤泡呈颗粒状，脾髓质部不软化。肾皮质部出血。有时心外膜下、肺膜下也有出血，肺有小叶性肺炎灶，肝脏薄膜下有针尖大小的、先为灰红色后转为白色的小坏死灶。有时胆囊黏膜出现粟粒大的结节。胃及十二指肠黏膜高度充血和点状出血，肠系膜淋巴结高度肿大，切面外翻，呈红色（图5-94~图5-97）。

亚急性和慢性病变主要表现在胃肠道。胃黏膜潮红，特别在胃底部，出现坏死灶，盲肠黏膜增厚，有浅平溃疡和坏死，肠道表面附着灰黄色或暗褐色假膜，用刀刮去溃疡，溃疡底呈污灰色，溃疡周围平滑，中央稍下凹，有的形如糠麸，肠系膜淋巴结肿大，肝、脾、肾及肺均有干酪样坏死灶（图5-98~图5-100）。

鉴别诊断

（1）猪副伤寒与猪瘟的鉴别　二者均表现高热，先便秘后腹泻，皮肤有红斑，眼有分泌物。但区别是：猪瘟的病原为猪瘟病毒。猪瘟可以感染所有日龄的猪只，而猪副伤寒主要是2~4月龄的猪感染。猪瘟慢性病例可见到回盲瓣处有扣状溃疡，肾、膀胱点状出血，脾梗死。淋巴结出血，切面大理石样外观。抗生素治疗无效。

（2）猪副伤寒与猪肺疫的鉴别　二者均表现高热，皮肤出血点、出血斑，咳嗽、呼吸困难。但区别是：猪肺疫的病原为多杀性巴氏杆菌。猪肺疫可以在各个年龄的猪中发生，主要以肺炎为主；而猪副伤寒主要是2~4月龄的猪感染，是以顽固性腹泻为主。猪肺疫病猪剖检可见肺肝变区扩大，并呈灰黄色、灰白色坏死灶，内含干酪样物质。胸腔有纤维素沉着。用病猪的淋巴结、血液涂片，可见革兰阴性、两端明显浓染的卵圆形小杆菌。

（3）猪副伤寒与猪痢疾的鉴别　二者均表现精神沉郁，体温升高，食欲不振，腹泻。但区别是：猪痢疾的病原为猪痢疾密螺旋体，不同年龄、不同品种的猪均可感染，1.5~4月龄猪最为常见，无明显的季节性，以黏液性和出血性下痢为特征，初期粪便稀软，后有半透明黏液使粪便成胶冻样，结肠、盲肠黏膜肿胀、出血，肠内容物呈酱色或巧克力色，大肠黏膜可见坏死，有黄色、灰色伪膜。显微镜检查可见猪痢疾密螺旋体，每个视野2~3个以上。

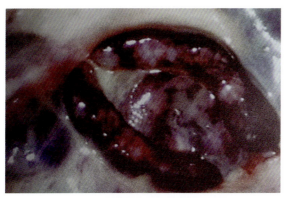

图 5-94　患猪肠系膜淋巴结肿大、出血

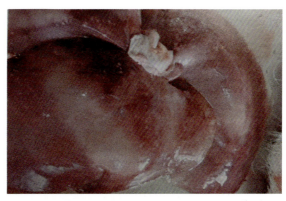

图 5-95　患猪肝脏肿大，表面有黄白色坏死结节

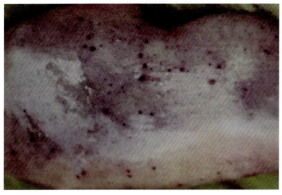

图 5-96　患猪肾脏大片淤血，呈蓝紫色，其上有菜籽粒大的出血

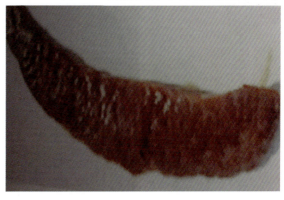

图 5-97　患猪脾脏大，坚韧似橡皮样

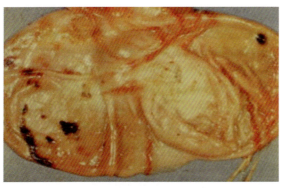

图 5-98　患猪胃黏膜充血、肿胀，并有出血点和斑块

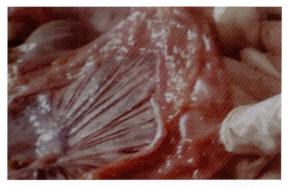

图 5-99　患猪呈卡他性炎

图 5-100　患猪结肠浆膜有出血斑

（4）猪副伤寒与猪传染性胃肠炎的鉴别 二者均表现体温高（39.5~40.5℃），腹泻，粪便黄色、绿色，恶臭；脾肿大等。但区别是：猪传染性胃肠炎的病原传染性胃肠炎病毒，冬季发病多，5周龄以上的猪死亡率低，病初有短暂呕吐，水样粪中含有凝乳块，粪便多为黄色、绿色、白色。剖检可见胃黏膜充血潮红，胃内容物鲜黄色混有大量凝乳块，10%有胃溃疡，小肠壁变薄，有透明感，肠内充满黄色、白色、绿色泡沫状液体。取腹泻早期的空肠、回肠的刮取物涂片或空肠、回肠冰冻切片，经处理后，荧光显微镜检查，上皮细胞及沿着绒毛的胞浆性膜上呈现荧光（阳性）。

防治措施

1）加强饲养管理，改善环境条件，消除各种不良因素对猪群的影响。

2）在常发本病的地区，按时对猪群进行仔猪副伤寒菌苗接种。

3）药物预防。在仔猪多发日龄阶段，选择敏感药物添加于饲料或饮水中，进行药物预防。

4）治疗。治疗应在隔离消毒、改善饲养管理的基础上，以足够的剂量及早进行，同时要有一个较长的疗程。因为坏死性肠炎需要很长时间才能修复，若中途停药，往往会复发而引起死亡。常用的抗生素类药物有土霉素、卡那霉素等。此外，喹诺酮类药物如恩诺沙星，磺胺类药物治疗本病也可取得满意效果。

①卡那霉素，每天每千克体重6~12毫克，肌肉注射；精神、食欲明显好转后，剂量减半，继续用3~5日。

②多西环素，每次每千克体重1~1.5毫克，口服，每天1次。

十四、猪坏死杆菌病

猪坏死杆菌病是一种哺乳动物及禽类共患的慢性传染病，其主要特征是患病猪受损伤的皮肤和皮下组织、口腔黏膜或胃肠黏膜发生坏死。

流行特点

本病在家畜中以猪、绵羊、牛、马最易感染，常呈散发或地方性流行。在多雨季节、低温地带常发本病，在水灾地区常呈地方性流行，如饲养管理不当，猪舍脏污潮湿、密度大、拥挤，母猪喂奶时仔猪争乳头造成创伤等情况，均可造成感染发病。仔猪生齿时期也易感染。本病常为其他传染病继发感染，如猪瘟、副伤寒、口蹄疫等。

临床症状

本病潜伏期为1~3天，按发病部位不同分为4种类型。

（1）坏死性皮炎 发病以成年猪为主，一般无全身症状，常在皮下脂肪较多部位，如颈部、臀部、胸腹侧等处发生坏死性溃疡。病初创口较小，并附有少量脓汁，以后坏死向深处发展，并迅速扩大，形成创口小而囊腔深大的坏死灶，流出少量黄色、稀薄、臭味的液体（图5-101、图5-102）。少数病猪坏死深达肌层，有时可看到

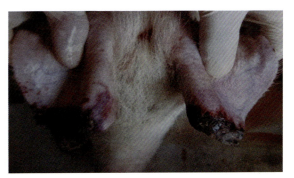

图 5-101　患病仔猪尾部坏死　　　　　　　　　　　　　　　图 5-102　患猪耳朵坏死

腹膜。母猪的坏死区常在乳房附近，一般只有1~2处溃疡。

（2）坏死性口炎　多发于仔猪群。患猪食欲减退，逐渐消瘦，检查中可发现其口腔、唇、舌、齿龈等黏膜或扁桃体有明显溃疡，并附有伪膜和痂皮。刮去伪膜后，可见浅黄色干酪样渗出物和坏死组织，有恶臭。

（3）坏死性鼻炎　患猪鼻部软组织坏死，严重者波及鼻和脸部骨组织，影响吃食和呼吸。有时坏死可蔓延到气管和肺。

（4）坏死性肠炎　多发于仔猪群。刚断乳不久的仔猪，若饲喂粗糙饲料，如草粉、粗糠等，易发生本病。一般无特殊症状，只见猪体逐渐消瘦。

病理变化

病程短与病势轻的患猪，内脏器官没有明显病变，但病程长与病势重的患猪可见肝硬变，肾包膜不易剥离，膀胱黏膜肥厚，口腔及胃黏膜有纤维素坏死性炎症，肠黏膜上更为严重。

鉴别诊断

（1）猪坏死杆菌病（坏死性皮炎）与猪皮肤曲霉病的鉴别　二者均表现耳、颈、腹侧以及蹄冠等部位肿胀、发痒、结黑色痂如甲壳，体温升高（39.5~40.7℃）。但区别是：猪皮肤曲霉病的病原为曲霉菌。病猪眼结膜潮红，眼、鼻流浆液性分泌物，呼吸有鼻塞音，肿胀破溃流浆液性渗出液，背部、腹侧有散在性结节，在不脱毛触摸时才能感觉到，触摸时能减轻痒感而不避让。用75%氢氧化钾1滴，盖上盖玻片镜检可见多量分隔菌丝，未见到孢子。

（2）猪坏死杆菌病（坏死性肠炎）与猪痢疾的鉴别　二者均表现下痢，粪便中含有黏液、血块、黏膜碎片。但区别是：猪痢疾的病原为猪痢疾密螺旋体。病猪的粪便腥臭，最急性病例弓腰腹痛，常抽搐死亡。急性病例也腹痛，消瘦，随后呈恶病质状态，剖检可见结肠、盲肠肿胀、出血、有皱襞，肠内容物如巧克力或酱色，取病料镜检可见能缓慢蛇行运动的较大螺旋体。

（3）猪坏死杆菌病（坏死性肠炎）与猪副伤寒的鉴别　二者均表现体温升高（40.5~41.5℃），腹泻粪便中带有血液、坏死组织伪膜、恶臭，消瘦。但区别是：猪副伤寒的病原为沙门氏杆菌。病猪粪便初期淡黄色或灰绿色，后期皮肤出现湿疹，皮肤发绀。剖检可见回肠后段和大肠淋巴结中央坏死，渗出纤维素形成糠麸样假膜。取病料涂片、染色镜检，可见呈两端钝圆或卵圆形、不运动、不形成芽孢和荚膜的革兰阴性小杆菌。

（4）猪坏死杆菌病（坏死性鼻炎）与猪细胞巨化病毒感染的鉴别　二者均表现流鼻液，呼吸困难，震颤，鼻黏膜有大量坏死灶。但区别是：猪细胞巨化病毒感染的病原为猪细胞巨化病毒。患猪全身水肿，剖检肺有炎性灶，鼻黏膜腺、泪腺、副泪腺上皮细胞肿大，核内有嗜碱性包涵体。

1）猪舍应建在高燥、向阳的地方，注意保持舍内干燥，粪便进行发酵后应用。

2）加强猪群的饲养管理。猪群不宜过大，群内个体重及年龄应相近，按时喂料，喂料量要适中，以免争食斗咬。哺乳仔猪应剪短犬齿，以免争乳而咬伤颊部，损伤母猪乳头。要消灭舍内蚊、蝇，避免蚊蝇刺蛰而感染坏死杆菌，隔离病猪，受病灶传染的用具，垫草、饲料等要进行消毒或烧毁。

3）要注意猪舍环境的卫生和消毒，以清除病源。

4）治疗。

①处理坏死性皮炎，可先用0.1%高锰酸钾或2%煤酚皂或3%双氧水洗净病灶，彻底清除坏死组织，直至露出创面为止。然后撒消炎粉于创面或涂擦10%甲醛溶液直至创面呈黄白色为止，或用木焦油涂擦患部，或用5%碘酊涂抹。

②处理坏死性口炎，用0.1%高锰酸钾洗涤口腔，然后选用碘甘油或5%龙胆紫涂擦口腔，每天2次，直至痊愈。

③对于坏死性肠炎，宜口服磺胺类药物。

十五、猪棒状杆菌病

猪棒状杆菌病是由猪棒状杆菌所引起的一些疾病的总称。

猪棒状杆菌常存在于健康猪的扁桃体、咽后淋巴结、上呼吸道、生殖道（母猪阴道的前庭和公猪的包皮及包皮憩室内，约80%带菌）和乳房等处，通常经过外伤而感染，配种时如果母猪的尿道口发生损伤，则细菌可经尿道逆行到达膀胱生长繁殖，引起膀胱炎和肾盂肾炎。

猪感染后，可引起化脓性肺炎、化脓性支气管炎、多发性关节炎、骨髓炎、化脓性子宫内膜炎、仔猪脐带炎以及皮下脓肿和乳腺脓肿等。临床上以泌尿生殖系统感染居多，轻症病猪，只见外阴部有脓性分泌物，排出少量的血液。重症病猪，病变可波及尿道、膀胱、输尿管，肾盂及肾脏，表现频繁排尿，尿中含有脓球和血块、纤维素及黏膜碎片，食欲减退或废绝，口渴，逐渐消瘦。

　　猪棒状杆菌所引起的脓肿包囊厚，脓汁稀，黄绿色、无臭味。

病理变化

　　死后剖检，泌尿生殖系统感染的猪，膀胱、输尿管黏膜潮红，有黏液，重者有出血和纤维素性化脓性炎症变化（图5-103）。肾变性和坏死，肾表面有黄色结节或黄色病灶（图5-104）。

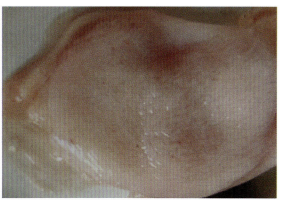
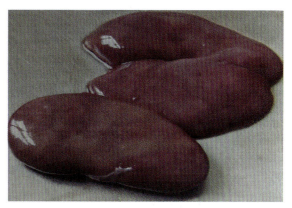

图5-103　患猪膀胱黏膜有针尖大小的出血点　　　　图5-104　患猪肾变性，肾表面有黄色病灶

鉴别诊断

　　（1）猪棒状杆菌病与猪霉菌性肺炎的鉴别　二者均表现体温升高（39.5~41.5℃），呼吸急促，流鼻液，减食或停食，毛蓬乱，口渴，耳、四肢、腹下有紫斑，喜卧。但区别是：猪霉菌性肺炎的病原为霉菌。猪患病中、后期多数下痢，小猪更甚，粪稀恶臭，后躯有粪污，严重病例失水，眼球下陷，皮肤皱缩，不愿行动，强之行走，步态艰难。剖检可见肺表面分布有不同程度的肉芽样灰白色或黄白色圆形结节，针尖至粟粒大，以膈叶最多，结节触之坚实。鼻腔、喉、气管充满白色泡沫、胸、腹水血水样，接触空气凝成胶冻样。肝、脾肉眼不见异常。如取肺、肾结节压片、镜检，可见到大量放射状菌丝或不规则的菌丝团。

　　（2）猪棒状杆菌病与猪接触性传染性胸膜肺炎（急性）的鉴别　二者均表现体温升高（40.5~41.℃），呼吸困难，咳嗽；肺出血、间质水肿，气管有泡沫。但区别是：猪接触性传染性胸膜肺炎的病原为嗜血杆菌，表现为同舍或不同舍的许多猪突然同时发病，并有短时间的轻度腹泻和呕吐，后期呼吸高度困难，常呈犬坐姿势。剖检可见肺尖叶、心叶、膈叶的一部分病灶区紫红色，坚实，轮廓清楚，间质积留血色胶样液体，纤维素胸膜炎显著。最急性病例流血色鼻液，气管、支气管充满泡沫样血色黏液分泌物，肺的前下部血管内有纤维素血栓，而在肺的后上部，特别是肺门主气管周围常出现周界清晰的出血性突变区或坏死区。

（3）猪棒状杆菌病与猪赤霉菌毒素中毒的鉴别　二者均表现精神沉郁，呼吸急促，母猪阴户肿胀，有时乳房肿大，公猪阴茎包皮肿胀。但区别是：猪赤霉菌毒素中毒是因猪吃了有赤霉菌的饲料所致。严重病例阴道黏膜肿胀而暴露于阴户外，形成脱出，孕猪流产。剖检可见阴道、子宫颈、子宫壁水肿肥厚。

防治措施

①注意猪的皮肤清洁卫生，防止外伤，发生外伤后应及时进行外伤处理。

②对可疑的带菌种公猪应以消毒药水冲洗包皮及包皮憩室，同时改为人工授精，对阴道受伤的母猪，在配种后应立即注射青霉素1~2天。

③发病猪使用青霉素、四环素、吡哌酸、环丙沙星、恩诺沙星等有良好疗效，但停药后容易复发，因此对病猪应尽早淘汰为宜。由于脓肿包囊厚，药物不能注入，所以药物疗效较差，治疗时必须配合外科手术治疗。

十六、猪渗出性皮炎

猪渗出性皮炎是由表皮葡萄球菌引起的一种接触性传染病，多见于7~30日龄的仔猪，临床上以渗出性坏死性表皮炎为特征。

流行特点

表皮葡萄球菌广泛存在于自然界，动物体常与其接触。所以病猪和带菌猪是主要的传染源，外界各种环境如垫草、饲料也可成为传染源。本病通过接触感染传播，特别是通过损伤的皮肤和黏膜，甚至汗腺、毛囊等途径，多种畜禽均可感染，但以猪最易感，尤其以7~30日龄的仔猪多发。

发病原因

①母猪营养缺乏造成仔猪皮肤结构不完整；或母源抗体不足，仔猪抵抗力低。

②母猪携带螨虫传染给仔猪。

③母猪奶水不足引起仔猪咬架。

④剪牙、断尾、断脐不卫生。

临床上如果仔猪全身发病，多因营养缺乏；如果是从仔猪头部开始发病，缓慢到全身，多因外伤引起；如果是从仔猪皮肤薄的地方开始，因螨虫引起的可能性大。但无论是哪一种因素，都是最后继发葡萄球菌感染，导致脱水死亡。

临床症状

猪患病初期表现精神不振，结膜发炎，有眼眵，一般体温不高，面部、颈部、背部等无毛处，出现湿疹样病变，皮肤发红，出现红褐色斑块及浆液、黏液的渗出，继而表皮脱落并与渗出液形成痂皮，如鱼鳞状，发痒，痂皮脱落出现溃烂面，被毛潮湿，呈灰色，皮肤呈橙黄色，有腥臭味。随着病程延长，皮肤增厚，且发生坏死，形成褶皱而结痂，痂皮干燥龟裂，但体温一般正常（图5-105~图5-107）。若本病不及时治疗，会造成大量死亡，存活仔猪生长发育迟缓，成为僵猪。

图 5-105 患猪面部和腕关节部皮肤发炎、油腻、潮湿

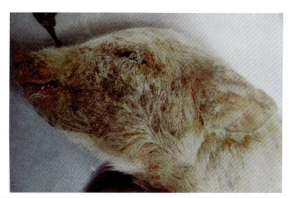

图 5-106 患猪皮炎部有黄褐色渗出物，皮肤为铜色、湿度大、油腻

图 5-107 患病仔猪被毛杂毛，潮湿、油腻

病理变化

病猪全身黏胶样渗出，恶臭，全身皮肤形成黑色痂皮，肥厚干裂，痂皮剥离后露出桃红色的真皮组织，体表淋巴结肿大，输尿管扩张，肾盂及输尿管积聚黏液样尿液。

鉴别诊断

（1）猪渗出性皮炎与猪丹毒的鉴别　二者均表现精神沉郁，食欲不振，皮肤发红，有红色疹块。但区别是：猪丹毒的病原为丹毒杆菌。病猪常表现卧地不起，驱赶甚至脚踢也不动弹，全身皮肤潮红。有方形、菱形、圆形高出周边皮肤的红色或紫红色疹块。剖检可见脾呈桃红色或暗红色，被膜紧张，松软，白髓周围有红晕。淋巴结肿胀，切面灰白，周边暗红。采取脾脏、肾脏或血液涂片染色，镜检可见到革兰阳性（呈紫红色）纤细的小杆菌。

（2）猪渗出性皮炎与猪皮肤真菌病的鉴别　二者均表现精神沉郁，食欲不振，皮肤发红、有红色疹块，消瘦，生长受阻。但区别是：猪皮肤真菌病的病原为皮肤癣菌、曲霉菌和念珠菌。患猪皮肤充血、水肿、发炎，出现红色丘疹、水疱，而后形成结痂，有奇痒感，不断摩擦墙壁、食槽等粗糙物。

（3）猪渗出性皮炎与猪湿疹病的鉴别　二者均表现皮肤发红，皮痒，有渗出物，结痂。但区别是：猪湿疹病例无传染性，先在股内侧、腹下、胸壁等处皮肤发生红斑、丘疹、水疱，疱破结痂，奇痒。剖检内脏无病变。

（4）猪渗出性皮炎与猪维生素B_2缺乏症的鉴别　二者均表现食欲不振，生长受阻，皮肤干燥、出现红斑、疹块。但区别是：猪维生素B_2缺乏症是因饲料中缺乏维生素B$_2$所致，无传染性。患猪呕吐，腹泻，有溃疡性结肠炎、肛门黏膜炎。腿弯曲强直，步态僵硬，行走困难，角膜发炎，晶体浑浊。

（5）猪渗出性皮炎与猪马铃薯中毒的鉴别　二者均表现精神沉郁，食欲不振，皮肤发红，有红色疹块。但区别是：猪马铃薯中毒有饲喂马铃薯史，病猪初期兴奋不安，狂躁，呕吐，流涎，腹痛，腹泻。继而精神沉郁，昏迷、抽搐，后肢无力，渐进性麻痹。呼吸极度困难，可视黏膜发绀，心脏衰弱，共济失调，瞳孔放大。

防治措施

1）本病是一种环境性疾病，所以应注意改善环境卫生，定期清扫消毒圈舍。

2）加强饲养管理，不喂有毒、有刺激性的饲料，同时要防止发生外伤，外科手术后应严格消毒。

3）接种疫苗和类毒素制剂，可预防本病的发生，如对母猪进行表皮葡萄球菌死菌苗免疫，所生仔猪具有对本病的免疫力。进行预防注射时，应按操作规程进行，坚持彻底消毒，每头猪1个注射器，防止感染。

4）治疗。首先用消毒药水清洗，吹干后涂抹以下药物。

①豆油+地塞米松+磺胺；

②磺胺软膏加青霉素涂抹；

③废机油+青霉素；

④高度白酒泡烟尾灰喷撒；

⑤红霉素软膏。

涂抹同时注射长效头孢，饮口服补液盐水防止脱水。如果有寄生虫同时注射1针伊维菌素。

十七、猪布氏杆菌病

猪布氏杆菌病是由布氏杆菌引起的一种人畜共患的慢性传染病，它致病特征是侵害生殖器官，如母畜发生流产和不孕，公畜引起睾丸发炎。

流行特点

本病的感染范围很广，除人和猪、羊、牛最易感外，其他动物如马、犬、兔、鹿、骆驼以及啮齿动物等均可自然感染。被感染的人和动物，一部分呈临床症状，大部分为隐性或带菌。本病对猪多发于3—4月和7—8月（产仔高潮季节），不同年龄、性别有一定差异，母猪比公猪易感，小猪对本病有一定抵抗力，性成熟后易感。病猪和带菌猪是本病的主要传染源，消化道是主要传染途径，其次是生殖道和皮肤、黏膜，病猪的乳汁、精液、脓汁、胎衣、羊水、子宫和阴道分泌物及流产胎儿均含有病菌，很容易污染场地、用具、水源、饲料等。病猪的肉和内脏也含有大量的病菌，易使工作人员受到感染，应提高警惕，予以重视。

临床症状

母猪流产是主要症状，流产前往往表现阴唇、阴道黏膜潮红肿胀，并流出黄红黏液，乳房肿胀，乳量减少，有时无任何前驱症状。突然流产，也有时产出死胎或胎儿活力不强，流产后，呈现胎衣不下和子宫内膜炎，从阴道内流出红褐色污秽不洁的恶臭分泌物，不发情，或只发情不受孕。也有些母猪按期发情，但产出的是死猪或弱猪。公猪感染发病时表现为睾丸炎，一侧或两侧睾丸肿大（图5-108~图5-110），有热痛，若炎症持续较久，会发生睾丸附睾萎

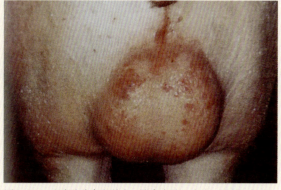

图5-108 患病公猪睾丸肿大，附睾水肿、波动，阴囊斑点出血

缩，甚至阳痿，小公猪在去势时，可见睾丸与阴囊粘连。若脊椎部受侵时，会出现步态异常，或后肢麻痹，关节肿胀而出现跛行。

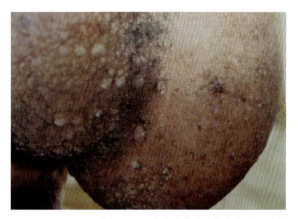

图5-109 患病公猪的右侧睾丸明显肿大

图5-110 患病母猪的流产死胎，胎膜上散在出血点

病理变化

主要病变在生殖器官。母猪的子宫黏膜呈现化脓、卡他性炎症，并有小米粒大的灰黄结节。公猪睾丸和精索呈现化脓性的病灶或坏死。受侵害器官附近的淋巴结也有病变，例如睾丸淋巴结、乳房淋巴结等呈现多汁、肿胀，有时可见脓肿和灰黄色小结节。脊椎部可见骨疽，四肢的某个关节及其周围有浆液性纤维素性炎症，在肺、脾、皮下有时出现脓肿，个别病例也会在腱鞘内发生。

鉴别诊断

（1）猪布氏杆菌病与猪流行性乙型脑炎的鉴别 二者均表现精神不振，体温升高，母猪流产，公猪睾丸炎。但区别是：猪流行性乙型脑炎的病原为流行性乙型脑炎病毒，多发于7—9月。病猪表现为视力减弱，乱冲乱撞。怀孕母猪多超过预产期才分娩。公猪睾丸先肿胀，后萎缩。多为一侧性。剖检可见脑室内积液多、呈黄红色，软

脑膜呈树枝状充血。脑回有明显肿胀，脑海变浅。死胎常因脑水肿而显得头大，皮肤黑褐色、茶褐色或暗褐色。

（2）猪布氏杆菌病与猪细小病毒感染的鉴别　二者均表现精神不振，母猪流产，死胎。但区别是：猪细小病毒感染的病原为猪细小病毒，初产母猪多发。病猪一般体温不高，后躯运动不灵活或瘫痪。一般50~70天感染时多出现流产。70天以后感染多能正常生产。母猪与其他猪只不出现呼吸困难症状。

（3）猪布氏杆菌病与猪繁殖和呼吸障碍综合征的鉴别　二者均表现精神沉郁，流产，死胎、木乃伊胎、弱仔。但区别是：猪繁殖和呼吸障碍综合征的病原为Lelystacl病毒。患猪有体温高（40~41℃），厌食，昏睡，不同程度呼吸困难，咳嗽。所产死胎和木乃伊胎无肉眼变化，部分木乃伊胎皮肤棕色，腹腔有淡黄色积液。种公猪昏睡，厌食，呼吸加快、消瘦、发热。用病肺组织分离病毒，再用（NVSL）提供的PRRS阳性血清与之结合，与抗猪荧光抗体结合，作荧光显微镜检查，可发现感染细胞胞浆荧光。

（4）猪布氏杆菌病与猪伪狂犬病的鉴别　二者均表现精神不振，体温升高，母猪流产、死胎，公猪睾丸炎。但区别是：猪伪狂犬病的病原为猪伪狂犬病病毒。母猪感染伪狂犬病表现为流产、死胎、木乃伊胎。20日龄至2月龄的仔猪表现为流鼻液、咳嗽、腹泻和呕吐，出现神经症状。剖检可见流产胎盘和胎儿的脾、肝、肾上腺和脏器的淋巴结有凝固性坏死。

（5）猪布氏杆菌病与猪弓形虫病的鉴别　二者均表现精神不振，体温升高，母猪流产、死胎。但区别是：猪弓形虫病的病原为弓形虫。病猪高热，最高可达42.9℃，呼吸困难，身体下部、耳翼、鼻端出现淤血斑，严重的出现结痂、坏死，体表淋巴结肿大、出血、水肿、坏死。肺膈叶、心叶呈不同程度间质水肿，表现间质增宽，内有半透明胶冻样物质，肺实质中有小米粒大的白色坏死灶或出血点。磺胺类药物治疗效果明显。

（6）猪布氏杆菌病与猪钩端螺旋体病的鉴别　二者均表现精神不振，体温升高，母猪流产、死胎。但区别是：猪钩端螺旋体病的病原为猪钩端螺旋体。病猪皮肤干燥发痒，黏膜泛黄，尿红色或浓茶样。母猪表现发热，乳腺炎。剖检可见肝脏肿大，棕黄色。膀胱黏膜有出血点，有血红蛋白尿或浓茶样胆色素尿。

（7）猪布氏杆菌病与猪衣原体病的鉴别　二者均表现精神不振，母猪流产，死胎。但区别是：猪衣原体病的病原为衣原体。病猪一般体温不高，流产前无症状，很少拒食，不出现呼吸促迫、困难症状。公猪感染后常出现睾丸炎、附睾炎、尿道炎、包皮炎等。剖检可见子宫内膜出血，并有坏死灶。流产胎衣呈暗红色，表面有坏死区域，周围水肿。病料涂片染色后镜检，可见衣原体。

防治措施

本病没有治疗价值，一般不采取治疗措施，主要是加强预防工作。健康猪场应严防本病侵入，必要引进种猪时，需要隔离检疫，确认健康猪方可入场。

发现病猪应全群做血清学检查，凡是可疑的阳性猪均应隔离、淘汰。病猪的分泌物、死胎、胎衣等必须清理干净，加强消毒，在检疫期要加强消毒工作，疫区可采用布鲁氏菌猪型二号冻干苗进行预防接种。

十八、猪李氏杆菌病

猪李氏杆菌病是由李氏杆菌引起的一种散发性传染病，其特征为病猪表现脑膜脑炎，有时可出现败血症和流产。

流行特点

本病多为散发，发病率低，但致死率高，各种年龄的猪均可感染发病，幼龄猪（2月龄以内）比成年猪易感性高，发病也较急，治愈率很低。

患病或带菌动物是本病的传染源。由患病动物的粪、尿、乳汁、精液以及眼、鼻、生殖道的分泌物都能分离出本菌，鼠是本菌的贮存所，被鼠粪、尿污染的饲料、饮水是本病发生的重要传染媒介。尤其冬春季节，鼠患比较严重的猪场，本病发生率较高，往往是一窝发生1头，接连出现3~4头，多为体质较弱的仔猪。

临床症状

潜伏期一般为2~3周，临床上以神经型多见。一般体温正常，病的后期可降至常温以下。病初运动失常，做同方向的圆圈运动，或前冲后撞，或以头抵地而不动，有的头颈部后仰，前肢或四肢张开。肌肉震颤，强硬，特别在颈部和颊部更为明显。出现阵性痉挛，口吐白沫，横卧在地，四肢乱爬，也有的病例病初就发生两前肢或四肢麻痹，不能站立，病程可达1个月以上（图5-111、图5-112）。妊娠母猪，无明显症状而发生流产。幼龄猪常发生败血症，可见体温高，拒食，口渴，有的出现咳嗽、腹泻、皮疹及呼吸困难，病程1~3天即死。

病理变化

病理剖检不见明显的特殊病变。伴有明显神经症状而死亡的患猪，脑膜和脑可见充血和水肿变化，脑脊液增加稍混浊。脑干变软，有细小脓灶，病理组织学观察可见脑脊髓血管充血，周围主要由单核细胞构成管套，血管周围腔隙扩大。有时可见肝脏内有小坏死灶。伴有呼吸困难而死亡的猪只，可见卡他性支气管炎变化，心外膜点状出血，心包液增加，呈黄红色（图5-113、图5-114）。

鉴别诊断

（1）猪李氏杆菌病与猪传染性脑脊髓炎的鉴别　二者均表现食欲不振、体温升高和精神沉郁、运动失调、痉挛等。但区别是：猪脑脊髓炎的病原为猪脑脊髓炎病毒，仅发生于猪。病猪四肢僵硬，常倒向一侧，肌肉、眼球震颤，呕吐，受到声响或触摸

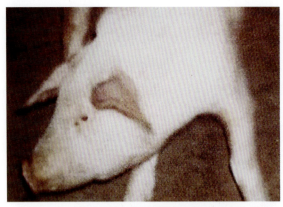

图 5-111 患猪出现神经症状，从左向右转圈

图 5-112 患猪四肢张开呈观星姿势

图 5-113 患猪肝脏表面有白色坏死点

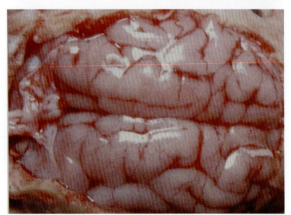

图 5-114 患猪脑充血，脑脊液增多

的刺激时能引起强烈的角弓反张和大声尖叫，皮肤知觉反射减少或消失，最后因呼吸麻痹死亡。剖检可见脑膜水肿、脑膜和脑血管充血。病料触片镜检无细菌。用病料制成悬液脑内接种易感猪，出现特征性症状和中枢神经典型病变。

（2）猪李氏杆菌病与猪伪狂犬病的鉴别　二者均表现食欲不振、体温升高和精神沉郁、运动失调、痉挛等。但区别是：猪伪狂犬病的病原为猪伪狂犬病病毒，能侵害各种家畜和野生动物。怀孕母猪常发生流产和死胎。哺乳仔猪得病后常表现呼吸困难、呕吐、下痢，特征性的神经症状是初期兴奋状态，后期麻痹。剖检肝、肾坏死灶最具特征，周围有红色晕圈，中央呈黄白色或灰白色。

（3）猪李氏杆菌病与猪水肿病的鉴别　二者均表现食欲不振、体温升高和精神沉郁、运动失调等。但区别是：猪水肿病的病原为致病性大肠埃希菌，主要发生于断奶前后的仔猪，膘情好的更易患病。病猪常出现眼睑、头部皮下水肿。剖检可见胃壁水肿、增厚，肠系膜水肿。细菌分离可鉴定为致病性大肠埃希菌。

防治措施

目前尚无本病菌苗用于预防接种，其预防措施主要是开展灭鼠工作，驱除体内、外寄生虫，发现病猪及时隔离，对被污染的环境，进行彻底消毒，尸体要深埋。

本病在治疗上无良好效果，如早期发现，用磺胺–5甲氧嘧啶和链霉素及时治疗，可有一定疗效。最好对同窝无症状猪只给予同样的预防治疗，可控制本病继续蔓延。

十九、猪炭疽病

炭疽病是由炭疽杆菌引起的人畜共患的急性败血性传染病。猪对本病也可感染，但不像牛、羊那样易感。

流行特点

本病常以散发形式出现，其传染程度与气候、雨量有密切关系。气候温暖、雨量较多时多发，特别是大雨以后或洪水泛滥，会扩大传染力。其主要传染源是病畜，新鲜尸体的血液、组织和脏器中含有多量病菌，若尸体处理不当，如解剖、乱扔或掩埋太浅等，易引起病原体散布，变为长久的疫源地。本病主要经消化道感染，也可由呼吸道、皮肤创伤和吸血昆虫刺蜇而感染。

临床症状

猪炭疽病常因病原体的数量、毒力及侵害部位不同而表现不同类型，大体上可分为咽型、肠型、败血型和隐性型。

（1）咽型 因病菌侵入颈部淋巴结，引起淋巴结及邻近组织炎症，发生水肿。病初体温升高，咽喉及耳下腺显著肿胀（图5-115），并逐渐波及颈部和胸前，影响呼吸

图5-115 患猪咽喉及耳下腺显著肿大

和采食，口、鼻黏膜呈蓝紫色水肿，出现水肿后很快窒息而死。有时舌、硬腭和唇处发生痈性肿胀。

（2）肠型 出现呕吐，拒食，便秘或腹泻，粪便夹杂血液，重病死亡，轻症自愈。

（3）败血症 常呈急性经过，发病时体温升高至42℃以上，拒食，临死前皮肤发绀，天然孔流出紫色带泡沫的血液，病程1~2天，此型很少见。

（4）隐性型 无临床症状，常在屠宰后才发现病变。

病理变化

急性败血型炭疽血液凝固不良，呈黑红色，脾脏特别肿大，身体各部有出血；咽型炭疽咽部淋巴结肿大几倍，坚硬、出血、切面干燥，并有坏死灶，扁桃体肿胀，周围有严重的胶样浸润；肠型炭疽病变主要限于小肠，小肠呈弥漫性或局限性出血性肠炎，肠黏膜可见大小不等的坏死和溃疡。淋巴结最急性的仅有肿胀、充血或弥漫性出血。严重的有坏死呈砖红色。慢性病例可见有形成包囊的坏死灶，呈干酪样。腹腔有浅红色腹水，脾脏质软、肿大。肝脏肿胀，有坏死灶。肾暗红色，实质有出血。

鉴别诊断

（1）猪炭疽病与猪肺疫的鉴别　咽喉部肿胀的炭疽病变与最急性型猪肺疫相似。但最急性型猪肺疫有明显的急性肺水肿症状，口鼻流泡沫样分泌物，呼吸特别困难，从肿胀部抽取病料涂片，用碱性亚甲蓝染色液染色镜检，可见到两端浓染的巴氏杆菌。

（2）猪炭疽病与猪水肿病的鉴别　二者均表现食欲不振，精神沉郁，头、颈、胸部水肿等症状。但区别是：猪水肿病的病原为致病性大肠埃希菌，主要发生于断奶前后的仔猪，膘情好的更易患病。病猪常出现眼睑、头部皮下水肿。剖检可见胃壁水肿、增厚，肠系膜水肿。细菌分离可鉴定为致病性大肠埃希菌。

（3）猪炭疽病与猪败血性链球菌病的鉴别　二者均有精神沉郁，体温升高，食欲不振，步态不稳，呼吸困难，皮肤表面有出血斑点等。但区别是：猪链球菌病的病原为链球菌。病猪从口、鼻流出淡红色泡沫样黏液，腹下有紫红斑，后期少数耳尖，四肢下端腹下皮肤出现紫红或出血性红斑。剖检可见脾肿大1~3倍，呈暗红色或紫蓝色，偶见脾边缘黑红色出血性梗死灶。采心血、脾、肝病料或淋巴结脓汁涂片，可见到革兰阳性、多数散在或成双排列的短链圆形或椭圆形无芽孢球菌。

防治措施

1）在发病地区，每年要接种炭疽病菌苗。猪在接种前后半个月，不能去势与进行其他外科手术。

2）发现病猪要尽快做出诊断，病死猪不能解剖，必须深埋。要严格执行封锁、隔离，对病猪立即给予治疗，圈内、外及用具等必须用0.1%升汞溶液加0.5%盐酸或其他有效的消毒液进行消毒。

3）治疗。

①抗炭疽血清，大猪50~100毫升，小猪30~80毫升，静脉或皮下注射，在病的紧急期使用，必要时12小时后再注射1次。

②青霉素，每千克体重8000~10000单位，肌肉注射，每隔12小时注射一次，连续3天。

③链霉素，每千克体重0.01~0.02克，肌肉注射，每天1次。

另外，用金霉素、土霉素，每千克体重0.04克，疗效也很好。

二十、猪结核病

猪结核病是由分支杆菌引起的一种人畜共患的慢性传染病。病理特征是多种组织器官形成肉芽肿（结核结节），病程较长，结核中心有干酪样坏死（如豆腐渣样）或钙化。

流行特点

结核杆菌可侵害多种哺乳动物和禽类，通过消化道感染，也可通过呼吸道感染，无明显季节性和地区性，多数散发，其发生与患结核病的牛、人、禽的直接和间接接触的机会及人、牛、禽中结核病的流行程度有关。结核病牛未经消毒的牛奶及病牛、鸡的粪含有结核杆菌。结核病疗养院的残羹喂猪，猪场养鸡或鸡场养猪都可能增加猪感染结核的机会。猪结核很少传染猪。

临床症状

潜伏期长短不一，短者十几天，长者数月或数年。多经消化道感染，在扁桃体、淋巴结发生病灶，很少出现临床症状。当肠道有病灶时发生下痢。如感染牛型结核菌，则呈进行性病程，常导致死亡。

病理变化

尸体外观消瘦，结膜苍白，常可见局限于咽、颈和肠系膜淋巴结的结节性（形成粟粒或高粱粒大，切面灰黄色干酪样坏死或钙化病灶）和弥漫性增生（淋巴结呈急性肿胀而坚实，切面呈灰白色而无明显的干酪样坏死）。猪全身性结核病除咽、颈、肠系膜淋巴结病变外，还可在肝、肺、脾、肾等器官及其相应淋巴结形成多少不等、大小不一的结节性病变，尤其是肺、脾较多见，肺实质内散在或密集分布粟粒大、豌豆大，甚至榛子大的结节，有时肺、胸膜表面许多结节隆突而显粗糙、增厚、粘连。新形成的结节周边有红晕，陈旧的结节周围有厚层包膜和中心呈干酪样坏死和钙化（图5-116~图5-118）。有的还形成小叶性干酪性肺炎病灶；脾结核则脾肿大，脾表面和脾髓内有大小不等的灰白结节，结节切面呈灰白色干酪样坏死，外周有包囊；心包、心室外膜、肠系膜、膈、肋胸膜也有大小不等的黄色结节或扁平隆起的肉芽肿病灶，切面可见干酪样坏死变化；在胸椎、腰椎的椎体和椎弓部及脑膜也可见到结核病变。

诊断

生前无明显症状可以判断，死后剖检的病理变化可予诊断。目前对该病最现实的诊断方法为变态反应试验，用牛分枝杆菌提纯菌素0.1毫升或旧结核菌素原液0.1毫升，在耳根外侧皮内注射，另一侧注射禽分支杆菌提纯菌素0.1毫升，48~72小时后观察判定，发生明显红肿者为阳性。用病猪的痰、尿、粪、乳及其他分泌物做涂片镜检。也可用凝集反应、琼脂扩散试验、沉淀反应，而酶联免疫吸附试验被认为是目前较好的方法。

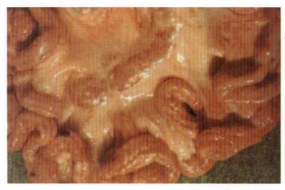

图 5-116 患猪肠系膜结核结节

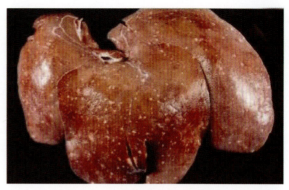

图 5-117 患猪脏脏表面结核结节

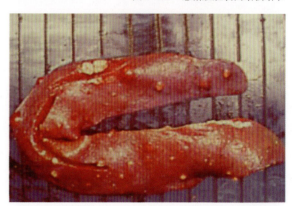

图 5-118 患猪脾脏表面有较多的呈半球状隆突的黄白色结节，切开结节见干酪样坏死物

防治措施　　禽场、奶牛场不要养猪，养猪场不要养鸡和养奶牛，有结核病的人不能喂猪和接触猪。不用结核病疗养院的泔水喂猪。猪群一旦发现结核，应做淘汰处理。被污染的猪舍、猪活动场所用20%石灰乳、5%来苏儿或5%漂白粉进行2~3次彻底消毒，3~5个月后猪舍方可再利用。

二十一、猪葡萄球菌病

猪葡萄球菌病主要是由金黄色葡萄球菌和猪葡萄球菌引起猪的细菌性疾病，临床上以在皮肤和组织器官发生化脓性炎症或全身性脓毒败血症为特征，多为继发性感染。

金黄色葡萄球菌感染可造成猪的急性、亚急性或慢性乳腺炎，坏死性皮炎及乳房的脓疱病；猪葡萄球菌主要引起猪的渗出性皮炎和败血性多发性关节炎。

流行特点　　葡萄球菌广泛存在于自然界，也是动物体表、消化道和呼吸道黏膜上的常在菌群。当机体抵抗力降低时，可通过损伤的皮肤、黏膜、消化道及呼吸道发生感染。

临床症状

精神沉郁，体温升高，有的达43℃，挤在一起，呻吟，呼吸迫促，口流大量泡沫、唾液。并发生渗出性皮炎，鼻镜、耳根、四肢下部、腹部出现黄色水疱，重者波及全身，10~15小时破溃，水疱液棕黄色似香油，附着于体表形成较大的破溃面（图5-119、图5-120）。有的猪耳中下部皮肤脱落。水疱、皮屑、污垢等结合成混合皮屑。粪较稀，重者腹泻，粪带黏液。个别猪关节肿大，跛行。

感染白色葡萄球菌（猪葡萄球菌）而引起的皮炎，3~5月龄猪发生较多，皮肤出现红色斑点和丘疹，小的菜籽大，大的直径达1厘米，大多为黄豆大。多发生在腹侧、胸侧、腹下、耳后，背部少见。丘疹中心有针尖大、菜籽大的化脓灶，丘疹破皮结痂，痂脱即愈，少数有痒感。体温、食欲、精神、粪尿、眼结膜均正常，无死亡。细菌检查为白色葡萄球菌。

有的仔猪出生4天后发病，吮乳减少或停止，沉郁、体温40~41℃，心跳90次/分，稍喘，走路无力，皮肤紫红色，腹部、股内侧皮肤出现红斑丘疹，破溃后如火山口样流出黄色液体，恶臭，与皮屑结成黄褐色痂皮，揭痂现红色烂斑。先腹泻后粪干。

关节炎型，关节（主要跗关节）肿胀，有波动，行动困难。一般出现症状1~2天死亡。检验为白色葡萄球菌。

也有的母猪体表发生1~2个或10~20个豌豆或鸡蛋大的脓肿，初硬红肿，后化脓并可挤出白色干酪样脓液，经1~2个月自愈。如乳房脓肿破溃，可引起10日龄左右的仔猪死亡，检验为金色葡萄球菌。

5~6周龄仔猪常见接触发病，10日龄以后也可发病。初在眼周、耳、面颊、鼻背部以及肛周和下腹皮肤出现红斑，即成为黄色水疱并迅速破裂，渗出浆液或黏液，与皮屑、污物混合干燥后形成棕褐和褐色硬痂皮，横纹龟裂，有臭味，触之粘手、有油腻感（俗称猪油皮病）。强剥痂皮露出红色创面，上有带血浆液或脓性分泌物。皮肤病变发展迅速，从发现一小片后，在24~48小时可蔓延至全身，继而可出现口腔溃疡，蹄球部角质脱落。食欲不振，脱水，重者24小时死亡，大多在10天后陆续死亡。耐过猪

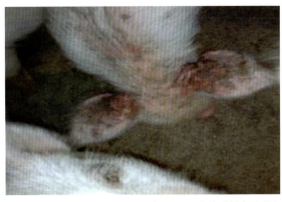

图5-119　患猪耳根表面破溃

图5-120　患猪皮肤表面破溃

皮肤逐渐修复，经30~40天痂皮脱落。较大日龄仔猪、育肥猪、母猪乳房也可发病，但病变较轻，不出现全身症状，可逐渐康复。

也有5~20日龄仔猪在膝、蹄冠、肘、跗及蹄上皮肤坏死，有时蹄底、眼眶周围、脸部、耳根后有蚕豆大至红枣大的肿胀，前期较硬，有痛感，逐渐变软、有波动，穿刺流出淡灰色稀薄臭脓，也有的肿胀，被摩擦破溃后流出黄色或灰白混有血液的脓液。4~6周龄仔猪在眼周、耳郭、背、腹皮肤红斑和微黄色小疱，破溃后流出黏液或浆液，干燥后形成微棕色鳞片状物或痂皮状结节，皮肤增厚形成褶皱，有的皮肤黏湿如油脂状，出现瘙痒。体温40.6~41.5℃，后期消瘦、拱背、懒动，卧于一隅，吃奶减少或废绝，最后衰竭死亡，病程4~10天。

病理变化

肝肿胀淤血，表面有高粱至黄豆大散在灰白坏死灶；肺淤血，表面有黄豆至蚕豆大脓灶，切面流出灰白色浓汁；肾肿胀淤血，个别表面切面肾盂肾盏有高粱、黄豆大脓灶；心包内有淡黄积液，心肌松软；肠系膜淋巴结肿胀淤血，肠黏膜充血、出血，肠内容为暗黑色稀糊状或球状干粪。

鉴别诊断

（1）猪葡萄球菌病与猪皮肤曲霉菌病的鉴别　二者均表现精神沉郁、体温高（39.5~40.7℃），耳根、四肢下部、腹部出现肿胀性结节（水疱），有浆性分泌物结成痂皮，腹泻等。但区别是：猪皮肤曲霉菌病的病原为曲霉菌。患猪眼结膜潮红，流浆性分泌物，流浆性鼻液，呼吸有鼻塞音。耳尖，口、眼四周、颈胸腹下、股内侧、肛门四周、尾根、蹄冠、跗腕关节皮肤出现红斑结节、奇痒。取皮屑加10%氢氧化钾液1滴，镜检可见分隔菌丝。

（2）猪葡萄球菌病与猪湿疹的鉴别　二者均表现体温升高，体表发生红色丘疹，后转为水疱，破溃后渗出液结痂。但区别是：猪湿疹病例无传染性，一般体温不高，湿疹多发于胸壁、腹下，有奇痒，不出现拉稀。剖检各器官无病理变化。

防治措施

1）平时保持圈舍的清洁卫生，在进行育成猪去势时，必须严格消毒局部、创口和器械，并在全场生产区和生活区用霸力消毒剂彻底消毒1次，并每天喷雾2次，连续5天，以防止感染葡萄球菌病。

2）对仔猪、母猪、育肥猪也可用杆菌肽锌按说明拌料作为药物预防（仔猪、母猪连用7天，育肥猪3天）。

3）治疗。在治疗前应进行药敏试验，根据试验用药。

①用氨节青霉素0.5克肌肉注射，12小时1次，连用5天。

②全群保育猪用磺胺甲唑加增效剂（5：1）和杆菌肽锌拌料。磺胺甲唑用量第一天为每千克体重0.12克，后4天为每千克体重0.08克，杆菌肽锌用量为磺胺甲唑的2倍。

③猪葡萄球菌与链球菌混合感染，用新霉素、氨苄西林原料粉各500毫克/千克拌料，7天为1疗程，并在饲料中添加亚硒酸钠维生素E粉，重病猪再灌服环丙沙星每千克体重50毫克，12小时1次，7天为1疗程。

④鱼腥草15克、地榆7克，加水300毫升煎煮至100毫升，清洗患部后，创面涂金霉素软膏，每天1次，连用3~7天。

⑤如感染白色葡萄球菌，用青霉素钠每千克体重1.5万国际单位，或硫酸卡那霉素每千克体重2万国际单位肌注，12小时1次，连用2天。圈舍用3%氢氧化钠或1%新洁而灭，或0.5%百毒杀均可起到预防及消毒作用。

⑥诺氟沙星，每千克体重5毫克，肌肉注射，12小时1次，连用5天。

全群仔猪用恩诺沙星饮水（50毫克/升）连用5天。

二十二、猪腐蹄病

猪腐蹄病是一种由螺旋体和梭菌属细菌引起的溃疡性、肉芽肿性的传染病。

流行特点　本病多见于饲养在水泥地面的猪只，由于水泥地面对蹄底有磨损作用，加上潮湿，为螺旋体和梭菌属细菌提供了入侵机会，从而导致发病。多发于种猪和育肥猪。

临床症状及病理变化　高度跛行，喜卧，喂食时也不愿站立吃食。特征性病变是蹄壳侧壁与蹄底相连处有坏死窦隙，当发展到蹄冠部与角质相连处时，患部变黑。如继续发展，则引起表面溃疡的坏死和肉芽组织形成。更严重的病例，感染波及腱鞘，并蔓延到骨和蹄关节，引起骨髓炎、关节炎，这种严重感染，俗称"猪脚掌脓肿"或"脚掌炎"（图5-121、图5-122）。

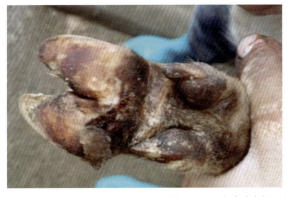

图 5-121　患猪蹄底坏死

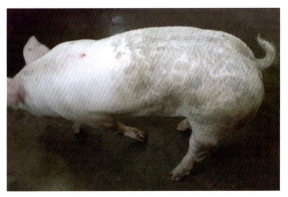

图 5-122　患猪蹄底坏死，跛行

鉴别诊断　（1）猪腐蹄病与猪水疱病的鉴别　二者均表现跛行，蹄有溃烂，喜卧。但区别是：猪水疱病的病原为水疱病毒。患猪体温升高（40~41℃），先从蹄冠发生一个或几个黄豆大的水疱，而后融合破裂，有10%的病例口、鼻也发生水疱，蹄侧壁与蹄底交界处无空隙腐烂。

（2）猪腐蹄病与猪渗出性皮炎（猪油皮病）的鉴别　二者均表现跛行，蹄部有糜烂。但区别是：猪渗出性皮炎的病原是表皮葡萄球菌，多发于1月龄内的仔猪。患猪除蹄部发生水疱和糜烂外，鼻盘、舌上也有水疱和糜烂，眼周围和胸腹下皮肤充血、潮湿、覆有黏性分泌物，有油脂样痂皮，有瘙痒和恶臭。蹄侧壁与蹄底相连处无病变。

防治措施

由于集约养猪必须用水泥地面才能保持清洁卫生和便于消毒，但地面的坡度不宜太大，应较平坦，避免猪在活动时，因蹄底防滑而过度用力来支持躯体的平衡，增加蹄底对水泥地面的摩擦而发生创伤。同时每个猪圈不要太大、太拥挤，以免惊扰造成狂奔而磨损蹄底和蹄侧壁，导致感染发病。应常观察猪群，每天驱使猪只通过5%硫酸铜液的脚浴槽，一般连续5~10天能控制本病。因溃烂在蹄底，抗生素没有明显疗效。如发生关节炎和骨髓炎应予淘汰。

二十三、猪气喘病

猪气喘病是由肺炎霉形体引起的一种慢性接触性传染病，主要以患猪咳嗽、气喘为特征。

流行特点

本病一年四季均可发生，以冬、春寒冷季节多见，各种年龄、性别、品种的猪均可感染，但多见于断奶前后的仔猪。气候突变，饲养管理不善，都能促使本病的发生和加重病情。本病主要通过呼吸道感染，呈散发或地方性流行，传染源是病猪和隐性病猪，在其咳嗽、气喘喷嚏时，健康猪吸入含病原体的飞沫而感染。本病只感染猪，不感染其他动物和人。

临床症状

本病潜伏期一般为11~16天，最短3~5天，最长可达1个月以上。主要症状是咳嗽、气喘，尤其是早晚吃食或运动时，常发生短声连咳。随病程发展，呼吸加快，每分钟达50~60次，甚至100次以上。腹式呼吸明显，呼吸快而浅，到后期呼吸慢而深，甚至张口喘气（图5-123）。病初有少量浆液鼻汁，病重时，流出液性或脓性鼻汁。食欲和体温一般正常，仅在患病后期继发其他传染病时，出现体温升高、食欲减退等症状。患病小猪消瘦衰弱，被毛粗乱，生长发育停滞。隐性感染猪无明显症状，仅偶尔出现轻咳。

病理变化

主要病变在肺、肺门淋巴结和纵隔淋巴结。肺有不同程度的水肿和气肿（图5-124）。在心叶、尖叶、中间叶及部分膈叶下方呈小叶融合性支气管肺炎变化。肺呈淡灰色或灰红色半透明状，病变界线明显，似鲜嫩肌肉样。当病程延长，病情加重时，病变部呈淡紫色或深紫色、灰黄色，坚韧度增加。病变部切面湿润致密，常从小支气管流出浑浊灰白色泡沫状浆液或黏液。肺门和纵隔淋巴结显著增大，切面外翻、湿润，呈黄白色。

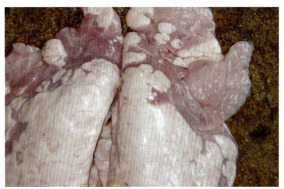

图 5-123　患猪咳嗽、气喘，常发生短声连咳，腹式呼吸明显　　　　　　图 5-124　患猪肺水肿

鉴别诊断

　　（1）猪气喘病与猪传染性胸膜肺炎的鉴别　二者均表现精神不振，体温升高，呼吸困难，咳嗽等。但区别是：猪传染性胸膜肺炎的病原为胸膜肺炎放线杆菌。病猪剖检可见肺弥漫性急性出血性坏死，尤其是膈叶背侧。严重的可引起胸膜炎和胸膜粘黏，可以与猪气喘病相区别。

　　（2）猪气喘病与猪繁殖与呼吸综合征的鉴别　二者均表现精神不振，体温升高，呼吸困难，咳嗽。但区别是：猪繁殖与呼吸综合征的病原为有囊膜的核糖核酸病毒。病猪呈多灶性至弥漫性肺炎，呼吸困难的猪只有极少部分出现耳朵发绀，胸部淋巴结水肿、增大，呈褐色。与猪气喘病不同。同时母猪可出现死胎、流产和木乃伊胎儿。

　　（3）猪气喘病与猪流感的鉴别　二者均表现精神不振，体温升高，呼吸困难，咳嗽。但区别是：猪流感的病原为流感病毒。病猪咽、喉、气管和支气管内有黏稠的黏液，肺有下陷的深紫色区，可与猪气喘病相区别。

　　（4）猪气喘病与猪应激综合征的鉴别　猪应激综合征虽然也有呼吸急促、张口呼吸、气喘和体温升高等，但同时还表现肌肉苍白、松软或有渗出，与猪气喘病不同。

防治措施

　　1）在未发病地区或猪场，坚持自繁自养，尽量不从外地引入猪只，若必须引入时，一定要严格隔离观察，防止猪气喘病及其他传染病传入，并定期做好消毒工作。

　　2）受气喘病威胁的猪群可用猪气喘病灭活苗进行免疫接种。

　　3）对发病的猪群，要做到早发现，早隔离，早治疗，尽早淘汰，逐步更新猪群，做好饲养管理工作。

　　4）药物预防。可在每吨饲料中加入300克的土霉素粉定期饲喂，连用2~3周，或在饲料内加北里霉素饲喂（按使用说明添加），对气喘病的预防和治疗均有相当不错的效果。

　　5）治疗。一般早期用药效果比较好。

　　①土霉素，每天每千克体重为25~40毫克，肌肉注射。

　　②卡那霉素、猪喘平，每天每千克体重为4万~8万单位，肌肉注射。

　　③特效米先，每千克体重0.1~0.3毫升，肌肉注射，每3天注射1次，连用2~3次。

　　此外，喹诺酮类药物如恩诺沙星等对本病也有良好疗效。

二十四、猪破伤风

猪破伤风是由破伤风梭菌引起的一种人畜共患的创伤性传染病，其特征为患猪对外界刺激的反射兴奋性增高，肌肉持续性痉挛。

流行特点

各种家畜均可感染，马、驴、骡最易感，猪、羊、牛次之。在自然感染时，通常是小而深的创伤侵入病原体，产生毒素而引起发病。本病多为散发，常见于猪阉割、外伤及仔猪脐部感染之后。如果该菌芽孢侵入伤口，而伤口又被泥土、粪便、痂皮封盖造成缺氧条件，这样对芽孢增殖更为有利，加速本病的发生或加重症状。

临床症状

本病潜伏期最短1天，最长可达90天以上。病初只见患猪行动迟缓，吃食较慢，易被疏忽。随着病情的发展，可见四肢僵硬，腰部不灵活，两耳竖立，尾部不活动，瞬膜露出，牙关紧闭，流口水，肌肉发生痉挛。当强行驱赶时，痉挛加剧，并嘶叫，卧地后不能起立，出现角弓反张或偏侧反张，角弓反张出现后很快死亡（图5-125、图5-126）。

图5-125 患猪两耳后竖，表现出"木马"状姿势　　　图5-126 患猪全身痉挛及角弓反张

病理变化

患猪死后血液凝结不全，呈黑红色，没有明显的肉眼可见病变，肺有充血和水肿，有的有异物性坏疽性肺炎，浆膜有时有出血点和斑。

鉴别诊断

（1）猪破伤风与猪土霉素中毒的鉴别　二者均表现全身肌肉震颤，四肢站立如木马，腹式呼吸，口吐白沫。但区别是：猪土霉素中毒是因过量注射土霉素而发病，注射几分钟即出现烦躁不安，结膜潮红，瞳孔散大，反射消失。

（2）猪破伤风与猪传染性脑脊髓炎的鉴别　二者均表现废食，肌肉发性痉挛，四肢僵硬，角弓反张，音响可激起大声尖叫。但区别是：猪传染性脑脊髓炎的病原是脑脊髓炎病毒。病猪体温升高（40~41℃），有呕吐，惊厥持续24~36小时，进一步发展知觉麻痹，卧地四肢做游泳动作，皮肤反射减弱或消失。将病料用脑内接种易感小猪，接种猪出现特征性症状和中枢神经系统典型病变。

1）在对猪实施阉割术时，所用器械和术部均应消毒，手术后猪不要接触泥土，圈舍保持清洁、干燥。

2）圈舍内不应有尖锐物品，修理圈门时应注意，不要使钉子与铁丝露头。

3）治疗。当患猪出现牙关紧闭、四肢强直等症状时很难治愈，只有在病初时治疗才有希望。当怀疑本病时，应及时将患猪移至暗室，使之安静，避免光线和声音刺激，彻底清除伤口内的坏死组织和分泌物，用3%过氧化氢、2%高锰酸钾冲洗消毒，然后可采取下列治疗措施。

①破伤风抗毒素，1万~2万单位，肌肉或静脉注射，以中和游离毒素，为缓解肌肉痉挛，可用氯丙秦25~50毫升，肌肉注射。不能采食和饮水时，应静脉注射10%葡萄糖，每次10~50毫升。为防止继发症，也可肌肉注射青霉素，每千克体重1万单位，24小时一次，链霉素肌肉注射，每天每千克体重0.01~0.02克。

②大蒜疗法：以体重25千克的患猪为例，其他患猪按体重大小适当增减用蒜量。治疗时，取约30克的紫皮大蒜，去根去皮，捣细成泥，然后迅速加入100℃的开水10毫升，待凉时用注射器抽取蒜汁20毫升，注入患猪后腿内侧皮下，每腿注射10毫升。发病3天内有效，一次不愈者，间隔5小时后重做1次。

二十五、猪钩端螺旋体病

猪钩端螺旋体病是由多种钩端螺旋体引起的一种人畜共患传染病。猪感染后，常无一定症状，可能出现发热、黄疸，血红蛋白尿、皮下水肿、出血性素质、皮肤和黏膜坏死及流产等症状，大多数呈隐性感染。在长江以南地区发生较多。

各种家畜和野生的哺乳动物以及人等均可感染，啮齿类动物。特别是鼠类为最常见的宿主。病畜和带菌动物是传染源，特别是带菌鼠和感染猪在本病的传播上起着重要的作用。病原体从尿液排出后，污染周围的水源、土壤，经损伤的皮肤、黏膜及消化道而感染。本病一年四季都可发生，其中夏、秋季节是流行高峰，以气候温暖、潮湿多雨。鼠类繁多的地区发病较多。

本病的潜伏期2~5天，以其症状可分为3种类型。

（1）急性黄疸型　常发生于肥育猪。病猪有时无明显病状，在食欲良好的情况下突然死亡。有时发现大便秘结，呈羊粪状，颜色深褐。食欲减退或废绝，精神沉郁，眼结膜及巩膜发黄（图5-127、图5-128）。病理变化主要是皮下脂肪带黄色（黄脂），肝呈土黄色（黄肝），膀胱积尿，尿色红褐，类似红茶。

（2）水肿型　常发生于中小猪。病猪头部、颈部发生水肿，初期短暂发热，黄疸，便秘，食欲减退，精神沉郁，尿如浓茶。病理变化为黄肝，淋巴结肿大、充血、出血（图5-129）。

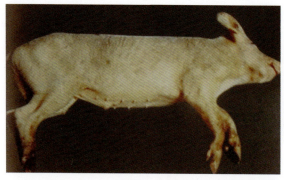

图 5-127　患猪全身黄染

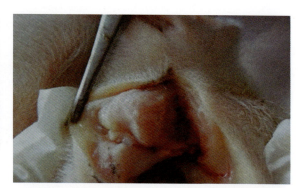

图 5-128　患猪皮下黄染

图 5-129　患猪肝脏肿大、黄染

图 5-130　患病母猪流产的胎儿

　　（3）流产型　在本病流行期间，怀孕母猪出现流产，死胎腐败或呈木乃伊状，尸体剖检常见黄肝、黄脂、皮下水肿，肾有小灰白色病灶（图5-130）。

　　上述所分的类型不是绝对的，往往同时存在，或者先后发生，应予注意。

鉴别诊断

　　（1）猪钩端螺旋体病与仔猪溶血病的鉴别　二者均表现血红蛋白尿，黄疸。但区别是：仔猪溶血病多发生于仔猪，仔猪出生后体况良好，哺乳24小时内发病，尖叫。24~48小时内死亡。一般只发生在一窝内，剖检可见皮下组织黄染，肝肿大呈黄色。膀胱内有暗红色尿液，血液稀薄不易凝固。

　　（2）猪钩端螺旋体病与猪焦虫病的鉴别　二者均表现血红蛋白尿，黄疸。但区别是：猪焦虫病只有部分猪出现血红蛋白尿，呈茶色，黄染，但同时体温升高到40.2~42.7℃，呈稽留热，呼吸困难，部分猪出现关节肿大，腹下水肿。

　　（3）猪钩端螺旋体病与猪白肌病的鉴别　猪白肌病也可能出现血红蛋白尿，但白肌病是由于硒元素缺乏引起，主要表现为突发运动障碍，前肢跪下或犬坐。有呕吐、腹泻症状。呼吸困难，胸、腹下发绀。剖检可见肌肉苍白，严重的呈蜡样坏死，肝营养不良。

1）预防本病首先要消灭猪圈及其周围的鼠类，杜绝传染源，有放养猪群习惯的地区应圈养，减少接触鼠类和被污染的水。

2）对病猪粪、尿污染的场地及水源，可用漂白粉或2%火碱液消毒。

3）在本病常发地区，应注射钩端螺旋体多价菌苗，间隔1周，再次肌肉注射，用量2~5毫升，免疫期约为1年。

4）治疗。发病猪可用链霉素、庆大霉素、多西环素、土霉素等都有较好的疗效。

①链霉素：每千克体重1.0~1.5毫克，1日2次，肌肉注射。

②庆大霉素：每千克体重25~30毫克，1日2次，肌肉注射。

③多西环素：每千克体重2~5毫克，每日1次口服。混饲浓度为每吨饲料100~200克。

④对可疑感染的猪，可在饲料中混入土霉素或四环素。土霉素每千克饲料0.75~1.50克，连喂7天，可控制本病发生。

二十六、猪衣原体病

猪衣原体病是由鹦鹉热衣原体引起的一种人、兽、鸟类共患传染病。猪发病表现为流产、结膜炎、多发性关节炎、肠炎、肺炎等症状。

病猪、康复猪及隐性感染猪是本病的主要传染源。这些猪可长期带菌，通过眼、鼻分泌物和粪排菌，患病公猪的精液带菌可持续2~20个月。定居于猪场的鼠类和野鸟可能携带病原而成为本病的自然疫源。主要的传播途径是通过直接接触，或经消化道及呼吸道感染，也可通过胎盘及交配而传播。不同品种和年龄的猪均可感染发病。猪衣原体病一般呈地方流行性发生，有常驻性和持久性，当猪场卫生条件差，饲养密度过大、潮湿、营养不全等不良应激因素导致猪抵抗力下降时，有潜伏感染的猪场可暴发本病。

大多数为隐性感染，少数猪感染后，经过3~15天的潜伏期，可出现症状。

（1）母猪　患病母猪的典型病征是流产、早产、死胎及产出无活力的弱仔。大多数母猪流产发生于正产期前几周，母猪一般无任何先兆。若为正产，则仔猪小而虚弱，部分或全部于产后几小时至1~2天内死亡。初产母猪的发病率可高达40%~90%，二胎以上的经产母猪流产率降低，如果以精液带菌的公猪配种，大批经产母猪也会发生流产（图5-131）。

（2）公猪　多表现为睾丸炎、附睾炎、尿道炎、龟头包皮炎，交配时从尿道排出带血的分泌物，精液品质及精子活力下降。有的发生慢性肺炎（图5-132）。

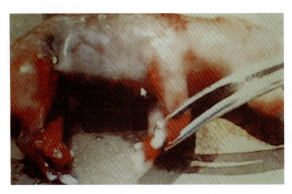

图 5-131　患病母猪的流产胎儿皮肤有出血斑点

图 5-132　病公猪睾丸肿大

（3）小猪　尤其是2~4月龄的小猪，可出现以下一种或几种病型：

肺炎型：呈现慢性支气管炎经过，体温升高，热型不定，精神沉郁，干咳，呼吸困难，从鼻腔流出清鼻涕，虚弱，生长发育缓慢。有的还出现短暂性的神经症状，兴奋，尖叫，突然倒地，四肢做游泳状划动，短时间后恢复如常。病死率为20%~60%。

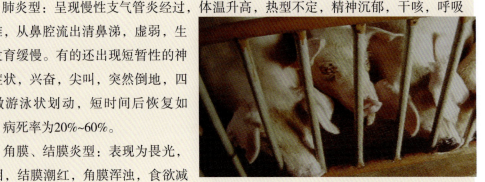

图 5-133　患猪眼结膜充血、潮红，分泌物增加

角膜、结膜炎型：表现为畏光，流泪，结膜潮红，角膜浑浊，食欲减退，精神沉郁。在结膜刮片中，可发现包涵体（图5-133）。

多关节炎和多浆膜炎型：多关节炎呈良性经过。表现为多处关节肿胀，不同程度的跛行，极少引起死亡。如并发浆膜炎（胸膜炎、腹膜炎、心包炎）时，则病情较重，表现委顿、拒食、伏地、发热以及体腔的渗出性炎症所致的各种临床综合征，病死率较高。

肠道感染型：发生较普遍。表现胃肠炎症状、腹泻、脱水及全身中毒症。如有致病性大肠埃希菌或厌气性梭菌混合感染，则小猪的病死率甚高。

病理变化　流产母猪的病变局限于子宫，子宫内膜充血、水肿，间或有1.0~1.5厘米大小的坏死灶。胎衣呈暗红色，表面覆盖一层水样物质，黏膜面有坏死灶，其周围水肿。皮下组织水肿，胸部皮下有胶冻样浸润，四肢有弥漫性出血，胸腹腔中积有暗红色纤维蛋白渗出液，肝、脾、肾被膜下有出血点，肺常有卡他性炎症。

公猪的病变多在生殖器官，睾丸变硬，腹股沟淋巴结肿大，输精管有出血性炎症。

肺炎型小猪，见肺水肿，表面有出血斑点，切面有大量渗出液，纵隔淋巴结水肿，有的呈间质性肺炎病变。如有继发感染，则出现卡他性化脓性支气管肺炎及坏死病灶。

（1）猪衣原体病与猪流行性乙型脑炎的鉴别　二者均表现孕猪流产，有死胎、木乃伊胎，公猪睾丸炎。但区别是：猪流行性乙型脑炎的病原是猪流行性乙型脑炎病毒。患猪突发高温（40~42℃），嗜睡，视力减弱，乱冲乱撞，最后后肢麻痹而死。剖检可见脑室积液多、呈黄红色，脑软膜呈树枝状充血，脑回有明显肿胀，脑沟变浅、出血，切面血管显著充血。公猪多单侧睾丸发炎。将病公猪睾丸或胎儿的脑组织材料接种乳鼠，分离病毒，进行血清中和试验，可以鉴定。

（2）猪衣原体病与猪布氏杆菌病的鉴别　二者均表现孕猪流产，有死胎、木乃伊胎，公猪睾丸炎、附睾炎。但区别是：猪布氏杆菌病的病原是布氏杆菌。患猪多慢性经过，孕猪流产前常表现乳房肿胀，阴户流黏液，流产后流血色黏液，胎衣不滞留，8~10天自愈，多在妊娠后第4~12周早产。用病猪制备的血清与虎红抗原各0.03毫升滴加于平板上混匀，放置4~10分钟，观察结果，只要有凝集现象出现，即判为阳性反应。

（3）猪衣原体病与猪钩端螺旋体病的鉴别　二者均表现孕猪流产，有死胎、木乃伊胎，弱仔。但区别是：猪钩端螺旋体病的病原是钩端螺旋体。急生黄疸型多发生于大、中猪，黏膜泛黄、痒，尿红色或浓茶样。亚急性、慢性则多发于断奶仔猪或体重30千克以下的小猪，皮肤发红，瘙痒，尿黄，茶色或血尿，圈舍有腥臭味，如流行经3~6个月，急性、亚急性和流产3种类型病猪可在一个猪场同时出现。剖检可见膀胱有血红蛋白尿。用病猪脏器做悬液，离心2次，取沉淀物涂片镜检，可见活泼的钩端螺旋体做旋转、伸缩、屈曲运动，呈"S""C""O""J""8"等形状，并随运动消失。

（4）猪衣原体病与猪细小病毒感染的鉴别　二者均表现孕猪流产，有死胎、木乃伊胎，弱仔。但区别是：猪细小病毒感染的病原是细小病毒。感染的母猪可能重新发情而不分娩（早期胚胎死亡被吸收），后躯运动失灵或瘫痪。公猪不出现睾丸炎、附睾炎、尿道炎。做病猪血清先经56℃、30分钟灭活，使用0.5%豚鼠红细胞，按常规方法做血凝抑制试验（另准备猪细小病毒凝血素），检验为强阳性，HL抗体效价在1：1024以上。

（5）猪衣原体病和猪呼吸与障碍综合征的鉴别　二者均表现孕猪流产，有死胎、木乃伊胎，弱仔。但区别是：猪呼吸与障碍综合征的病原是猪繁殖与呼吸综合征病毒。妊娠母猪出现厌食，体温升高（40~41℃），昏睡，呼吸困难，多在妊娠期提早2~8天早产。死胎及木乃伊基本相同，无肉眼变化（仅部分木乃伊皮肤棕色，腹腔有淡黄色积液）。用病肺组织分离病毒，再用美国国家实验室（NVSL）提供的PRRS阳性血清与之结合洗涤后，再用NVSL提供的抗猪荧光抗体结合，做荧光显微镜检查，再发现感染细胞胞浆荧光。

（6）猪衣原体病和猪伪狂犬病鉴别　二者均表现孕猪流产或早产，死胎、木乃伊胎，弱仔。但区别是：猪伪狂犬病的病原是猪伪狂犬病毒。母猪厌食、惊厥，视觉障碍、结膜炎，多呈一过性症状，很少死亡。新生仔猪出生时强壮，第二天即发现眼红、闭眼昏睡，体温41~41.5℃。口角流出大量泡沫，竖耳，遇刺激鸣叫，流产胎儿的肝、脾、肾腺、脏器淋巴结出现凝固性坏死。用病料制成悬液，经灭菌离心的上清液，皮注于家兔的后腿内侧，24小时后家兔精神沉郁，发热，呼吸加快，撕咬，严重时角弓反张，翻滚，奇痒，局部出血性皮炎，最后痉挛、呼吸困难、衰竭死亡。

防治措施

1）为预防本病传入，引进种猪应按规定严格检疫。

2）尽量避免猪接触其他种动物，尤其是已发生流产、肺炎、多发性关节炎以及衣原体阳性的动物群。

3）驱除和消灭猪场内的鼠类及野鸟。保证饲料的营养平衡，减少不良应激因素的影响。

4）发病或衣原体病阳性猪场，对流产胎儿、胎衣、排泄物、污染的垫草应深埋或焚毁，污染场地应以常用的消毒药液彻底消毒。对同群猪进行药物预防，或用衣原体灭活疫苗进行预防注射，母猪在配种后1~2个月，注射2次，间隔10~20天。公猪和仔猪每年以同样的间隔时间注射疫苗2次。

5）接触病猪及其排泄物的人员应注意自身保健，以防感染衣原体。

6）治疗。本病应用四环素、土霉素、多西环素等均有良好的治疗和预防作用，最常用的是四环素或土霉素，用量为每吨饲料拌入400克，连用21天。个别感染猪可肌肉注射多西环素，每千克体重1~3毫克，每日1次，连续5天。为了预防衣原体引起的流产，公猪在配种前1个月，母猪在配种前及临产前30天，以10~20天间隔2次肌肉注射土霉素油悬液，每次每千克体重用3~4毫克。

二十七、猪附红细胞体病

猪附红细胞体病是由附红细胞体引起的一种人畜共患传染病。临床上以高热、贫血、黄疸、消瘦和全身发红等为特征。

流行特点

各种年龄、不同品种的猪都有易感性，但仔猪更易感，发病率和病死率均较成年猪高。饲养管理不良、气候恶劣，并发其他疾病等应激因素，可使隐性感染的猪发病，或扩大传播使病情加重。本病的传播可能与猪虱有关，除此之外，还可能通过未消毒的针头、手术器械和交配而感染。

临床症状

本病潜伏期6~10天，按临床表现分为急性型、亚急性型和慢性型。

急性型：常发生于仔猪，皮肤和黏膜苍白、黄疸，发热，精神沉郁，食欲不振，血尿，发病后1~3天内死亡，死亡率高达90%以上，即使康复也发育迟缓。

亚急性型：常发生于育肥猪，患猪体温高达40~42℃，稽留热，食欲减退，甚至废绝，精神沉郁，不愿站立，黏膜苍白或黄疸（图5-134），全身皮肤发红，尤其是耳部、腹部、四肢皮肤发红或发绀，压之不褪色，排尿发黄或血尿。后期贫血苍白，发病猪快者3~4天，慢者数周内死亡。康复猪生长受阻，严重导致贫血死亡。

慢性型：常发生于成年母猪与育肥猪，体温高热，食欲不振，出现贫血、黄疸、皮肤发黄，粪便干硬，偶尔带血，有时便秘和下痢交替发生。背毛无光，皮肤表层脱落，育肥生长缓慢，成年母猪常流产、不发情或屡配不孕。

病理变化

剖检可见贫血及黄疸，皮肤黏膜苍白，血液稀薄，全身性黄疸。肝脏肿大，呈黄棕色，胆囊内充满黏稠的胆汁，脾脏肿大变软，有时可见淋巴结水肿，胸腹腔及心包腔内有多量液体（图5-135~图5-137）。

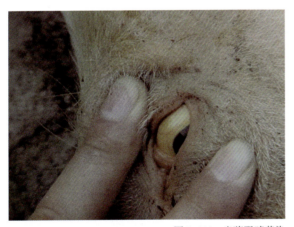

图5-134　患猪眼睛黄染

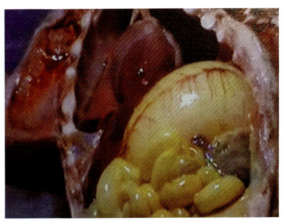

图5-135　患猪肠浆膜黄染

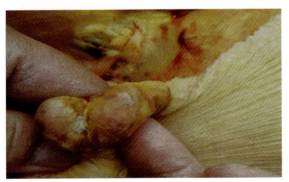

图5-136　患猪淋巴结黄染、出血，皮肤黏膜黄染

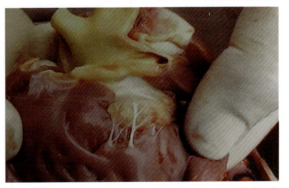

图5-137　患猪动脉管、心脏瓣膜黄染

鉴别诊断

（1）猪附红细胞体病与猪瘟的鉴别　二者均表现精神沉郁，食欲不振，体温升高，皮肤表面有出血斑点，先便秘后下痢。但区别是：猪瘟的病原为猪瘟病毒。病猪口渴，废食，嗜液，皮肤呈不同于疹块的弥漫性紫红色出血点，黏膜紫绀、出血，多数

病猪有明显的浓性结膜炎，有的病猪出现便秘，随后出现下痢，粪便恶臭。剖检可见全身淋巴结肿大，尤其是肠系膜淋巴结，外表呈暗红色，中间有出血条纹，切面呈红白相间的大理石样外观，扁桃体出血或坏死。胃和小肠呈出血性炎症。在大肠的回盲瓣段黏膜上形成特征性的纽扣状溃疡。肾呈土黄色，表面和切面有针尖大的出血点，膀胱黏膜层布满出血点。

（2）猪附红细胞体病与猪肺疫的鉴别　二者均表现精神沉郁，食欲不振，体温升高，皮肤表面有出血斑点。但区别是：猪肺疫的病原为多杀性巴氏杆菌。咽喉型病猪咽喉部肿胀，呼吸困难，犬坐姿势，流涎。胸膜肺炎型病猪咳嗽，流鼻液，犬坐姿势，呼吸困难，叩诊肋部有痛感，并引起咳嗽。剖检皮下有大量胶冻样淡黄色或灰青色纤维素性浆液，肺有纤维素炎，切面呈大理石样；胸膜与肺粘连，气管、支气管发炎且有黏液。用淋巴结、血液涂片，镜检可见有革兰阴性、卵圆形呈两极浓染的短杆菌。

（3）猪附红细胞体病与急性败血性猪丹毒的鉴别　二者均表现精神沉郁，食欲不振，体温升高，皮肤表面有出血斑点。但区别是：猪急性败血性猪丹毒的病原为猪丹毒杆菌，以3~12月龄的猪易感，发病急、常呈现突然死亡。病猪皮肤上有蓝紫色斑，指压褪色。胃底部和小肠有严重的出血性炎症，脾肿大呈樱桃红色，肾为出血性肾小球肾炎，淋巴结淤血肿大。实质脏器涂片有大量单在或成堆的革兰阳性小杆菌。

（4）猪附红细胞体病与急猪败血型链球菌病的鉴别　二者均表现精神沉郁，食欲不振，体温升高，皮肤表面有出血斑点。但区别是：猪败血型链球菌病的病原为链球菌。病猪常发生多发性关节炎，运动障碍。剖检可见鼻黏膜充血、出血，喉头、气管充血，有多量泡沫，脾肿胀，脑和脑膜充血、出血。

（5）猪附红细胞体病与猪弓形体病的鉴别　二者均表现精神沉郁，食欲不振，体温升高，皮肤表面有出血斑点。但区别是：猪弓形体病的病原为弓形虫，常发于6—8月，幼龄猪最易感，常先零星发病，随后暴发流行。病仔猪排水样稀便，呼吸困难，有咳嗽，流水样或黏液性鼻汁，孕猪流产。剖检可见肺稍肿胀，间质增宽呈半透明状，表面有小出血点，胸腔内有黄色透明液体。淋巴结特别是肺门淋巴结水肿、灰白色，切面湿润。取肺及肺门淋巴结或胸腔渗出液涂片，姬姆萨染色可见橘瓣状或新月状速殖子或假囊。

（6）猪附红细胞体病与仔猪缺铁性贫血的鉴别　二者均表现贫血、黄疸等。但区别是：仔猪缺铁性贫血为非传染性疾病，哺乳仔猪多于生后8~9天出现贫血症状，以后随年龄增大贫血逐渐加重。表现被毛粗乱，皮肤及可视黏膜淡染甚至苍白，呼吸加快，消瘦。易继发下痢或与便秘交替出现，血液色淡而稀薄，不易凝固。实验室血检，血红蛋白量下降至50~70毫克/毫升，严重时20~40毫克/毫升，红细胞降至300万/立方毫米，且大小不均。骨髓涂片铁染色，细胞外铁粒消失，幼红细胞几乎见不到铁粒。

1）本病目前尚无有效疫苗，防治本病主要是采取一般性防疫措施，搞好饲养管理和圈舍卫生，消除一切应激因素，驱除体内外寄生虫，注意医疗器械的清洁消毒。发现病猪，应立即隔离治疗。

2）治疗。临床上可选用新砷凡钠明、土霉素、四环素、苯胺亚砷酸等对本病有较好的疗效。

①土霉素、四环素：剂量为每千克体重15毫克，分2次肌肉注射，连续使用，直至痊愈，也可按每千克饲料添加600毫克土霉素或四环素进行连续饲喂。

②新砷凡钠明：剂量为每千克体重15~45毫克，治疗时以5%葡萄糖溶液溶解，制成5%~10%注射液，缓慢静脉注射，一般在用药后2~24小时内，病原体可从血液中消失，3天内症状也可消除。苯胺亚砷酸，按每千克饲料180毫克混饲，连用1周后，改为每千克饲料90毫克混饲，连用1个月。对可疑病猪，剂量减半。必要时进行对症治疗。

二十八、猪皮肤真菌病

猪皮肤真菌病是多种皮肤致病真菌引起的猪的皮肤病的总称，这类病的主要临床特征为皮肤发生病变。由于病原不同，临床症状和病理变化稍有差异。

本病病原体有多种真菌，现仅介绍常见病原体。

（1）发癣菌属和小孢霉菌属内的霉菌　发癣菌是皮肤霉菌病的主要病原。本菌是多细胞，由菌丝和孢子两部分组成，孢子连接呈链状，沿毛干长轴有规则地排列在毛干外缘（毛外型）或毛内（毛内型）和毛内外（混合型），本菌属霉菌有小分生孢子，呈葡萄状，大分生孢子较少见，呈细棒状。本菌侵害皮肤、毛发和角质。

小孢霉菌也是皮肤霉菌病的另一种主要病原。孢子和菌丝分布于毛根和毛干的周围，孢子不侵入毛干内，其小分生孢子沿发形成原鞘而菌丝侵入毛内，将毛囊附近的毛干充满。大分生孢子呈梭形，小分生孢子长在侧枝下端，呈卵圆形或棒状。本菌侵害皮肤和毛发，不侵害角质。

（2）曲霉菌属的霉菌　各种曲霉菌如黄曲霉、黑曲霉等，致病力强。曲霉的菌丝有隔，气生菌丝的顶端膨大呈球形顶囊，顶囊产生分生孢子，呈放射状排列。

（3）念珠菌　白色，为类酵母菌。在病变组织及普通培养基都可产生芽生孢子和假菌丝。出芽细胞呈卵圆形，似酵母细胞状，革兰染色阳性。假菌丝是由细胞出芽后发育延长而成的。

病畜及带菌动物为本病的主要传染源，它们不断向外界排菌，污染环境，使其他动物感染。直接接触为主要途径，被污染的媒介、梳刷用具、厩舍、垫草等也能传播本病，阴暗、潮湿、拥挤有利于本病的传播。牛、马、鸡、狗、猫等都可感染本病，但猪有一定抵抗力。本病发生与年龄、性别无关，但幼畜和营养不良及皮毛不洁的成年家畜易感。

临床症状

猪表现为精神沉郁，食欲减退，体温偏高等共同症状。

（1）由发癣菌属和小孢霉菌属的霉菌引起的症状和病变 主要发生在头部，皮肤充血、水肿、发炎，在皮肤上形成圆斑、脱毛、覆有鳞屑，或出现丘疹、水疱而后结痂（图5-138）。

病猪有痒感，与食槽、墙角等摩擦，可引发炎性肿胀破溃。形成红斑，而后结痂脱落。

（2）由曲霉菌引起的症状 在耳尖、耳根、眼睛周围、口腔周围、颈部，胸、腹、股内侧、肛门、尾根等出现红斑，以后形成肿胀性结节，此时，猪表现为奇痒，由于摩擦，发生炎性肿胀，形成红色烂斑，有浆液渗出，不化脓，而后呈灰褐色痂皮，一般不脱毛。在耳根、颈、胸、腹及肛门周围有弥漫性结节，溃烂互相融合形成甲壳。背部、腹侧有结节，可触摸到硬性结节。

（3）由念珠菌引起的症状 病猪表现奇痒，不断摩擦墙壁等粗糙物，被毛松动，病灶多见于耳根、颈部两侧、肩胛的背部或额部皮肤。胸，背、腹部病灶较晚出现。有病灶的皮肤呈灰色或褐色的斑块，扩散速度很快，若不及时治疗，可逐渐扩散到全身，甚至造成死亡（图5-139）。

图5-138 患猪皮肤出现大面积皮屑性斑疹

图5-139 病猪患部斑块坏死，凸出于皮肤

鉴别诊断

（1）猪皮肤真菌病与猪皮癣菌病的鉴别 二者均表现头、肩、背、四肢皮肤局限潮红，间有小疱，瘙痒，有皮屑覆盖。但区别是：猪皮癣菌病的病原是堇色紫毛菌。患猪先脱毛，头、躯、四肢上部可见指甲或1元币大（不是掌大）的圆或不规则的灰白色厚积鳞屑斑，或呈石棉状。有毛囊性小脓疮，擦后有渗出液或脓液。病料（皮屑）直接镜检可见菌丝或孢子。在沙保劳氏琼脂培养基上25℃5~7天开始生长，初可见硫黄色或浅紫色结节，菌落有圆形轮廓，中央扣状隆起，从中央向四周做放射状沟纹。

（2）猪皮肤真菌病与猪锌缺乏症（仔猪、肉猪）的鉴别 二者均表现头、颈、背部皮肤有痒感，覆有皮屑痂。但区别是：猪锌缺乏症为非传染性疾病。患猪皮肤表面生小红点（不是小水疱），皮肤粗糙有褶皱，网状干裂，蹄壳也裂，并有食欲不振，发育不良，腹泻。

（3）猪皮肤真菌病与猪渗出性皮炎的鉴别　二者均表现皮肤潮红，瘙痒，覆有皮屑性痂皮。但区别是：猪渗出性皮炎的病原是表皮葡萄球菌，多发于1月龄内的仔猪。患猪皮肤充血潮湿有脂样分泌物结痂，恶臭，痂皮色因猪而异，黑猪为灰色，棕猪为红棕或铁锈色，白猪为橙黄色。

（4）猪皮肤真菌病与猪疥螨病的鉴别　二者均表现皮肤潮红，瘙痒，有小疱，有痂皮。但区别是：猪疥螨病的病原是疥螨虫，患猪病因擦痒脱毛，皮肤增厚，病变部位遍及全身。在健病交界处刮取新鲜痂皮至出血为止，将痂皮放在黑纸或黑玻片上，并在灯头上微微加热，再在光亮处或日光下用扩大镜仔细检查可见活的疥螨虫在爬动。

1）平时加强饲养管理，搞好圈舍卫生，猪体应保持清洁，用具固定使用，以免传染。舍饲时应加强通风，同时密度不要过大。对病猪隔离治疗，全群检查。

2）治疗。

①用5%甲醛和1%苛性钠混合液处理病灶。

②0.2%高锰酸钾溶液使猪全身湿透，一般一次即可痊愈，重症可隔4天再重复用药1~2次。药液应现用现配，此法很有效。

③硫酸铜粉25克，凡士林75克，混合制成软膏涂于患处，每隔5天外用1次，2次即可收效。

④克霉唑癣药水或制霉菌素或灰黄霉素也可用于治疗猪皮肤真菌病。

二十九、猪霉菌性肺炎

霉菌是小型丝状真菌的通俗名称，属一类孢子分支菌丝的微生物，当猪吃了发霉的孢子即发病，先感染肺部致病，而后因霉菌毒素的作用导致出现消化道和神经症状。

以中猪的发病率和死亡率高，母猪和哺乳仔猪不发病。如哺乳仔猪开食和断乳仔猪饲喂发霉饲料，则发病率和死亡率都很高，发病多在开食后15~20天先补料后发病，而且多是体格大、膘情好的仔猪先发病先死亡。如果刮风使发霉的饲料中的大量孢子飞出，正值此时喂猪也可能会发病。

早期，呼吸迫促，腹式呼吸，鼻流浆性或黏性分泌物，多数体温升至40.5~41.5℃，呈稽留热，也有不升高的，随后减食或停食，渴欲增加，精神委顿，毛蓬乱，静卧一隅，不愿走动，强之行走，步态艰难，张口吸气。中后期多数下痢，小猪更重，粪稀腥臭（图5-140）。后躯有粪污，严重失水，眼球下陷，皮肤皱缩，急性病例5~7天死亡。亚急性10天左右死亡，少数可拖至30~40天。濒死猪体温降至常温以下。少数有侧头和反应性增高的神经症状，后肢无力，极度衰竭死亡。一般临死前耳尖、四肢和腹部皮肤出现紫斑。有些慢性病例病情虽逐渐好转，但生长缓慢，甚至能复发以致死亡。

病理变化

肺充血、水肿，间质增宽，充满浑浊液，切面流出大量带泡沫的血水，肺表面不同程度地分布肉芽样灰白或黄白色圆形结节，从针尖至粟粒大，少数绿豆大，以膈叶最多，节结触之坚实（图5-141）。鼻腔、气管充满白色泡沫；心包增厚、积水，心冠沟脂肪消失或变性，有如胶样水肿；胸腹水增多，血水样，接触空气凝成胶冻样；全身淋巴结不同程度水肿（肺门、股内侧、颌下显著），切面多汁，肠间淋巴结有干酪样坏死灶；肾表面有针尖大至胡椒大淤血点，其中央有针尖至粟粒大结节，胃黏膜有黄豆大纽扣状溃疡，棕黄色，有同心环状结构。下痢病猪的大肠有卡他性炎症，无出血；肝、脾肉眼不见异常。

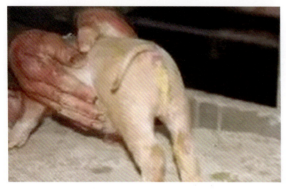
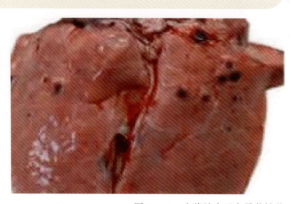

图5-140　患猪张口吸气，下痢，粪稀腥臭，后躯有粪污　　　　　　　　　　图5-141　患猪肺表面有霉菌结节

鉴别诊断

（1）猪霉菌性肺炎与猪瘟的鉴别　二者均表现体温高（40.5~41.5℃），呈稽留热，卧下不愿动，废食，中、后期下痢，皮肤发紫。但区别是：猪瘟的病原为猪瘟病毒。患猪不因吃发霉饲料而发病，鼻不流黏性鼻液，公猪尿鞘有浑浊异臭分泌物。剖检可见脾边缘有梗死灶，回盲瓣有纽扣状溃疡，肾表面、膀胱黏膜有密集小出血点，肠系膜淋巴结深红或紫红色。对家兔先肌注病猪的病料悬液，而后再注兔化猪瘟弱毒疫苗，6小时测温1次，如不发生定型热即是猪瘟。

（2）猪霉菌性肺炎与猪肺疫的鉴别　二者均表现体温高（40~41℃），乳性鼻液，呼吸迫促困难，后有下痢，皮肤有出血斑。但区别是：猪肺疫的病原为多杀性巴氏杆菌。患猪不因吃发霉饲料而发病。咽喉型咽喉、颈部红肿，流涎；胸膜肺炎型胸部叩诊疼痛、咳嗽加剧，犬坐犬卧。剖检全身黏膜、浆膜、皮下组织有出血，咽喉部周围组织有浆液浸润，肺肿大坚实，表面呈暗红色或灰黄红色，病灶周围一般均有淤血、水肿和气肿、切面有大理石花纹。气管支气管有黏液（不是泡沫），病料涂片染色镜检，可见卵圆形两极明显浓染的小球杆菌。

（3）猪霉菌性肺炎与猪副伤寒（猪沙门氏菌病）的鉴别　二者均表现体温高（（40~41℃），呼吸困难，后期下痢，耳、腹下皮肤有紫斑，消瘦。但区别是：猪副伤寒的病原为沙门氏菌。患猪不因吃发霉饲料而发病。因寒战而喜钻草窝并堆叠一起，眼有黏性脓性分泌物。少数有角膜炎。粪淡黄或灰绿色，含有血液和黏膜碎片，有恶臭。皮肤有痂样湿疹。剖检可见盲肠、结肠甚至回肠有坏死性肠炎，肠壁肥厚，黏膜上覆盖一层纤维素形成的假膜，揭开假膜为边缘不规则的溃疡面，底部红色。肝有细小灰黄色的坏死灶，脾肿大、呈暗蓝色，肠系膜淋巴结索状肿胀，部分干酪样变。用肝、脾、肾、肠系膜淋巴结涂片染色镜检，可见革兰阴性、两端椭圆或卵圆形不运动、不形成芽孢和荚膜的小杆菌。

（4）猪霉菌性肺炎与猪链球菌病的鉴别　二者均表现体温高（40.5~42℃），流鼻液，废食，呼吸困难，皮肤发红，剖检气管有大量泡沫，全身淋巴肿大，腹腔有积液等。但区别是：猪链球菌病的病原为链球菌。患猪眼潮红流泪，跛行，共济失调，磨牙，昏睡，转圈或四肢做游泳动作。剖检可见脾肿大1~3倍，暗红或蓝紫色，柔软而脆，少数边缘有梗死。肾肿大，充血，出血，呈黑红色（少数肿大1~2倍）。用病料涂片镜检，可见单个、成对短链、偶见有十个长链的革兰阳性球菌。

（5）猪霉菌性肺炎与猪棒状杆菌病的鉴别　二者均表现体温高（39.5~41.5℃），呼吸迫促，流鼻液，减食或停食，无蓬乱，口渴，耳、四肢、腹下有紫斑，喜卧。但区别是：猪棒状杆菌病的病原为棒状杆菌，多发生于母猪分娩后3~5天或28~33天，泌乳减少或停止，个别有单个或两个乳房发生炎性肿大、结节状脓肿。剖检可见肺表面有大小不一的出血斑，支气管有淡绿色或黄白色脓性分泌物，无异臭，有的肝表面和胸膜有脓肿，脾有的局部肿大或萎缩。用肺、脾、肝组织压片或脓汁涂片，用革兰或亚甲蓝染色，可见革兰阳性、无芽孢、无荚膜、呈多形性的细小杆菌、球菌或一端膨大呈棒状、纤细略弯或两端纤细的杆菌。

（6）猪霉菌性肺炎与猪弓形虫病的鉴别　二者相同点：体温高（40~42℃），呈稽留热，食欲废绝，流鼻液，严重时呼吸困难，皮肤有紫斑；剖检可见肺肿大，间质增宽，淋巴结有坏死灶，气管、支气管充满泡沫液体，肾有出血点等和病理变化。但区别是：猪弓形虫病的病原为弓形虫。患猪不因吃发霉饲料而发病。粪便多干燥，呈暗红色或煤焦油样。有的有咳嗽和呕吐，有眼眵，皮肤紫红斑与健康部位界限分明。母猪高热废食，精神委顿，昏睡几天后流产或产死胎。剖检可见胃黏膜有片状、带状溃疡，肠黏膜潮红、肥厚、糜烂和溃疡。肺切面流出泡沫液（不是泡沫血水），间质充满透明胶冻样物质，表面有出血点，无肉芽样结节。脾肿大，髓如泥。肝肿硬，呈黄褐色，切面有粟粒、绿豆、黄豆大灰白或灰黄色坏死灶。病料涂片可见半月形弓形虫。

防治措施

1）饲料或做饲料的谷类应保持干燥，避免受潮发霉，已发霉或结团的饲料不要喂猪。

2）处理发霉饲料在风扬时必须远离猪舍及饲料储存处，以免飞扬的孢子被吸入或采食后发病，已发现病猪后即停喂发霉饲料，并做适当治疗。

3）治疗。

①用0.02%煌绿糖水饮水，连用3天。

②0.025%煌绿或结晶紫，每千克体重0.5~1毫升分点肌肉注射，并加磺胺嘧啶每千克体重0.05~0.1克，加蒸馏水配成7%溶液肌肉注射或配成5%溶液静脉注，12小时1次，连用2~3天。

③用硫酸铜1：2000溶液作为饮料用，每头猪120~480毫升，每天1次，连用3~5天。

④用碘化钾0.5~2克配成0.5%~0.8%溶液，每天3次饮用。

⑤两性霉素B，每千克体重0.12~0.22毫克，用5%葡萄糖配成每毫升含0.1毫克的溶液缓慢静脉注射，每天1次，连用3~5天。

⑥用小诺霉素与地塞米松肌肉注射，12小时1次，同时用5%葡萄糖盐水加卡那霉素静脉滴注，每天1次，连用3天。或用庆大霉素、安乃近混合肌内射注，12小时1次，同时用5%葡萄糖盐水加卡那霉素静脉滴注，每天1次，连用3天。

三十、猪支原体性关节炎

猪支原体性关节炎是由猪滑液支原体引起的非化脓性关节炎，多发生于仔猪和架子猪，常侵害膝关节，有时可见于肩、肘、附关节以及其他关节。

流行特点

本病的感染和扩散的速度与群体密度及环境有关。在猪群中感染率为5%~15%，暴发时可达50%。

临床症状

病猪一肢或四肢跛行，膝关节肿胀疼痛，突然发生跛行，关节轻度肿胀，多侵害跗关节。站立时患肢提举不敢落地负重，重症者不能站立（图5-142）。体温升高至41~41.5℃，接着出现睾丸炎、关节炎和跛行等症状，急性跛行持续3~10天后逐渐好转。重症时，病猪因疼痛剧烈而不能站立。病程2~3周可康复，康复数月后跛行又可复发，体重40千克以上体关节液增多达2~20倍。

图5-142 患猪跛行、不能站立

病理变化

　　滑膜肿胀、水肿、充血，关节腔内有大量黄褐色或淡黄色滑液，渗出物以浆液纤维素性为特征，呈澄清稀薄或少变混浊，或浆液中含有较大块的纤维素薄片。亚急性感染时，滑膜黄色至褐色，充血、增厚，绒毛轻度肥大，关节滑膜囊呈浆液纤维素性或浆液出血性炎症，关节滑膜囊肿胀而有充血症状。慢性感染时滑膜增厚明显，可能见到血管翳形成，有时见到关节软骨溃烂。

鉴别诊断

　　（1）猪支原体性关节炎与猪鼻腔支原体病的鉴别　二者均表现体温稍高（不超过40℃），关节肿胀，跛行，剖检滑膜肿胀、充血。但区别是：猪鼻腔支原体病多于感染第三天、第四天发病，跗、膝、腕、肩关节同时肿胀。出现过度伸展，腹部及喉部发病，身体蜷曲。剖检有纤维素性心包炎、胸膜炎、腹膜炎，浆膜云雾状粘连。

　　（2）猪支原体性关节炎与慢性猪丹毒的鉴别　二者均表现体温升高（40~41℃），关节肿大，跛行。但区别是：慢性猪丹毒在出现慢性关节炎之前曾有高温（41℃~43℃），及败血症或疹块型的症状。剖检心瓣膜有灰白色血栓性菜花样增生物。采病料涂片镜检，可见猪丹毒杆菌并且用青霉素或抗猪丹毒血清治疗有效。

　　（3）猪支原体性关节炎与猪衣原体病的鉴别　二者均表现体温稍高（40~41.5℃），关节肿大，跛行；关节内有纤维素性渗出液等。但区别是：猪衣原体病和病原是衣原体，以母猪发病较多，仔猪多因胎内感染，出生后皮肤发绀寒颤，尖叫，吮奶无力，步态不稳、沉郁。严重时黏膜苍白，恶性腹泻。断奶前后常患心包炎、胸膜炎、支气管炎，咳嗽、气喘等。剖检可见关节周围水肿，关节液灰黄混浊，混有灰黄絮片。关节内质细胞、成纤维细胞和原核细胞中可看到衣原体原生小体和包涵体。

　　（4）猪支原体性关节炎与猪钙、磷缺乏症的鉴别　二者均表现体温升高，食欲减退，关节肿大，严重时不能站立。但区别是：钙、磷缺乏症患猪体温正常，吃食时多时少，并有吃鸡屎、煤渣、砖块、砂礓、啃墙等异嗜现象，吃食时无嚓嚓声，虽步行强拘而不显跛行。剖检内脏无明显变化。

　　（5）猪支原体性关节炎与猪链球菌性关节炎的鉴别　二者均表现体温升高，食欲减退，关节肿大。但区别是：猪链球菌性关节炎的病原是链球菌，多发于3周龄之内的仔猪，主要临床表现是病猪被毛粗乱，食欲减退或废绝，体温升高达41℃以上，运动时出现不同程度的跛行。局部检查，可见患部关节肿胀、增温而有压痛。一般常感染四肢末端关节。剖检可见关节滑膜腔内有多量脓性分泌物潴留。分泌物呈白色而浓稠，以后随病程经过转为慢性时，其分泌物则变为干酪样。

防治措施

　　1）平时加强饲养管理，搞好圈舍卫生，保持猪体清洁。舍饲时应加强通风，同时密度不要过大。对病猪隔离治疗，全群检查。

　　2）治疗。急性经过的病猪，于发病后第一天开始注射林可霉素，每天1次，连用3天。为减轻疼痛，可注射可的松，但只需注射1次，不能反复应用。

三十一、猪放线菌病

猪放线菌病又称大颌病，是一种人畜共患的非接触传染的慢性传染病，猪放线菌病的主要特征是在乳房部位形成特异性的肉芽肿和慢性化脓灶。

流行特点

常寄生在动物口腔、消化道及皮肤上的放线菌可经破损的皮肤和黏膜而感染，本病主要发生于人、牛、猪。其他家畜也可感染发病，其中猪常因乳头损伤而引起感染。

本病常呈散发，偶尔可呈地方流行性。

临床症状及病理变化

病菌主要侵染乳房，受侵染的乳房肿大、化脓和畸形。此外，亦可见到腭骨肿、颈肿、鬐甲肿及鬐甲瘘等（图5-143、图5-144）。

剖检时乳房等部位的病灶中可见针头大黄白色硫黄样颗粒状物（放线菌块）。

鉴别诊断

（1）猪放线菌病与猪淋巴结脓肿的鉴别　二者均表现皮肤出现肿胀，初较硬，食欲减退等。但区别是：猪淋巴结脓肿的病原是链球菌，多发生于颌下、耳下、颈部的淋巴结部位，肿胀有热痛，后期变软，针刺或自溃流脓，脓中无黄白色小颗粒。脓液涂片染色镜检，可见单个或双列的短链圆形或椭圆形球菌。

（2）猪放线菌病与猪坏死杆菌病（坏死性皮炎）的鉴别　二者均表现耳部、乳房先有结节（大者10厘米），质硬无热无痛，有痂皮等。但区别是：猪坏死杆菌病的病原是坏死杆菌。病患多发于体侧、臀部皮肤，破溃后流灰黄或灰棕色恶臭液体。在健病组织交界处取病料或培养物涂片，用石炭酸复红或亚甲蓝染色镜检，可见着色部分被几乎完全不着色的空泡分开形成串蛛状长丝形菌体或细小的杆菌。

防治措施

1）加强饲养管理，避免猪乳头及其他部位的损伤。

2）病猪的治疗可采取外科手术割除脓肿，然后用碘酊纱布填塞，伤口周围注射10%碘仿乙醚，或者用青霉素注射于患部周围，每日1次，连续5天1个疗程。

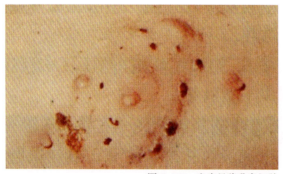

图 5-143　患病母猪乳房红肿

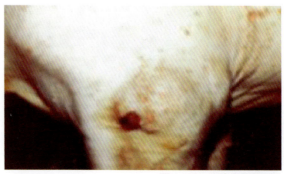

图 5-144　患猪肩胛部红肿

第六章
猪寄生虫病的鉴别诊断与防治

一、猪姜片虫病

猪姜片虫病，是一种由布氏姜片吸虫寄生小肠所引起的人畜共患寄生虫病。

布氏姜片吸虫，虫体外观似姜片（图6-1），背腹扁平，前端稍尖，后端钝圆，新鲜虫体呈肉红色，虫体大小常因肌肉收缩而变化很大，一般长20~75毫米，宽8~20毫米，厚2~3毫米。

图6-1　姜片吸虫

布氏姜片吸虫寄生于人和猪的小肠内，以十二指肠为最多。性成熟的雌虫与雄虫交配排卵后，虫卵随粪便排出体外，经2~4周孵出毛蚴，毛蚴在水中游动，遇到中间宿主——扁卷螺后侵入其中，发育为胞蚴、母雷蚴和子雷蚴，进一步发育为尾蚴。尾蚴离开螺体，附着在水浮莲、水葫芦、菱角、荸荠等水生植物上，脱去尾部，分泌黏液，形成灰白色、针状大小的囊蚴。猪采食了这样的植物而感染。囊蚴进入猪的消化道后，囊壁被消化溶解，童虫吸附在小肠黏膜上生长发育，经3个月左右发育为成虫。布氏姜片吸虫在猪体内寄生时间9~13个月，死后随粪便排出（图6-2）。

本病主要流行于我国长江流域以南地区，常呈地方性流行，各个品种、各种年龄的猪均可感染，人可共患，有时狗、兔也可感染。已感染的人、猪是本病的主要传染源，主要通过消化道感染。

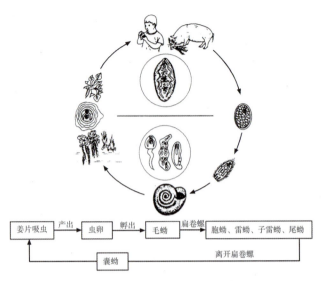

姜片吸虫 —产出→ 虫卵 —孵出→ 毛蚴 —扁卷螺→ 胞蚴、雷蚴、子雷蚴、尾蚴

囊蚴 ←———— 离开扁卷螺

图 6-2 布氏姜片吸虫发育图及图解

临床症状 患猪轻度感染时症状不明显，严重感染时食欲减退，消化不良，出现胃肠炎、胃溃疡症状，异嗜，生长缓慢，有的表现腹痛，粪中带有黏液及血液。患病后期出现贫血，病猪精神委顿，甚至死亡。

病理变化 剖检可发现姜片吸虫吸附在十二指肠及空肠上段黏膜上，肠黏膜有炎症、水肿、点状出血及溃疡。大量寄生时可引起肠管阻塞。

鉴别诊断

（1）猪姜片虫病与猪钙磷缺乏症的鉴别 二者均表现被毛粗乱、食欲不好、消瘦和生长缓慢等。但区别是：猪钙磷缺乏症表现为异嗜癖，吃食无咀嚼声，可见到小猪四肢弯曲，关节肿大，母猪产后20~40天出现产后瘫痪，叩诊肋骨呻吟。发病地域无南方和北方的界限，发病日龄也无明显的界限。

（2）猪姜片虫病与仔猪水肿病的鉴别 二者均表现精神沉郁、食欲不振、腹泻等。但区别是：仔猪水肿病多发于膘情好、断奶前后的仔猪，除了有水肿外，更主要的是病死率高，有游泳样的神经症状，水肿严重，胃和肠系膜也可见到明显的水肿。发病无地域的界限。粪便检查不见虫卵，剖检不见虫体。

防治措施

1）禁止粪尿流入池塘内，粪便必须经发酵后才能做肥料。

2）水生植物经青贮发酵后喂猪，不要让猪自由采食。

3）由于扁卷螺不耐干旱，故在流行地区，在秋末冬初的干燥季节，挖塘泥晒干，来杀灭螺蛳。

4）在本病流行地区，对猪群每隔2~3个月定期消毒1次。

5）治疗。

①兽用敌百虫，每千克体重0.1克，总重量不超过7克，口服。

②硫氯酚，每千克体重0.06~0.1克，猪体重在50~100千克以下的每千克体重用0.1克，体重超过100千克的则用0.06克。

二、猪华枝睾吸虫病

猪华枝睾吸虫病，俗称肝吸虫病，是由华枝睾吸虫寄生于人和猪的胆管和胆囊内所引起的人畜共患病。临床主要以肝脏病变为特征。

流行特点

华枝睾吸虫虫体扁平，半透明，淡红色，前端稍圆，后端钝圆，形似葵花子（图6-3、图6-4）。大小10~25毫米×3~5毫米；虫卵小，椭圆形，黄褐色，平均大小27~35微米×12~20微米，一端有卵盖，一端有一小突起，形似灯泡形，内含毛蚴。

华枝睾吸虫的发育需要两个中间宿主，第一中间宿主为淡水螺类，第二中间宿主为淡水鱼虾。

华技睾吸虫成虫在人、猪、犬等动物胆道内产卵，卵随胆汁流入肠道内，随粪便排到体外。落入水中，被第一中间宿主吞食后，在其体内孵化为毛蚴，再发育为胞蚴、雷蚴、尾蚴。成熟的尾蚴离开螺体，进入水中，钻到第二中间宿主的肌肉内发育为囊蚴。当带有成熟囊蚴的鱼虾被终末宿主吞食后，幼虫即在十二指肠内破囊而出，进入肝胆管内，经1个月左右发育为成虫。人感染该病与吃生鱼有关，在广东有吃生鱼粥、生鱼片等习惯，在内地，人们在野餐时有钓鱼烧着吃的习惯，这都可使鱼体内的囊蚴未被杀死而进入人体。猪感染多是由于人用生鱼虾作饲料而引起的（图6-5）。

临床症状

轻度感染，症状不明显。严重感染时，主要表现为消化不良，食欲减退，下痢，贫血，水肿，消瘦，轻度黄疸，甚至出现腹水，肝区叩诊有疼痛感，病程多为慢性经过，往往因并发其他疾病而死亡。

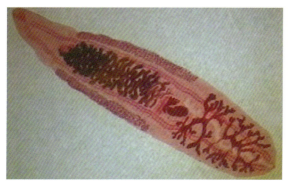

图6-3　华支睾吸虫成虫玻片染色标本

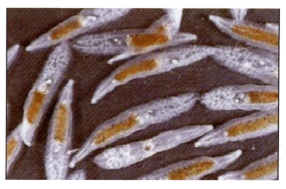

图6-4　华支睾吸虫成虫形态

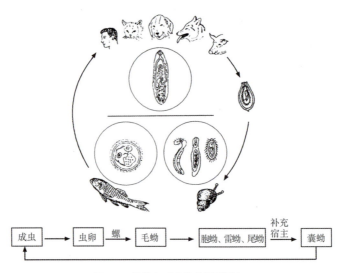

图 6-5　华枝睾吸虫发育图及图解

鉴别诊断

（1）猪华枝睾吸虫病与猪姜片虫病的鉴别　二者均表现被毛粗乱、食欲不好、消瘦、腹泻和生长缓慢等。但区别是：猪姜片虫病剖检可见虫体在十二指肠，虫体较大（长20~75毫米，宽8~20毫米）。十二指肠黏膜脱落呈糜烂状，肠壁变薄，严重时发生脓肿。

（2）猪华枝睾吸虫病与猪细颈囊尾蚴病的鉴别　二者均表现被毛粗乱、食欲不好、消瘦和生长缓慢等。但区别是：如果囊尾蚴进入肺和胸腔时，病猪表现呼吸困难和咳嗽，如果进入腹腔，可引起腹膜炎，有腹水，腹壁敏感。剖检可见肝脏表面和实质中及肠系膜。网膜上可见到大小不等的被结缔组织包裹着的囊状肿瘤样的细颈囊尾蚴。

防治措施

1）预防本病的关键是禁止饲喂生鱼虾饲料，管理好人、犬等动物的粪便，防止粪便污染水塘，禁止在鱼塘边建筑猪舍和厕所。

2）通过清理鱼塘淤泥，消灭第一中间宿主淡水螺类。另外，在本病流行地区，可对猪、犬等进行定期检查和驱虫，妥善处理其排泄物。

3）治疗。治疗本病常选用下列药物：

①吡喹酮：是首选的药物，剂量为每千克体重20~50毫克1次口服。

②六氯酚：每千克体重20毫克，1次口服，每日1次，连用3天。

③阿苯达唑：每千克体重30毫克，1次口服，每日1次，连用数天。

④六氯对二甲苯：每千克体重50毫克，1次口服，每日1次，连用10天。

三、猪绦虫病

猪绦虫病是由克氏伪裸头绦虫寄生于猪的小肠内引起的一种寄生虫病。

　　猪绦虫虫体扁平，带状，乳白色，长97~167厘米，由200多个节片组成，头节上有4个吸盘，无钩，颈长而纤细，每个成熟节片内含有一套生殖器官，睾丸24~43个，呈球形，不规则地分布于卵巢与卵黄腺两侧。生殖孔在体一侧中部开口，雄茎囊短，雄茎经常伸出生殖孔外，卵巢分叶，位于体节的中央部。卵黄腺为一实体，紧靠卵巢后部，孕节子宫呈线状，子宫内充满虫卵，卵呈球形，直径为51.8~110微米，棕黄色或黄褐色，内含有六钩蚴。

　　本病的传播须以昆虫赤拟谷盗为传播媒介。成虫寄生在猪的空肠等部位，孕节随粪便排出体外，被赤拟谷盗吞食，在赤拟谷盗体内经1个月左右发育为似囊尾蚴，猪吞食了被赤拟谷盗污染的饲料、饮水后，在猪的消化道内赤拟谷盗被消化，似囊尾蚴逸出，附着在空肠壁1个月后发育成成虫（图6-6）。如果这种赤拟谷盗进入厨房、卧室，污染食品、餐具等，被人误食后，可引起人体感染。据报道，褐家鼠在病原的传播上起重要作用。

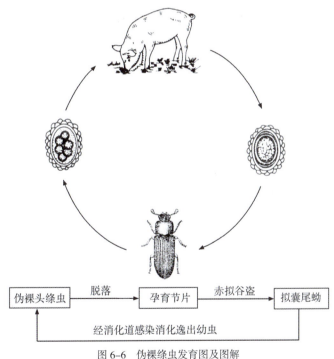

图 6-6　伪裸绦虫发育图及图解

　　轻度感染，无明显的临床症状。重度感染时，多表现为食欲不振，被毛粗乱，消瘦，腹泻，发育不良，虫体较多，甚至引起肠阻塞，可有阵发性腹痛、呕吐、厌食等症状，粪便中混有黏液，寄生部位的黏膜充血，细胞浸润、黏膜细胞变性、坏死、脱落及水肿。

鉴别诊断

（1）猪绦虫病与猪流行性腹泻的鉴别　二者均表现被毛粗乱、食欲不好、消瘦、腹泻和生长缓慢等。但区别是：猪流行性腹泻可感染各年龄组的猪，年龄较大的猪也可表现临床症状，而猪绦虫病在年龄较大的猪症状不明显。

（2）猪绦虫病与猪传染性胃肠炎的鉴别　二者均表现被毛粗乱、食欲不好、消瘦、腹泻和生长缓慢等。但区别是：猪传染性胃肠炎在各种年龄的猪均可发病，10日龄以内的仔猪病死率很高，较大的或成年猪症状较轻。而猪绦虫病轻度感染，无明显的临床症状。重度感染时，若虫体较多，可有阵发性腹痛、呕吐、厌食等症状。

防治措施

1）注意猪舍和饲料的清洁卫生，防止中间宿主的污染。

2）应注意饮食卫生，防止感染，定期给猪驱虫。猪粪堆积发酵，进行无害化处理后做肥料。

3）治疗。治疗可选用下列药物：

①比喹酮：每千克体重15毫克，1次注射，疗效很好。

②硫氯酚：每千克体重30~125毫克，混入饲料中喂服。

③硝硫氯醚：每千克体重20~40毫克，安全有效。

四、猪囊虫病

猪囊虫病是由人的有钩绦虫的幼虫寄生于猪体内所引起的寄生虫病。囊虫病人畜共患，其危害严重，直接影响人的身体健康，也给养猪生产带来一定的经济损失。

流行特点

有钩绦虫的幼虫（亦称囊虫）一般寄生在猪的肌肉组织，如咬肌、舌肌、心肌、膈肌、肋间肌、臀肌、腰肌、大腿肌最为多见，少数在脂肪和内脏器官也能见到。外观是白色半透明的囊状小泡，囊内有一个米粒大小的白点（囊虫头），因囊虫形状像磨米下来的米身子，或呈豆形，所以人们把患囊虫病的猪称为"米身子猪"或"豆猪"。成虫寄生在人的小肠内，寄生在人体小肠内的有钩绦虫，长2~7米，乳白色，呈扁平带状，分头节、颈节和体节，由800~1000个节片组成（图6-7）。

本病多为散发。有散养猪习惯、人无厕所的地区，猪囊虫病发病率较高，主要通过消化道感染，患绦虫病患者是主要传染源。

猪是有钩绦虫（亦称链状带绦虫）的中间宿主，成虫寄生在人的小肠内，虫体每一个孕卵节片内含3万~5

小钩
吸盘

头节

图6-7　有钩绦虫

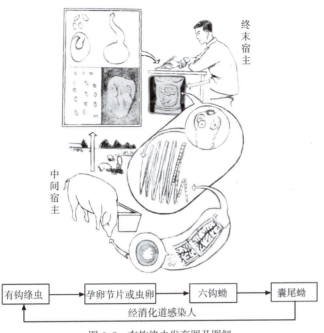

图6-8　有钩绦虫发育图及图解

万个虫卵，孕卵节片不断脱落，随人的粪便排出体外，一个病人1个月可排出200多个孕卵节片。当猪吞食被孕卵节片污染的饲料或病人粪便时。虫卵进入胃肠，在猪小肠内经24~72小时孵出幼虫钻入肠壁进入血液，通过血液循环到达全身各组织，在肌肉内经2个月左右发育成囊虫，当人吃了未经处理或没有煮熟的猪囊虫肉，或误食附在食品上的囊虫，经胃进入肠内，经2~3个月发育为成虫，又开始产卵，随粪便排出体外。这样人传给猪，猪又传给人，循环不已（图6-8）。

临床症状

　　患猪少量感染时，一般无明显症状，多量囊虫寄生时，猪表现消瘦，拉稀，贫血，水肿，视力减退，四肢僵硬，跛行，抽风，呼吸困难，并伴有短促咳嗽，声音嘶哑，出气打呼噜，肩膀宽，胸粗大，后身躯狭窄，呈"雄狮状"。检查眼睑和舌部，有白色半透明的囊虫结节，触之有波动感。

病理变化

　　严重感染猪的猪肉呈苍白色而湿润，在咬肌、舌肌、肋间肌、臀肌等处有高粱米粒大小的半透明囊泡（俗称"米身肉"或"豆肉"），泡内有小白点，即囊虫（图6-9~图6-11）。

图6-9　猪囊尾蚴

图6-10 肌肉内寄生的猪囊尾蚴

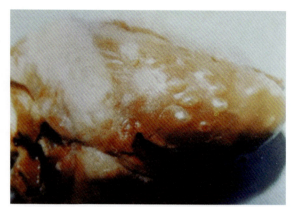

图6-11 寄生于心肌表面的猪囊尾蚴虫体

鉴别诊断

（1）猪囊虫病与猪旋毛虫病的鉴别 二者均表现眼泡肿大，肌肉坚硬，运动障碍，吃食吞咽、呼吸障碍，叫声嘶哑，虫体多寄生在膈肌、咬肌、舌肌、肋间肌等。但区别是：猪旋毛虫病的病原是旋毛虫。患猪前期有呕吐、腹泻，后期体温升高，触摸肌肉有痛感或麻痹，但不感到有结节。剖检剪取膈肌麦粒大小压片，肉眼可见有针尖大的旋毛虫包囊，末钙化的包囊呈露滴状半透明，比肌肉色泽淡（乳白色、灰白色或黄白色）。

（2）猪囊虫病与猪姜片吸虫病的鉴别 二者均表现贫血，水肿，生长受阻，垂头，步态蹒跚。但区别是猪姜片吸虫病的病原是姜片吸虫。患猪肚大股瘦，拉稀，眼结膜苍白。粪检有虫卵，剖检小肠上端因虫吸有淤点出血和水肿，有弥漫性出血点和坏死病变，并有虫体（如斜切姜片，成虫长20~75毫米，宽8~20毫米）。

防治措施

1）预防本病的根本措施是积极治疗绦虫病患者，消除传染源。

2）要做到人有厕所猪有圈，厕所和猪圈分开，防止猪吃到人的粪便，切断感染途径。

3）加强城乡肉品卫生检验，杜绝囊虫病猪肉上市。

4）治疗。

①吡喹酮，每千克体重50~80毫克，口服或以液体石蜡配成20%悬液，肌肉注射，每天1次，连用3天。

②阿苯达唑，每千克体重30毫克，每天1次，用药3次，每次间隔24~48小时，早晨空腹服药。

五、猪蛔虫病

猪蛔虫病是由蛔虫寄生于猪小肠中引起的寄生虫病。主要侵害3~6月龄的幼猪，导致猪生长发育不良或停滞，甚至造成死亡。

猪蛔虫是一种浅黄色圆柱状的大型线虫，形似蚯蚓，表面光滑，头尾两端较细（图6-12）。雄虫长15~25厘米，雌虫30~35厘米。蛔虫卵呈短椭圆形，黄褐色或淡黄色。

猪蛔虫的发育过程不需要中间宿主。成虫寄生在猪的小肠内，产卵后，卵随粪便排出体外，在适当的环境中，卵开始发育为幼虫，幼虫在卵内经过两次

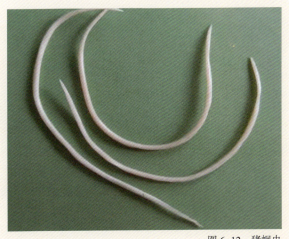

图 6-12　猪蛔虫

脱皮达到感染期阶段。当感染期幼虫卵随食物或饮水被猪吃入后，幼虫在小肠内钻出卵壳，侵入肠壁，随血液循环到达肝脏、心脏及肺脏，引起幼虫性肺炎，在猪咳嗽时，幼虫随痰液再一次进入胃肠道，并在小肠内停留下来，发育为性成熟的雄虫和雌虫。雌虫与雄虫交配后受精产卵，一条雌虫一昼夜可产卵10万~25万个，一生可产卵3000万个（图6-13）。

本病广泛流行于各类猪场，一年四季均可发生，各种年龄的猪均可感染，尤其是3~6月龄的幼猪易感性高，症状明显。病猪和带虫猪是本病的传染源，主要通过消化道感染。在卫生条件差，饲料不足或品质差，缺乏微量元素或维生素，体质弱或者拥挤的猪群最易发生。饮水不洁，母猪乳房污染均可增加仔猪的感染机会。

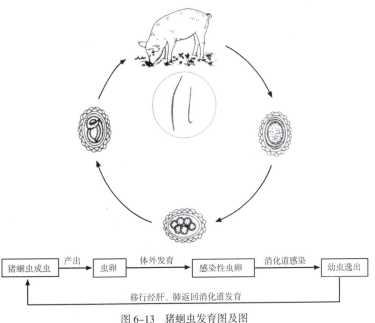

图 6-13　猪蛔虫发育图及图

临床症状

　　幼猪症状较成年猪明显。蛔虫在小肠内大量寄生时，患猪逐渐消瘦贫血，生长发育缓慢，被毛粗乱，食欲变化无常，腹泻便秘交替出现，有时由肛门、口腔排出蛔虫（图6-14）。如果寄生虫体过多时，活虫互相缠绕成团，阻塞肠管，造成严重腹痛，甚至引起肠破裂。

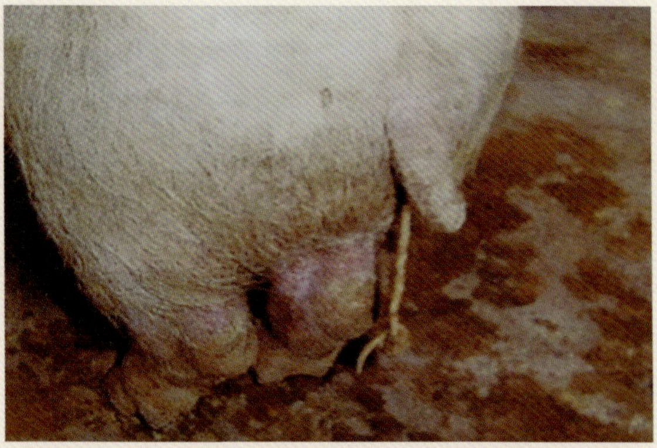

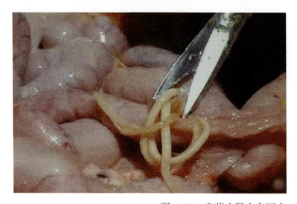

图6-14　蛔虫从猪肛门处排出

　　有时虫体钻入胆管，引起胆管阻塞出现腹痛和黄疸症状。在幼虫停于肺内期间可引起肺炎，表现为体温升高，精神不振，食欲减退，咳嗽，呼吸困难，有时呕吐。

病理变化

　　幼虫移行过程中的主要病变在肺脏和肝脏。初期呈肺炎病变，肺组织致密，表面有大量出血点或暗红色斑点，可分离获得大量幼虫。肝脏表面有大小不等的白色斑纹。小肠内有大量成虫寄生，肠黏膜呈卡他性炎症、出血或溃疡，肠破裂时可见腹膜炎症和腹膜出血。肠淋巴结节肿大出血。蛔虫少量寄生时，肠道无明显变化，有时可在胃、胆管、胰脏内查获虫体（图6-15~图6-17）。

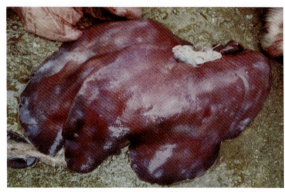

图6-15　患猪小肠内有蛔虫

图6-16　蛔虫在肝表面上的移行斑

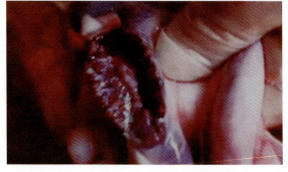

图6-17　患猪肠系膜淋巴结肿大、出血

（1）猪蛔虫病与猪流行性腹泻的鉴别　二者均表现被毛粗乱、食欲不好、消瘦、腹泻和生长缓慢。但区别是：猪流行性腹泻的病原是猪流行性腹泻病毒，可感染各年龄组的猪，年龄较大的猪也可表现临床症状，而猪蛔虫病在年龄较大的猪症状不明显。

（2）猪蛔虫病与猪传染性胃肠炎的鉴别　二者均表现被毛粗乱、食欲不好、消瘦、腹泻和生长缓慢。但区别是：猪传染性胃肠炎的病原是冠状病毒，各种猪均可发病，10日龄以内的仔猪病死率很高，较大的或成年猪几乎没有死亡。而猪蛔虫病在3~6月龄幼猪症状严重，可表现呼吸困难，深咳，伴有口渴、流涎、呕吐、腹泻症状，病猪不愿走动，多喜躺卧，可经1~2周好转或逐渐虚弱、死亡。

（3）猪蛔虫病与猪肺丝虫病（后圆线虫病）的鉴别　二者均表现咳嗽，呼吸快，眼结膜苍白。但区别是：猪肺丝虫病的病原是肺丝虫。患猪咳嗽时多发生痉挛咳嗽，一次能咳40~60声。没有异嗜、呕吐、拉稀、磨牙等消化道症状。剖检支气管有成虫体。

（4）猪蛔虫病与猪钙、磷缺乏症的鉴别　二者均表现食欲时好时坏，异嗜，生长缓慢。但区别是：猪钙、磷缺乏症小猪患病后骨骼变形，步态强拘，吃食咀嚼无声。

防治措施

1）在蛔虫流行的猪场，每年春秋两季对全群猪只各驱虫1次，特别对断奶后到6月龄的仔猪，应驱虫1~3次，妊娠母猪在产前3个月驱虫。

2）加强饲养管理，对断奶仔猪应给予富含维生素和多种微量元素的饲料，以增加抵抗力，同时大小猪只宜分群饲养。

3）猪舍及用具应定期消毒，可用2%~5%热碱水（65℃以上），生石灰、5%~10%石炭酸均可杀灭虫卵。

4）保持饲料、饮水清洁，严防被猪粪污染。猪粪和垫草清除出舍后，应堆积发酵。

5）治疗。

①左旋咪唑，每千克体重4~6毫克，肌肉注射，或每千克体重8毫克，口服。

②阿苯达唑，每千克体重10毫克，拌入饲料喂服。

③奥苯达唑，每千克体重10毫克，拌入饲料喂服。

④枸橼酸哌哔嗪（驱蛔灵），每千克体重0.3克，拌入饲料喂服。

六、猪旋毛虫病

猪旋毛虫病，是一种由旋毛虫成虫寄生于小肠、幼虫寄生于横纹肌而引起的人畜共患寄生虫病。

旋毛虫是一种纤细的小线虫，成虫为白色，前细后粗（图6-18），肉眼勉强可以看见。成虫长1.4~1.6毫米。雌虫长3~4毫米。

本病存在着广大的自然疫源，多种哺乳动物可以感染，其中以肉食动物、杂食动物常见。本病流行有很强的地域性，往往在一个省多集中分布于某个地区，同一乡的各村间可有无感染到严重感染的差异，形成了疫源点内恶性循环和随疫源的流动而向外散播。

旋毛虫为多寄主寄生虫，其成虫寄生于宿主的小肠，幼虫寄生于同一宿主的肌肉。当人或动物吃了含有旋毛虫幼虫包囊的肉后，包囊被消化，幼虫逸出钻入十二指肠和空肠黏膜内，经1.5~3天即发育为成虫。性成熟的雄雌虫交配后，雄虫死亡，雌虫钻入肠腺或黏膜下淋巴间隙中产幼虫。大部分幼虫经肠系膜淋巴结到达胸导管，进前腔静脉流入心脏，然后随血流散布全身，横纹肌是旋毛虫幼虫最适宜的寄生部位，其他如心肌、肌肉表面的脂肪，甚至脑、脊髓中也曾发现过虫体。刚进入肌纤维的幼虫是直的，随后迅速发育增大，经7~8周逐渐卷曲形成包囊，约6个月后包囊增厚，囊内发生钙化。钙化后幼虫的感染力下降，包囊内幼虫生存时间由数年到25年（图6-19）。

雄虫

雌虫

旋毛虫形态

图6-18 猪旋毛虫

图6-19 旋毛虫发育图及图解

临床症状

猪对旋毛虫寄生有很大耐受力，少量感染时无症状。严重感染时，通常在3~5天后体温升高，腹泻，腹痛，有时呕吐，食欲减退，后肢麻痹，长期卧睡不起（图6-20），呼吸减弱，发声嘶哑，有的眼睑和四肢水肿，肌肉发痒，疼痛，有的发生强直性肌肉痉挛，死亡很多，多于4~6周后康复。

图6-20 患猪后肢麻痹，长期卧睡不起

病理变化　　成虫引起肠黏膜损伤，有出血、黏液增加，幼虫引起肌纤维纺锤状扩展，随着幼虫发育和生长，其周围逐渐形成包囊，病久后包囊钙化。

鉴别诊断　　（1）猪旋毛虫病与猪囊虫病的鉴别　二者均表现眼泡肿胀，咀嚼、吞咽困难，叫声嘶哑，肌肉僵便，运动障碍。但区别是：猪囊虫病的病原是囊虫，患猪表现为大腮，耳后宽，肩、臀肥大，腰部较细，显得体形不够一致。舌下可见到半透明米粒状包囊。剖检可见肌肉苍白而湿润，肌肉中可见到米粒大到豌豆大的囊尾蚴。

（2）猪旋毛虫病与猪水肿病的鉴别　二者均表现食欲减退、精神不振、运动障碍。但区别是：猪水肿病的病原是致病性大肠埃希菌，主要发生于膘情好的断奶前后的仔猪，呈散发，出现症状的病猪几乎全部死亡。在眼睑、颊部、腹部和颈部均可见到皮下水肿，肌肉震颤，抽搐，出现盲目前进及转圈运动。剖检可见胃黏膜充血，水肿，黏膜下有胶陈样浸润，水肿厚度程度严重的可达2~3厘米。从小肠和肠淋巴结中可以分离出致病性大肠埃希菌。

防治措施　　1）加强猪群的饲养管理，改散养方式为圈养方式，搞好猪场的清洁卫生，防止猪吃患病动物的尸体、粪便和内脏，禁止用未经处理的泔水及肉屑喂猪。加强猪场内灭鼠工作。

2）加强屠宰场及集市肉品的兽医卫生检验，严格按《肉品卫生检验试规程》处理带虫肉（高温、加工、工业用或销毁）。

3）提倡熟食，改变生食肉类的习惯，对制作的一些半熟风味食品的肉类要做好检查工作。厨房用具应生、熟分开，不能混用，并注意经常清洗和消毒，养成良好的卫生习惯，防止寄生虫病的感染。

4）治疗。

①噻苯达唑，每千克体重50~100毫克，1次口服，连用5~10天。

②阿苯达唑，每千克体重100毫克，1次口服，连用5~7天。

③康苯咪唑，每千克体重20毫克，1次口服，连用5~7天。

七、猪食道口线虫病

　　猪食道口线虫病又称猪结节虫病，是由圆形科有齿食道口线虫、长尾食道口线虫、短尾食道口线虫、乔治亚食道口线虫、瓦氏食道口线虫（尤以有齿和长尾食道口线虫为常见）等寄生于结肠内所引起的线虫病，因幼虫在肠壁引起结节，故称猪结节虫病（图6-21、图6-22）。

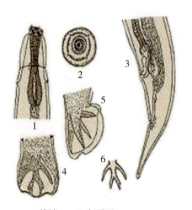

1.前端　　2.头顶面
3.雌虫尾端　4.交合伞背面
5.交合伞侧面　6.背肋
图6-21　有齿食道口线虫

图6-22　从猪结肠壁剥离下的结节虫

流行特点

有齿食道口线虫雄虫长8~9毫米，雌虫长8~11毫米，尾长0.117~0.374毫米。长尾食道口线虫雄虫长6~8.5毫米，雌虫8~9.5毫米，尾长0.31~0.51毫米。成虫排的卵（卵平均长75微米、宽43微米）随猪粪排出时已在分裂阶段，经24~48小时孵出幼虫，3~6天内蜕皮两次达第三期幼虫，具有感染性。感染性幼虫可在一般状态下活10个月，可抵抗寒冷。猪到处觅食，幼虫可随青草、饲料进入猪体。当猪摄入20小时后，幼虫在大肠黏膜下形成结节，再次蜕皮，5~6天后第四期幼虫返入肠腔，再蜕皮发育至性成熟期。自幼虫进入猪体至成虫排卵需50~53天。

感染性幼虫可以越冬，放牧时在清晨、雨后和多露时易感染，潮湿和不换垫草的猪舍感染也较多。

临床症状

患猪食欲不振，便秘，有时下痢，高度消瘦，发育障碍。发生细菌感染时，则发生化脓性结节性大肠炎（图6-23）。

病理变化

幼虫在大肠黏膜下形成结节，结节周围有炎症。有齿食道口线虫引起的结节较小，直径约1毫米，长尾食道口线虫所致的结节直径可达6毫米以上，高出黏膜表面，有时回肠也有结节，局部肠壁增厚，黏膜充血，肠系膜肿胀，肉眼可见黏膜上的黄色小结节（图6-24~图6-26），破裂形成溃疡。如结节向浆膜破裂，则形成腹膜炎。也有幼虫进入肝脏，形成包囊。幼虫死亡，可见坏死组织。

鉴别诊断

（1）猪食道口线虫病与猪姜片吸虫病的鉴别　二者均表现食欲不振，消瘦，贫血，下痢。但区别是：猪姜片吸虫病的病原是姜片吸虫。患猪多以采食水生植物而感染。剖检可见小肠黏膜脱落呈糜烂状，并可发现虫体。

图 6-23 患猪消瘦、拱背

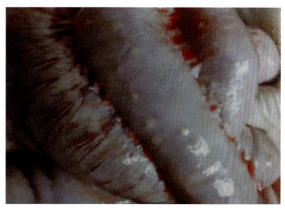

图 6-24 患猪结肠壁上有结节虫突起

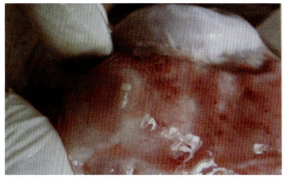

图 6-25 患猪结肠壁上有虫体，肠壁出血

图 6-26 肠黏膜上有结节虫结节

（2）猪食道口线虫病与猪华枝睾吸虫病的鉴别　二者均表现食欲不振，消瘦，贫血，下痢。但区别是：猪华枝睾吸虫病病原是华枝睾吸虫。患猪多因吃生鱼虾而感染。有轻度黄疸。剖检可见胆囊肿大，胆管变粗，胆管和胆囊内有很多虫体和虫卵。

（3）猪食道口线虫病与猪棘头虫病（钩头虫病）的鉴别　二者均表现食欲减退，消瘦，贫血，下痢，生长迟缓。但区别是：猪棘头虫病的病原是巨吻棘头虫。患猪腹痛、有时有血便、虫头穿透肠壁则体温可升至41℃。剖检可发现虫体呈乳白或淡红色，长圆柱形，前部稍粗，后部较细，体表有横纹，雄虫长7~15厘米，雌虫长30~68厘米。

防治措施

1）加强饲养和环境卫生管理，保持猪舍及场地的干燥。

2）每年春、秋两季各做1次预防性驱虫，猪粪应堆积发酵消灭虫卵，保持饲料、饮水清洁，防止被幼虫污染。不在低洼潮湿牧场放牧，发现病猪迅速治疗。

3）治疗。

①群体治疗：每1000千克饲料添加20%地美硝唑2千克+左旋咪唑（或伊维菌素）说明书剂量+10%泰乐磺胺二甲嘧啶4千克+10%多西环素1千克，连续应用1周即可。

②个体治疗：肌肉注射恩诺沙星同时灌服左旋咪唑+甲硝唑片，2次治愈。

八、猪胃线虫病

猪胃线虫病，是一种由螺咽胃虫寄生在猪胃内引起的寄生虫病。

本病的病原体是螺咽猪胃虫，为一种线虫，虫体淡红色，雄虫长4~7毫米，雌虫长5~10毫米，虫卵卵壳较厚，外有一层不平整的薄膜，内含幼虫（图6-27）。

螺咽胃虫成虫寄生于猪的胃内。性成熟的雌虫与雄虫交配排卵后，虫卵随粪便排出体外，被食粪甲虫吞食后在其体内发育为感染期幼虫，猪在吞食这些甲虫后而遭感染。

本病流行比较广泛，全国各地均有发生，感染发病无季节性，但春、夏、秋季多发。各种年龄的猪均可感染，幼龄猪易感性高。病猪和带虫猪是本病的传染源，主要通过消化道感染。

螺咽猪胃虫成虫寄生于猪的胃内。性成熟的雌虫与雄虫交配排卵后，虫卵随粪便排出体外，被食粪甲虫吞食后在其体内发育为感染期幼虫，猪在吞食这些甲虫后而遭感染。

图 6-27　感染猪胃内的线虫

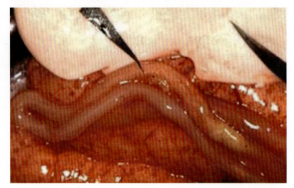
图 6-28　患猪胃黏膜水肿

轻度感染时往往不呈现症状，严重感染时，患猪表现食欲减退，渴欲增加，生长缓慢，消瘦，贫血，呕吐，急性或慢性胃炎。

胃内黏液很多，寄生部位黏膜红肿或覆盖假膜，虫体游离在胃内或部分深藏在胃黏膜内（图6-28）。

（1）猪胃线虫病与猪胃溃疡的鉴别　二者均表现贫血，排带血色黑粪，有时胃痛。但区别是：猪胃溃疡为普通病，多因运输、拥挤、饥饿，长期饲喂过细饲料而发病，病初磨牙、腹痛不安、经常呕吐。剖检可见贲门周围及胃底部有边缘整齐、大小不等的溃疡或糜烂。无虫体。

（2）猪胃线虫病与猪棘头虫病（钩头虫病）的鉴别　二者均表现贫血、腹痛，生长发育迟缓，粪便带血，贫血。但区别是：猪棘头虫病的病原是巨吻棘头虫。患猪下痢，剖检可见空肠有黄色或深红色豌豆大结节，可发现较大的虫体，雄虫长7~15厘米，雌虫长30~68厘米，体表有横纹。

防治措施

1）对猪群定期进行驱虫，圈舍保持清洁干燥，粪便堆积发酵，消灭虫卵。

2）改养猪放牧方式为舍饲方式，防止猪吃到甲虫。

3）治疗。

①左旋咪唑，每千克体重7~8毫克，1次口服或肌肉注射。

②丙硫苯咪唑，每千克体重10~15毫克，混入饲料中口服。

③兽用敌百虫，每千克体重0.1克，总重量不超过7克，口服。

九、猪肺丝虫病（猪后圆线虫病）

猪肺丝虫病，又称猪后圆线虫病，是由后圆属线虫（图6-29）在猪肺支气管内引起的寄生虫病。

流行特点

本病的病原体是猪后圆线虫，有3种，最常见的为长刺后圆线虫，寄生于猪的支气管和细支气管内。虫体呈乳白色细丝状，雄虫长12~26毫米，交合刺2根，丝状，长达35毫米；雌虫长达20~51毫米。

本病流行比较广泛，往往造成地方性流行。一年四季均可发生，但夏秋季多发。各种年龄的猪均可感染，幼龄猪易感性高，侵害严重。病猪和带虫猪是本病的传染源，主要通过消化道感染。

图 6-29　患猪支气管内的后圆线虫

蚯蚓是猪肺丝虫的中间宿主。成虫寄生于猪的支气管和细支气管内，产卵后虫卵在猪咳嗽时咳出，或随痰吞下进入消化道，再随粪便排出体外。当虫卵或幼虫被蚯蚓吞食后，在蚯蚓体内经10~20天发育成感染幼虫。猪吞食这样的蚯蚓，在消化道内被消化，幼虫脱离蚯蚓钻入肠壁，经淋巴、血液循环到肺，最后在支气管发育为成虫。猪从吞食含感染性幼虫的蚯蚓到肺内发育为成虫需25~35天（图6-30）。

临床症状

患猪轻度感染时症状不明显，严重感染时，主要症状是咳嗽，尤其是早晚和剧烈运动时表现明显，病猪精神委顿，食欲不振，日渐消瘦，毛焦无光，呼吸困难。严重感染时，发出强力阵咳，一次能咳40~60声，咳嗽停止时随即表现吞咽动作（咽下痰、虫体和虫卵），眼结膜苍白，流鼻液，肺部有啰音。特别严重的病例，发生呕吐，腹泻，最后极度衰竭、窒息而死亡。

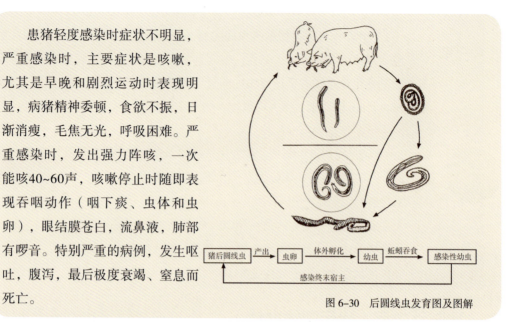

图 6-30　后圆线虫发育图及图解

病理变化

剖检时主要病变发生在肺，病变处呈灰白色隆起，界线明显，支气管内有多量成团的虫体和黏液（图6-31、图6-32）。

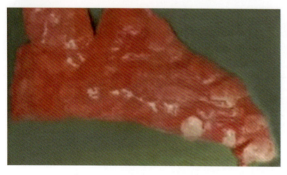

图 6-31　患猪肺表面呈灰白色隆起

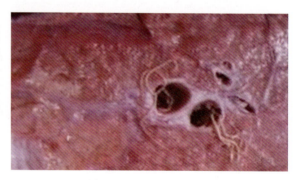

图 6-32　患猪肺支气管内有大量虫体和黏液

鉴别诊断

（1）猪肺丝虫病与猪气喘病的鉴别　二者均表现精神委顿，食欲不振，消瘦，咳嗽，呼吸困难。但区别是：猪气喘病虽然有咳嗽，但不是激烈长时间咳嗽，眼结膜发绀不苍白。一般天气变化容易引起咳嗽，驱赶等应激因素可以使咳嗽加重。剖检可见肺脏呈对称的肉样变，或虾肉样变，支气管内无虫体。

（2）猪肺丝虫病与猪气管炎的鉴别　二者均表现精神委顿，食欲不振，消瘦，咳嗽，呼吸困难。但区别是：猪气管炎患猪体温不高，不发生阵发性咳嗽。剖检可见支气管黏膜充血，有黏液，黏膜下水肿，气管、支气管内无虫体。

（3）猪肺丝虫病与猪蛔虫病的鉴别　二者均表现精神委顿，食欲不振，咳嗽，咳嗽后有吞咽动作，呼吸增速。但区别是：猪蛔虫病无痉挛性咳嗽，有时有呕吐、下痢，有时能呕出虫体。

防治措施

1）对猪群定期进行驱虫，圈舍保持清洁干燥，粪便堆积发酵，消灭虫卵。

2）改养猪放牧方式为舍饲方式，防止猪吃到野生蚯蚓。

3）治疗。

①左旋咪唑，每千克体重7~8毫克，1次口服或肌肉注射。

②丙硫苯咪唑，每千克体重10~15毫克，混入饲料中口服。

③伊维菌素，每千克体重0.3毫克，1次皮下注射。

④枸橼酸乙胺嗪，每千克体重100毫克，混入10毫升水中，皮下注射，每天1次，连用3天。

⑤对肺炎严重的病例，应在驱虫的同时，应用青霉素、链霉素等注射，以改善肺部状况，迅速恢复健康。

十、猪毛首线虫病

猪毛首线虫病，又称猪鞭虫病，是由猪毛首线虫（图6-33）寄生在猪肠道内引起的寄生虫病。

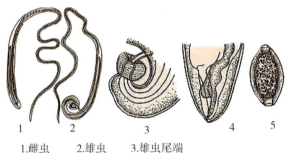

1.雌虫　　2.雄虫　　3.雄虫尾端
4.雌虫尾端　　5.虫卵

图 6-33　猪毛首线虫

流行特点

猪毛首线虫为一种乳白色线虫，虫体很明显地分成两部分，头部细长，尾部粗短，虫体外观像一条鞭子，故又称猪鞭虫病。雄虫尾端呈螺旋状卷曲，体长39~40毫米；雌虫尾直，末端呈圆形，体长40~50毫米。

猪毛首线虫成虫寄生于猪的盲肠内。性成熟的雌虫与雄虫交配排卵后，虫卵随粪便排出体外，在适宜的条件下，经20~30天发育成有侵袭性的虫卵，然后通过猪吃食、饮水、掘地进入猪的消化道，在肠道内幼虫逸出，钻入盲肠黏膜深处，约经1.5个月发育为成虫。

本病一年四季均可发生，但夏秋季多发。各种年龄的猪均可感染，幼龄猪易感性高，2~4月龄猪易感染受害，4~6月龄感染率最高，以后易感性逐渐下降。病猪和带虫猪是本病的传染源，主要通过消化道感染。本病常与其他蠕虫，特别是蛔虫混合感染（图6-34）。

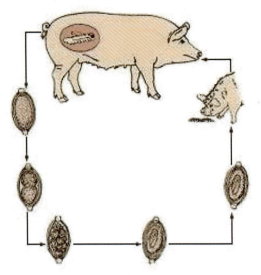

图 6-34 猪毛首线虫发育图及图解

图 6-35 猪毛首线虫寄生在盲肠，寄生部位肠黏膜溃疡

临床症状

　　轻度感染时无临床症状，严重感染（虫体达数千条）时，患猪表现日渐消瘦，被毛粗乱，贫血，结膜苍白，顽固性下痢，粪便中带有血丝。随着下痢的发生，患猪瘦弱无力，步行摇晃，食欲消失，渴欲增加，最后衰弱而死。

病理变化

　　在大肠尤其是盲肠中可见到大量虫体。虫体寄生部位周围，有带血黏液，盲肠和结肠溃疡，并形成肉芽样结节（图6-35）。

鉴别诊断

　　（1）猪毛首线虫病与仔猪缺铁性贫血的鉴别　二者均表现精神委顿，日渐消瘦，被毛粗乱，贫血，结膜苍白等。但区别是：仔猪缺铁性贫血多于生后8~9天出现贫血症状，以后随着年龄增大贫血逐渐加重。表现被毛粗乱，皮肤及可视黏膜淡染甚至苍白，精神不振，食欲减退，离群伏卧，呼吸加快，消瘦，生长不均匀。易继发下痢或与便秘交替出现，腹蜷缩，异嗜，衰竭，血液色淡而稀薄，不易凝固。剖检可见肝肿大，脂肪变性呈淡灰色，肌肉淡红色。

　　（2）猪毛首线虫病与猪坏死性肠炎的鉴别　二者均表现精神委顿，日渐消瘦，腹泻等。但区别是：猪坏死性肠炎的病原是坏死杆菌，有传染性。哺乳仔猪至成年猪均有发生，特别是2~5月龄的猪多发。主要表现精神不振，食欲减退，严重腹泻，生长停滞，体重减轻，被毛粗乱，如果病程延长，将会排出黑色焦油样的粪便至明显血样，以后逐渐变淡，特征性厌食，即对食特好奇，但又不吃。

　　（3）猪毛首线虫病与猪胃肠卡他的鉴别　二者均表现精神委顿，日渐消瘦，腹泻等。但区别是：猪胃肠卡他表现食欲减退，咀嚼缓慢。体温多半无变化，常有呕吐或逆呕，渴欲强而贪饮，饮后又吐，粪干，眼结膜黄染，口臭。继而肠音增强，病猪时时努责排稀粪。粪中常夹杂黏液或血丝，最后甚至直肠脱出，稀粪污染肛门、后股和尾部。

（4）猪毛首线虫病与猪姜片吸虫病的鉴别　二者均表现精神不振，眼结膜苍白，贫血，毛粗乱，食欲减少，拉稀，行走摇摆等。但区别是：猪姜片吸虫病的病原是布氏姜片吸虫。患猪肚大股瘦，眼睑、腹下水肿，剖检可见小肠黏膜脱落呈糜烂状，姜片吸虫多寄生于小肠。

（5）猪毛首线虫病与猪华枝睾吸虫病（肝吸虫病）的鉴别　二者均表现食欲减少，贫血，消瘦，下痢等。但区别是：猪华枝睾吸虫病的病原是华枝睾吸虫。患猪多因吃生鱼虾而发病。剖检可见胆囊肿大，胆管变粗，胆管胆囊内有很多虫体。

（6）猪毛首线虫病与猪棘头虫病（钩头虫病）的鉴别　二者均表现食欲减退，贫血，消瘦，下痢等。但区别是：猪棘头虫病的病原是巨吻棘头虫，一般8~10月龄猪才感染（吃了金龟子的幼虫蛴螬才感染），虫体如穿透肠壁，体温可升至41℃。剖检可见呈乳白色或淡红色、长圆柱形、体表有横纹、体长7~15厘米的雄虫或30~68厘米的雌虫。

（7）猪毛首线虫病与猪食道口线虫病（结节虫病）的鉴别　二者均表现食欲不振，消瘦，贫血，下痢等。但区别是：猪食道口线虫病的病原是食道口线虫，患猪剖检可见；幼虫在大肠黏膜下形成结节，结节周围有炎症，由齿食道线虫引起的结节直径为1毫米，长尾食道口线虫的结节为6毫米，肉眼可见结节为黄色，破裂时形成溃疡。有时回肠也有结节。

（8）猪毛首线虫病与猪球虫病的鉴别　二者均表现食欲不振，毛粗乱，腹泻，消瘦等。但区别是：猪球虫病的病原是球虫。患猪间歇腹泻，粪稀中不带血液。直肠采粪经系列处理后镜检，可见含有孢子的卵囊。

诊断重点　如果临床上出现慢性腹泻，病猪日渐瘦弱，剖检肠道内发现存有多量白色鞭虫虫体时即可临床认定本病。

防治措施

1）在本病流行的猪场，每年春秋两季对全群猪只各驱虫1次，特别对断奶后到6月龄的仔猪，应驱虫1~3次，妊娠母猪在产前3个月驱虫。

2）加强饲养管理，对断奶仔猪应给予富含维生素和多种微量元素的饲料，以增加抵抗力，同时大小猪只宜分群饲养。

3）猪舍及用具应定期消毒，可用2%~5%热碱水（65℃以上），生石灰、5%~10%石炭酸均可杀灭虫卵。

4）保持饲料、饮水清洁，严防被猪粪污染。猪粪和垫草清除出舍后，应堆积发酵。

5）治疗。

①群体治疗：大群混饲伊维菌素-阿苯达唑驱虫药合剂每吨料1.5千克+10%新霉素2千克即可。

②个体治疗：

左旋咪唑：每千克体重4~6毫克，肌肉注射，或每千克体重8毫克，口服。

阿苯达唑：每千克体重10毫克，拌入饲料喂服。

奥苯达唑：每千克体重10毫克，拌入饲料喂服。

枸橼酸哌哔嗪（驱蛔灵）：每千克体重0.3克，拌入饲料喂服。

十一、猪肾虫病

猪肾虫病，是由有齿冠尾线虫寄生的猪的肾脏内或肾周围脂肪和输尿管壁而引起的寄生虫病。

流行特点

猪肾虫是一种形似火柴杆的粗硬线虫（图6-36），呈暗红色，口囊发达，雄虫长20~30毫米，雌虫长30~45毫米。虫卵较大，卵壳很薄，呈长椭圆形，灰黑色，卵内有几十个卵细胞。

猪肾虫成虫寄生在猪的肾盂、肾周围脂肪和输尿管壁等处所形成的包囊中。包囊与输尿管相通，虫卵随尿液排出，在外界3~5天后成为感染性幼虫。幼虫经猪的口和皮肤进入其体内。经口感染时，幼虫从胃壁经门静脉到肝脏；经皮肤感染时，幼虫随血液到肺脏，再到肝脏；幼虫在肝脏内约两个月，再穿过肝表膜进入腹腔，最后到达肾脏及周围组织，寄生发育为成虫，幼虫在猪体内发育为成虫的过程约需4个月时间。

本病多发于热带和亚热带地区，常呈地方性流行。

图6-36　猪肾虫

临床症状

患猪食欲不振，猪体消瘦，即使轻度感染时也妨碍生长。感染初期，皮肤上可见到炎症和结节，局部淋巴结肿胀，背部拱起，腰部软弱无力。本病常引起患猪后肢无力，走路时后躯左右摇摆，喜爱躺卧（图6-37）。严重病例，尿中带有白色黏稠块状物和脓液，母猪不孕或流产。哺乳母猪泌乳量减少或缺乏，甚至死亡。

图6-37　患猪走路摇摆，喜爱躺卧

病理变化

尸体消瘦，皮肤上有丘疹和小结节，淋巴结肿大，肝内有包囊和脓肿，内有幼虫，肝肿大变硬，结缔组织增生，切面可见到幼虫钙化结节，肝门静脉有血栓，内含幼虫。肾盂有脓肿，结缔组织增生。输尿管壁增厚，常有数量较多的包囊，内有成虫。有时膀胱外围也有包囊，内含成虫，膀胱黏膜充血，腹腔内腹水增多，并可见有成虫，肠系膜及肛门淋巴结淤血。在胸膜壁面和肺中均可见有结节或脓肿，脓肿中可找到幼虫。

鉴别诊断

（1）猪肾虫病与猪痘的鉴别　二者均表现下腹部皮肤出现丘疹和小结节等。但区别是：猪痘的病原是痘病毒，有传染性。患猪体温升高（41~42℃），2~3天丘疹转为水疱，表面平整中央稍凹成脐状，不久结痂，脱落后留下白色斑而愈合。强行剥痂则溃疡面呈暗红色并有黄白色脓液，再结痂。尿无异常。

（2）猪肾虫病与猪湿疹的鉴别　二者均表现皮肤发生丘疹等临床症状。但二者的区别在于：湿疹患猪先发红斑，而后出现粟粒大至豌豆大丘疹继成水疱，感染后成脓疱，有奇痒。尿无异常。

（3）猪肾虫病与猪淋巴结脓肿的鉴别　二者表现体表淋巴结肿大等。但区别是：猪淋巴结脓肿颌下、咽、耳下、颈部淋巴结，病初较小，15~21天直径可达1~5厘米，有热痛，体温升高，出脓后体温即下降。在未破溃时用注射器抽出脓液涂片，用碱性美甲蓝或革兰染色见有散在的或双排列的短链或椭圆形球菌。尿无异常。

（4）猪肾虫病与猪钙磷缺乏症的鉴别　二者均表现食欲不振，后肢无力，走时后躯摇摆，喜卧，仔猪发育停滞等。但区别是：猪钙磷缺乏症是因体钙磷代谢失调而发病。患猪吃食时多时少，有挑食现象，吃食时无"嚓嚓"咀嚼声，有吃煤渣、鸡屎、砖块等异嗜现象，母猪常在分娩后20~40天瘫卧。皮肤不发生丘疹，尿无异常。

（5）猪肾虫病与猪蛔虫病的鉴别　猪肾虫病与猪蛔虫病临床症状相似，可根据剖检时发现猪肾虫移行经过的器官病理变化，与猪蛔虫病相鉴别。凡猪肾虫经过的器官均有病变。如肠系膜淋巴结水肿，肝脏炎症、脓肿和纤维增生。猪蛔虫病发病初期有肺炎变化，肝、肺及支气管等处可见大量幼虫，在小肠可检出蛔虫。蛔虫寄生数量多时，肠道可见卡他性炎症、出血或溃疡。肠破裂时，可见腹膜炎和腹腔内出血。因胆道蛔虫病死亡的猪，可见蛔虫钻入胆管，胆管阻塞。病程长的，有的胆管破裂，胆汁外流，肝脏黄染、变硬等病变。

防治措施

1）猪舍和运动场应保持干燥卫生，并经常进行消毒。

2）发现病猪应严格隔离，并淘汰患病母猪。

3）治疗。

①丙硫苯咪唑，每千克体重20毫克，1次内服；或按每千克体重5毫克，腹腔注射。

②驱虫净，每千克体重20~25毫克，1次喂服，每天1次，连服2次。

③敌百虫，每千克体重0.1克，1次内服，每周1次，10次为1个疗程。

十二、猪棘头虫病

猪棘头虫病，是一种由巨吻棘头虫寄生小肠所引起的寄生虫病。

流行特点

本病病原体是巨吻棘头虫（图6-38），虫体较大，雄虫长70~150毫米，雌虫长300~680毫米。长圆柱形，前端粗，向后逐渐变细，体表有明显的环状皱纹，头端有一个可伸缩的吻突。寄生时，吻突插入黏膜，甚至穿透黏膜层。虫卵呈椭圆形，卵内有成形的小棘头蚴。

流行特点

本病流行比较广泛，放牧猪感染较多，常呈地方性流行，各个品种、各种年龄的猪均可感染，8~10月龄猪感染率较高，有时人和狗、猫也可感染。病猪和带虫猪是本病的主要传染源，主要通过消化道感染。

图6-38　巨吻棘头虫

猪棘头虫成虫寄生于猪的小肠，主要是空肠。性成熟的雌虫与雄虫交配排卵后，虫卵随粪便排出体外，被中间宿主金龟子或甲虫的幼虫（蛴螬）吞食后，在体内发育成感染性幼虫（称为棘头囊），当猪吞食了感染性幼虫的金龟子或甲虫后被感染，中间宿主在猪消化道内被消化，棘头囊逸出，用吻突固着在小肠壁上，经2~4个月发育为成虫。棘头虫在猪体内寄生时间10~24个月，死后随粪便排出（图6-39）。

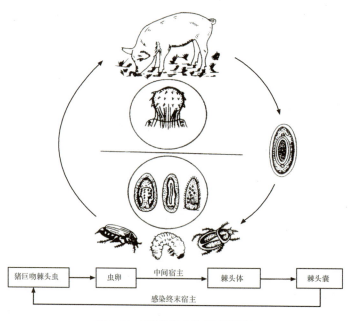

图6-39　巨吻棘头虫发育图及图解

临床症状

患猪轻度感染时症状不明显，仅在后期体质消瘦。严重感染时食欲减退，消化不良，腹泻，常尖叫不安，有时腹部着地爬行。拉稀，粪便带血。病程较长者生长发育缓慢，贫血、消瘦，被毛发焦，最后常因肠壁穿孔、腹膜炎死亡。

病理变化

剖检时可在小肠内找到虫体，有时虫体叮在肠壁上不易取下，肠黏膜局部坏死，甚至空孔（图6-40）。

鉴别诊断

（1）猪棘头虫病与猪姜片吸虫病的鉴别　二者均表现贫血、下痢、消瘦、发育停滞。但区别是：猪姜片吸虫病的病原是布氏姜片吸虫。患猪因猪食用水生植物而发病，肚子很大，但是腿部很瘦，眼睑、腹下水肿。剖检可见小肠有姜片吸虫，形如斜切的姜片。

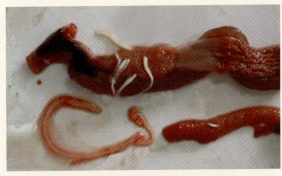

图 6-40　患猪肠壁有虫体，肠黏膜出血坏死

（2）猪棘头虫病与猪食道线虫病的鉴别　二者均表现贫血、下痢、消瘦、生长停滞。但区别是：猪食道线虫病的病原是道口线虫。患猪表现便秘，如果有细菌感染时，可见到化脓性大肠炎。剖检可见幼虫在大肠黏膜下形成结节，小的直径1毫米，大的直径为6毫米，黄色，结节破裂形成溃疡。

（3）猪棘头虫病与猪蛔虫病的鉴别　二者均表现体温升高、贫血、消瘦、生长停滞。但区别是：猪蛔虫病的病原是蛔虫。患猪表现出咳嗽、呼吸困难症状。虫体较小，体表无横纹。

（4）猪棘头虫病与猪囊虫病的鉴别　二者均表现、贫血、消瘦、生长停滞。但区别是：猪囊虫病的病原是囊虫。患猪表现眼睑肿胀、咀嚼、吞咽困难，叫声嘶哑，肌肉僵硬，运动障碍等，同时表现为腮、耳后宽，肩臀肥大，腰部较细，显得形体不够一致。舌下可见到半透明米粒状包囊。剖检可见肌肉苍白而湿润，肌肉中可见到豌豆大的囊虫。

防治措施

1）对猪群定期进行驱虫，在本病流行地区，每年春秋季各驱虫一次，以减少感染。

2）加强猪群的饲养管理，圈舍保持清洁干燥，粪便堆积发酵，消灭虫卵。

3）改养猪放牧方式为舍饲方式，尤其在六七月份甲虫类活跃季节，以防止猪吃到中间宿主。

4）采取必要措施，消灭中间宿主。在本病流行地区，可在猪场外的适宜地点设置诱虫灯，用以捕杀金龟子等。

5）治疗。

①左旋咪唑，每千克体重8~15毫克，口服。

②丙硫苯咪唑，每千克体重10~15毫克，混入饲料中口服。

十三、猪焦虫病

猪焦虫病是由焦虫通过蜱吸血进入猪体侵入红细胞而发病。临床以贫血、衰弱、神经症状和尿茶色为特征。

流行特点

猪焦虫为多形体，有圆形（0.6~2.3微米，平均1.6微米）、环形（1.3~3.8微米，平均2.1微米）、椭圆形（1.6~2.1微米）、单梨形（1.9微米×0.9微米~3.8微米×1.9微米，平均3.1微米×1.7微米）、双梨形（3.1微米×1.6微米）。焦虫在蜱（图6-41、图6-42）体内经过繁殖和发育在猪体吸血后即可使之受到感染，进入血液后，虫体与红细胞相遇即进入红细胞，一个红细胞内可找到1~8个虫体，红细胞感染率为21%~61.6%。

图 6-41　蜱虫

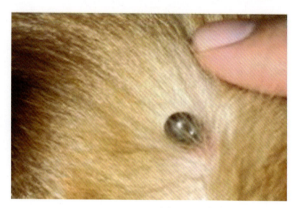

图 6-42　在猪毛被上的蜱虫

临床症状

患猪体温40~42℃，稽留3~7天，或直至死亡，死前降至35~36℃。体态消瘦，被毛粗乱，鼻镜干凉，眼结膜苍白黄染。腹式呼吸，喘息，间或咳嗽，肺听诊有湿啰音（口哨音、嗾口音）。心悸亢进，心律不齐，心跳加快。开始少食，后废食，肠音弱，初期粪如球，表面有黏膜及血，后期拉稀，黄红色，有消化不全的食物，尿茶色。四肢关节肿大，腹下水肿。有的精神沉郁，反应迟钝，昏睡，极度衰竭直至死亡。有的转圈，痉挛，划肢，运动乏力，后肢交叉及腰运转不灵，步态跛跄，少数狂跳死亡。

病理变化

尸体消瘦，有的腹下皮肤水肿，四肢内侧有出血点（特别是慢性显著），可视黏膜苍白或瓷白色，贫血明显，并有出血斑，皮下血管淤血，稍肿，皮下脂肪黄染。血液稀薄淡黄色，凝固不全或不凝固。胸腔积水，心肌质软色淡，心室增大，冠状脂肪胶冻样变性。肺体积增大，淤血，水肿，气肿，切面湿润多泡沫，部分病例隔叶有出血及斑块。脾肿大，被膜有出血点，切面粗糙呈暗红色。颌下、肩前、肠系膜淋巴结肿大，有斑点状出血，呈黑红色，切面湿润多汁。肝肿质硬，呈红褐色，或褐色与黄色相间似槟榔肝，胆汁浓稠而量少。肾稍肿呈黄褐色，包膜易剥离，皮质和髓质界限不清，有少量出血点。全身肌肉出血，特别是肩、背、腰部严重，呈黑红色糜烂状。胃肠炎性出血，黏膜易脱落，脑膜树枝状充血。

鉴别诊断

（1）猪焦虫病与猪附红细胞体病的鉴别　二者均表现体温升高（41~42℃），呈稽留热，精神沉郁，减食或废食，粪初干附有黏液、血液，后下痢，气喘，呼吸困难，心跳快，眼结膜苍白黄染，血稀色淡。但区别是：猪附红细胞体病的病原是附红细胞体。患猪尿黄，全身皮肤发红，指压褪色，采血后流血不止，后期黏液黏稠呈紫褐色。部分病猪全身发痒乱蹭。部分公猪尿鞘有积尿。剖检淋巴结水肿，切面多汁呈淡灰褐色。胆囊肿大，充满褐绿色胆汁。血滴在油镜下镜检可见到圆盘状、球形、短杆状、半月状虫体做扭转运动，有的虫体靠近红细胞后即不运动，并附着在红细胞边缘，使红细胞变成方形、齿轮、星芒状，虫体大小为红细胞的1/7。

（2）猪焦虫病与猪弓形虫病的鉴别　二者均表现体温升高（40~42℃），呈稽留热，精神沉郁，食欲减退或废绝，粪干，呼吸快而困难等。但区别是：猪弓形虫病的病原是弓形虫。患猪粪便多呈暗红或煤焦油样，尿橘黄色，耳根、下腹部、股内侧皮肤可见紫红斑。剖检肠系膜淋巴结髓样肿胀如粗绳索样，切面外翻多汁，颌下、肝门、肺门淋巴结肿大2~3倍，有淡黄色、褐色干酪样坏死灶和暗红色出血点。将病料涂片或压片，用姬姆萨或瑞特染色可发现半月形或月牙形的弓形虫（虫细胞质为蓝色，核于中心偏于一端染为红色）。

防治措施

1）猪舍或运动场，放牧地应经常检查有无蜱的存在，特别是靠近丘陵、山区的牧地或运动场的灌木丛和草丛，如发现蜱应停止放牧，并消灭猪体、猪舍和牧地的蜱。不要与牛、羊、鸡等多种动物共养，不从有蜱地区运进干草做褥草，防止带进蜱传播本病，如发现本病，立即隔离检查猪体是否有蜱，如有应立即消灭，并给予治疗。

2）治疗。

①贝尼尔：每千克体重3毫克，以灭菌蒸馏水配成5%溶液做肌肉注射，第二天未恢复正常再注1次，效果良好。

②阿卡普林：每千克体重0.8毫克，以灭菌蒸馏水配成5%溶液皮下注射（注前1小时先注5毫克阿托品1毫升），也可取得良好效果。

③对未发病的猪，用上述药物的一种做预防性注射，可防止病的发生。

十四、猪锥虫病

猪锥虫病是猪的一种血液原虫病。主要特征是间歇性发热、贫血、渐进性消瘦衰弱。

病原特性

　　国外报道，本病的病原体主要是凹形锥虫、布氏锥虫、刚果锥虫，其中凹形锥虫对猪危害最大。国内有人报道，猪锥虫病是由伊氏锥虫所致的，但亦有人认为伊氏锥虫并不能使猪发病，而仅仅作为保虫者。锥虫体呈纺锤形，两头尖，有鞭毛（图6-43），大小为18~34微米×15~25微米。锥虫离开宿虫体后，存活时间很短，一般很快死亡，干燥、阳光以及反复冻融均能迅速杀死虫体。

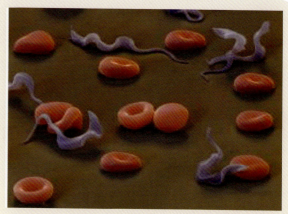

图6-43　红细胞中锥虫的彩色扫描电子显微图

流行特点

　　病猪及带虫的家畜如马、牛、骆驼、犬等均是本病的传染源。锥虫寄生在动物的血液中，通过吸血昆虫（主要有虻、蝇）的叮咬而感染健康猪。

临床症状

　　患猪精神萎靡，食欲减退，间歇性发作，贫血，后肢可能出现水肿，耳、尾尖有不同程度的坏死，体表淋巴结肿大，渐进性消瘦而衰竭死亡。

病理变化

　　剖检可见尸体消瘦，血液稀薄不易凝固，肝、脾、淋巴结肿大。

鉴别诊断

　　（1）猪锥虫病与猪焦虫病的鉴别　　二者均表现体温升高（40.4~41.3℃），消瘦，贫血，食欲下降，关节肿大，精神沉郁等。但区别是：猪焦虫病的病原是焦虫。患猪呈腹式呼吸，喘息，间或咳嗽，听诊并有湿啰音，初粪干后拉稀，尿茶色，有的转圈、痉挛。血检红细胞内有圆形、环形、椭圆形、单梨或双梨虫体存在。

　　（2）猪锥虫病与坏死杆菌病（坏死性皮炎）的鉴别　　二者均表现体温升高，耳、尾有坏死等。但区别是：猪坏死杆菌病的病原是坏死杆菌。仔猪、架子猪多见，多发生于颈部、体侧和臀部皮肤，也发生于耳根、四肢、乳房。局部先痒并有少量的结节，微肿，无热无痛，痂下组织坏死，有灰黄或灰棕的恶臭液体。将病健交界处病料或培养物涂片，用碳酸复红或碱性亚甲蓝染色可见着色部分被几乎完全不着色的空泡分开形成串珠状长丝形菌体或细小的杆菌。

防治措施

　　搞好猪舍卫生，经常用杀虫剂驱杀蚊、蝇，减少感染传播机会。发现病猪及带虫病畜要及时隔离治疗，常用治疗药物如下：

①贝尼乐（血虫净）：按每千克体重4~6毫克的剂量，用灭菌蒸水稀释成5%~10%溶液，深部肌肉注射，隔日重复用药1次。

②萘磺苯酰脲（拜耳205、那加诺）：按每千克体重4~6毫克的剂量，用生理盐水配成10%溶液静脉注射，剂量100千克体重0.5~1.0克，1周后再用1次。

十五、猪弓形体病

猪弓形体病，又称猪弓形虫病或毒浆虫病，是由弓形虫所引起的人畜共患寄生虫病。

病原特性

弓形虫为很微细的原虫，样子似弓形，故称弓形体。虫体在猪、人等中间宿主内有滋养体和包囊体两种形式。滋养体一端稍尖，一端钝圆形，核位于中央或稍贪偏于钝端，大小为：钝端4~8微米，锐端1.5~4微米，呈半月状、香蕉形、梭形、梨形或椭圆形。包囊呈圆形或椭圆形，直径为10~50微米，其中充满滋养体。在终末宿主猪体则有裂殖体、配子体和卵囊。卵囊呈椭圆形或类圆形，淡绿色。卵囊的抵抗力很强，能耐酸、碱和普通消毒剂，在温暖潮湿的环境中存活1年仍有感染力。

流行特点

本病分布很广，很多种动物均可感染。其感染可通过口、眼、鼻、咽、呼吸道、肠道、皮肤等多种途径，严重感染期间还可通过胎盘垂直传播。患畜的尸体、内脏、血液、分泌液、排泄物中均含有弓形体。猪是弓形体病的主要传播者和重要传染源，在本病的传播中起着重要作用，自然感染的猪粪便中的卵囊，对猪有很强的感染力。

在本病感染链中，当猪吃到弓形虫的滋养体或卵囊后，在肠内逸出子孢子或滋养体，一部分进入血液，在体内无性繁殖。另一部分进入小肠上皮变成裂殖体，形成裂殖子，又进入新的上皮细胞，发育为小配子和大配子，两者结合为合子，再发育为卵囊随粪便排出。猪吞食卵囊，在肠内逸出子孢子，进入血液，经血液循环到全身各处细胞内无性繁殖，即可发生弓形体病。

临床症状

潜伏期3~7天，患猪表现精神沉郁，结膜高度发绀，皮肤上有紫红色斑块，体温升高到40.5~42℃，并持续7~10天，结膜充血，常见有眼屎，鼻镜干燥，鼻孔有浆液性、黏液性或脓性鼻汁流出，呼吸困难，全身发抖，食欲减退或废绝（图6-44）。发病初期便

图6-44 患病仔猪张口呼吸

秘，后期下痢，排出水样或黏液性或脓性恶臭粪便，最后卧地不起，因极度衰竭、窒息而死亡。一般病程10天左右。妊娠母猪可发生流产，产死胎。

病理变化

病死猪头、耳、下腹部等皮肤发紫，全身淋巴结特别是肺门淋巴结肿大，充血出血，切面外翻，多汁，甚至呈紫黑色。肺呈紫黑色，被膜光滑，充血水肿，间质增宽，切面外翻，有多量泡沫样液体流出。肝肿大呈灰黄色，常见有散在针尖大小或小米粒大小的坏死灶。肾呈土黄色，散布有小出血点（图6-45~图6-52）。镜检肺、肝和淋巴结，可发现弓形虫体。

鉴别诊断

（1）猪弓形虫病与猪丹毒的鉴别　二者均表现精神沉郁，体温升高，皮肤发红。但区别是：急性败血型猪丹毒表现皮肤外观发红，不发绀。病猪的粪便不呈暗红色或煤焦油样，无呼吸困难症状。对于亚急性病例，主要表现皮肤出现方形、菱形的疹块，凸起于皮肤表面。剖检可见，脾脏呈樱桃红色或暗红色。慢性病例可见心瓣膜有菜花样血栓赘生物。

（2）猪弓形虫病与猪瘟的鉴别　二者均表现精神沉郁，体温升高，皮肤发红、发绀。但区别是：猪瘟虽然可见全身性皮肤发绀，但不见咳嗽、呼吸困难症状。剖检可见肾脏、膀胱点状出血，脾脏有出血性梗死，慢性的病例可见回盲瓣处纽扣状溃疡。肝脏无灰白色坏死灶，肺脏不见间质增宽，无胶冻样物质。

（3）猪弓形虫病与猪肺疫的鉴别　二者均表现精神沉郁，体温升高，皮肤发红、发绀、呼吸困难。但区别是：猪肺疫胸部听诊可以听到啰音和摩擦音，叩诊肋部疼痛，加剧咳嗽，犬坐姿势。剖检可见肺被膜粗糙，有纤维素性薄膜，肺切面呈暗红色和淡黄色如大理石样花纹。

（4）猪弓形虫病与猪链球菌病（败血型）的鉴别　二者均表现精神沉郁，体温升高，皮肤发红、呼吸困难。但区别是：猪链球菌病的不同病型表现出多种症状，如关节型表现出跛行（瘸）；神经型的表现共济失调、磨牙、昏睡神经症状。剖检可见脾脏肿大1~2倍，暗红或蓝紫色。肾肿大，出血、充血，少数肿大1~2倍。

防治措施

1）猪场应全面开展灭鼠活动，禁止养猫，如有野猫，设法捕灭。

2）保持猪舍卫生，及时清除粪便，定期对环境、用具进行消毒。

3）治疗。

①群体治疗：每吨料拌入10%磺胺间甲氧嘧啶2千克和10%林可霉素1千克（林可霉素对弓形体有效），连续使用一周。

②个体治疗：上午：呋塞米+氨茶碱1针；磺胺间甲氧嘧啶1针（首次倍量）；

下午：恩诺沙星稀释纯头孢1针。

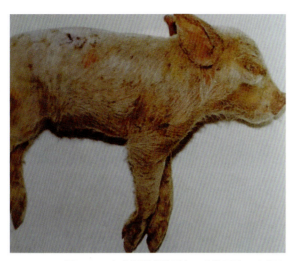

图 6-45　患病仔猪营养不良，皮肤不洁、有斑点

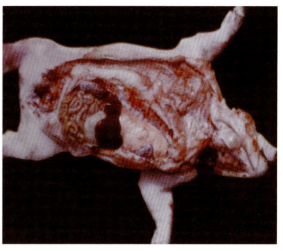

图 6-46　患病仔猪肌肉苍白、营养不良

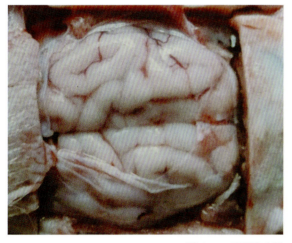

图 6-47　患猪脑水肿

图 6-48　患猪肠系膜淋巴结肿大

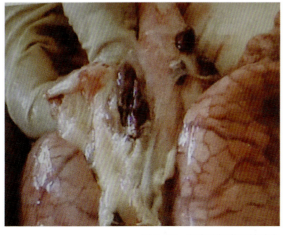

图 6-49　患猪肺门淋巴结肿大

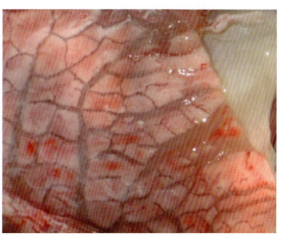

图 6-50　患猪肺间质增宽，呈胶冻样

图6-51 患猪胃底有条形溃疡

图6-52 患猪胆囊肿大，黏膜有出血点

十六、猪球虫病

猪球虫病多见于仔猪，可引起仔猪严重的消化道疾病。成年猪多为带虫者，带虫现象比较普遍，以感染程度低及大多数无致病性为其特点。

流行特点

据有关资料介绍，猪球虫有13种，分属艾美耳属和等孢属，其中以猪等孢球虫和蒂氏艾美尔球虫为常见。下面以猪等孢球虫为例说明其病原形态。

卵囊呈椭圆形或球形，大小为18.7~23.9微米×16.9~20.1微米，囊壁单层，光滑无色，长与宽的比例为1.02∶1.24，无极粒和内残体。直接从肛门采集的粪样中，有2%的卵囊已有孢子形成。囊内有2个孢子囊，每个孢子囊内有4个香肠状子孢子，一端稍尖，靠近钝端有一个清晰的亚中心核，孢子囊中有一个很大的折射球，常由疏松的颗粒围成，即内残体。

除猪等孢球虫外，一般多为数种混合感染。受球虫感染的猪从粪便中排出卵囊，在适宜条件下发育为孢子化卵囊，经口感染猪。仔猪感染后是否发病，取决于摄入的卵囊的数量和虫种。仔猪群过于拥挤和卫生条件恶劣时便增加了发病的危险性。孢子化卵囊在胃肠消化液作用下释放出子孢子，子孢子侵入肠壁进行裂殖生殖及配子生殖，大、小配子在肠腔结合为合子，再形成卵囊随粪便排出体外。感染后5天粪检即可发现卵囊。临床上卵囊排出有两个高峰5~7天和10~14天。猪球虫病不论是规模化方式饲养的猪，还是散养的猪均有发生。猪等孢球虫病主要危害初生仔猪，1~2日龄猪感染时症状最为严重，并可伴有传染性胃肠炎、大肠埃希菌和轮状病毒感染。被列为仔猪腹泻的重要病因之一。

临床症状及病理变化

猪等孢球虫的感染以水样或脂样的腹泻为特征，排泄物从淡黄到白色，恶臭。病猪表现衰弱，脱水，发育迟缓，时有死亡（见图6-53~图6-55）。组织学检查，病灶局限在空肠和回肠，以绒毛萎缩与变纯、局灶性溃疡、纤维素坏死性肠炎为特征，并在

图 6-53　患猪被毛粗乱，身体消瘦，贫血死亡

图 6-54　患猪腹泻稀便

图 6-55　患猪黄白色稀便，粪便有酸奶味道

图 6-56　球虫病 10 日龄仔猪回肠壁变厚。图示为不透明浆膜表面和较厚的肠壁。内容物含坏死物质

图 6-57　患猪回肠壁增厚、覆有坏死物质

上皮细胞内见有发育阶段的虫体（图6-56、图6-57）。

　　艾美耳属球虫通常很少有临床表现，但可发现于1~3月龄腹泻的仔猪。该病可在弱猪中持续7~10天，主要症状有食欲不振，腹泻有时下痢与便秘交替。一般能自行耐过，逐渐恢复。

鉴别诊断

（1）猪球虫病与猪胃肠卡他的鉴别　二者均表现精神不振，粪便有时稀有时干等。但区别是：猪胃肠卡他粪便检查无虫卵，空肠和回肠黏膜不出现纤维素性坏死，发病的日龄无明显的界限。而球虫病主要出现在7~11日龄的原来健康的哺乳仔猪中。

（2）猪球虫病与猪毛首线虫病的鉴别　二者均表现精神不振，间歇性腹泻，仔猪多发，逐渐消瘦等。但区别是：毛首线虫病的病原是毛首线虫。患猪结膜苍白贫血，严重感染时，严重腹泻，有时夹有红色血丝或带棕色的血便，剖检可见结肠、盲肠充血、出血、肿胀，有绿豆大小的坏死灶，结肠黏膜暗红色，黏膜上布满乳白色细针尖样虫体，虫体前部钻入黏膜内。

（3）猪球虫病与猪食道口线虫病的鉴别　二者均表现消瘦、下痢、发育障碍等。但区别是：食道口线虫病的病原是食道口线虫。患猪没有食用鱼虾的经历，没有接过扁卷螺。剖检可见在大肠黏膜上有黄色结节，有时回肠也有。结节大小为1~6毫米。

防治措施

1）本病可通过控制幼猪食入孢子化卵囊的数量进行预防，目的是使建立的感染产生免疫力而又不引起临床症状。这在饲养管理条件较好时尤为有效。

2）新生仔猪应初乳喂养，保持幼龄猪舍环境清洁、干燥。饲槽、饮水器应定期消毒，防止粪便污染。尽量减少因断奶、突然改变饲料和运输产生的应激因素。

3）母猪在产前2周和整个哺乳期饲料内添加250毫克/千克的氨丙啉对等孢球虫病可达到良好的预期效果。

4）治疗：

①仔猪：目前最有效的药物为灌服拜耳白求清，3日龄2毫升即可，作为预防。大日龄仔猪可以选择断奶，饲料中拌入磺胺间甲氧嘧啶+阿莫西林即可。

②母猪：一旦发生球虫，可以给母猪饲喂磺胺间甲氧嘧啶，每头猪每天3克，每天2次，连续饲喂1周，也可以注射给药。

十七、疥癣病

猪疥癣病，是一种由疥螨虫寄生于猪皮肤而引起的慢性皮肤寄生虫病。

流行特点

疥螨成虫呈灰白色或略带黄色，外形椭圆，形似蜘蛛，有4对足，在足的末端有吸盘或刚毛（图6-58）。虫体很小，肉眼很难看到，雄虫0.23~0.34毫米×0.17~0.24毫米，雌虫0.34~0.51毫米×0.28~0.36毫米，虫卵呈椭圆形，大小为0.15毫米×0.1毫米。疥螨在潮湿、寒冷环境中生命力强，而对干燥、温暖及阳光直射抵抗力很弱。

疥螨虫在猪皮肤内打隧道寄生，以淋巴液和组织浆液为食，并在洞内产卵繁殖后代。一个雌虫每天产卵1~2个。虫卵经过3~4天卵化成幼虫，再过2~3天变成若虫，若虫再经过3~4天发育成虫。性成熟的雌虫与雄虫交配，雌虫在3~4天后开始产卵。猪疥螨虫从虫卵发育至成虫，需要10~12天时间。

　　本病各种年龄的猪均可感染，但以仔猪多发。感染发病没有季节性，但秋、冬、春季发病较多，夏季发病较少。带螨猪是主要传染源，健康猪通过与患猪直接接触或接触被污染的栏杆、用具、杂物等而感染。饲养管理条件差或卫生条件差的猪场都会有本病的发生。

图 6-58　疥螨虫

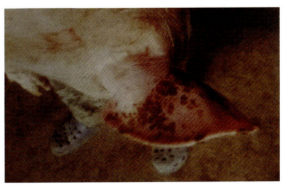

图 6-59　仔猪耳部先出现疥螨疹块

　　患猪的病变主要发生在皮肤细薄、体毛较少的头颈、肩胛等部位。大部分先发生在头部，特别是眼睛周围，严重时可蔓延至腹部、四肢乃至全身。由于疥螨虫的口器刺入皮下吸食淋巴液和组织浆，患部开始发红，局部发炎，瘙痒，经常在墙角、猪栏等粗糙处摩擦。数日后皮肤上出现小结节，随后破溃，结成痂皮，体毛脱落（图6-59至图6-61）。病情严重时出现皮肤干裂，食欲减退，生长停滞，逐渐消瘦，甚至引起死亡。

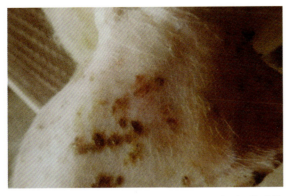

图 6-60　仔猪耳部疹块

图 6-61　患猪耳部皮肤结痂、龟裂

　　（1）猪疥癣病与猪湿疹的鉴别　二者均表现皮肤发红，有丘疹、水疱、瘙痒、擦伤、结痂。但区别是：湿疹患猪先出现红斑，微肿而后出现丘疹（豌豆大），水疱破裂后出现鲜红溃烂面。病变皮肤刮取物检不出疥螨。

（2）猪疥癣病与猪皮肤真菌病的鉴别 二者均表现皮肤潮红、瘙痒、擦痒，有痂皮覆盖。但区别是：猪皮肤真菌病的病原是致病性真菌。多发生于头、颈、肩部手掌大的有限区域，几乎不脱毛，经4~8周能自愈，取患部毛或搔脱物镜检有菌丝或孢子存在。

（3）猪疥癣病与猪虱病的鉴别 二者均表现皮肤瘙痒，擦痒，不安，消瘦。但区别是：猪虱病的病原是猪虱。在患猪下颌、颈下、腋间、内股部皮肤增厚，可找到猪虱。

防治措施

1）要保持圈舍通风透光、干燥清洁，冬春季节勤换垫草。

2）猪群不能过于拥挤，定期消毒圈栏、用具等。

3）新引进的猪应仔细检查，确定无螨才能合群饲养。

4）对猪群进行定期驱虫消毒，对病猪及时治疗。

5）控制方案（4+1驱虫模式）：

①经产母猪，种公猪每个季度驱虫1次。

②后备母猪引进后第2周驱虫1次。

③仔猪在体重20千克、50千克左右各驱虫1次。

④外购仔猪进场后第2周驱虫1次。

猪场首次驱虫或者寄生虫严重感染时，间隔15天再驱虫1次。

母猪应用母猪专用驱虫药物或伊维菌素，1次时连用7~10天，其他猪选用伊维菌素阿苯达唑预混剂连续饲喂7~10天，驱虫同时配合多西环素，效果更佳。每次驱虫后，及时清理粪便，应用双甲米进行圈舍喷洒，杀灭环境中螨虫等。

6）个体治疗：

①敌百虫，溶解在水中，配成1%~3%浓度喷洒猪体或洗擦患部。间隔10~14天再用1次，效果更好。敌百虫水溶液要现用现配，不宜久存。

②伊维菌素，猪每千克体重0.3毫克，皮下注射或浅层肌肉注射，药效可在猪体内维持20天左右。

③双甲脒，国产双甲脒为12.5%乳油剂40毫升比例，喷洒猪体，现用现配，间隔10天左右再用1次。用于预防可每隔2~3个月喷洒1次。

④螨净，用浓度250×10^{-6}（25%螨净1毫升，加水1000毫升）喷洒。

十八、猪虱病

猪虱病，是一种由猪虱寄生于猪体表面而引起的体表寄生虫病。

病原特性

猪虱体形较大，肉眼容易看见。雄虫长3.5~4.15毫米，雌虫长4~6毫米。体形扁平，呈灰黄色，体表有小刺。虫体由头、胸、腹三部分组成。虫卵呈长椭圆形，黄白色，着于被毛上（图6-62）。

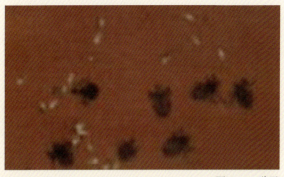

图6-62　猪虱

本病各种年龄的猪均有感染性，一年四季均可发生，但以寒冷季节感染严重。带虫猪是传染源，通过直接或间接接触传播，在场地狭窄，猪只密集拥挤，管理不良时最易感染。也可通过垫草、用具等引起间接感染。

雌虫日产卵1~4枚，一生可产卵50~80枚。在产卵时能分泌一种物质，可把虫卵黏附在毛上或鬃上。虫卵经过12~15天，孵化出幼虱，幼虱吸食血液，再经过10~14天，脱皮3次，发育为成虫，性成熟的雌虱与雄虱交配，大约经过10天开始产卵。猪虱终生生活在猪体上，离开猪体后能生活1~10天。当患猪与健康猪接触，猪虱就可以爬到健康猪身上。

临床症状

猪虱多寄生于耳朵周围、体侧、臀部等处，严重时全身均可寄生。成虫叮咬吸血刺激皮肤，引起皮肤发炎，出现小结节，猪经常搔痒和磨蹭，造成被毛脱落，皮肤损伤。幼龄仔猪感染后，症状比较严重，常因瘙痒不安，影响休息、食欲以至生长发育。

鉴别诊断

（1）猪虱病与猪感觉过敏的鉴别　二者均表现体表瘙痒，因擦伤皮肤损伤，被毛脱落。但区别是：猪感觉过敏是因吃荞麦或其他致敏饲料而发病。皮肤上出现疹块和水肿，重时疹块成脓疱，破溃结痂。白天有阳光症状加重，夜里症状减轻，体表无虱。

（2）猪虱病与猪的皮肤霉菌病的鉴别　二者均表现皮肤瘙痒。但区别是：猪皮肤霉菌病的病原是霉菌。患猪皮肤中度潮红，不脱毛，有小水疱，有痂皮覆盖。取患部毛或搔脱物加10%氢氧化钾镜检，可见菌丝和孢子，体表无虱。

（3）猪虱病与猪锌缺乏症的鉴别　二者均表现消瘦，皮肤瘙痒，擦痒皮肤损伤。但区别是：猪锌缺乏症是因缺锌而发病。患猪皮肤有小红点，经2~3天后破溃结痂，重时连片。皮肤粗糙呈网状干裂，同时一蹄或数蹄出现纵裂或横裂，蹄壁无光泽。血清锌含量由正常0.98微克/毫升降到0.22微克/毫升。体表无虱。

（4）猪虱病与猪疥螨病的鉴别　二者均表现皮肤瘙痒，不安，消瘦，擦痒。但区别是：猪疥螨病的病原是疥螨虫。患猪体表无虱，患部刮取物放在黑纸或黑玻片上在光亮处用放大镜可见活的疥螨虫。

防治
措施

1）要保持圈舍通风透光、干燥清洁，冬春季节勤换垫草。

2）猪群不能过于拥挤，定期消毒圈栏、用具等。

3）新引进的猪应仔细检查，确定无虱才能合群饲养。

4）对猪群进行定期驱虫消毒，对病猪及时治疗。

5）治疗：

①敌百虫，溶解在水中，配成1%~3%浓度喷洒猪体或洗擦患部。间隔10~14天再用1次，效果更好。敌百虫水溶液要现用现配，不宜久存。

②伊维菌素，猪每千克体重0.3毫克，皮下注射或浅层肌肉注射。

③双甲脒，国产双甲脒为12.5%乳油剂40毫升比例，喷洒猪体，现用现配，间隔10天左右再用1次。用于预防可每隔2~3个月喷洒1次。

第七章
猪营养代谢病的鉴别诊断与防治

一、猪维生素D、钙、磷缺乏症

病因分析

　　饲料中钙与磷缺乏或钙、磷比例失调，不能满足机体生长、发育和维持正常生理活动，造成动物体内缺钙少磷。正常情况下，饲料中钙、磷的比例为1.5~2∶1，当钙、磷比例失调时，引起钙或磷缺乏。饲料中钙过多时，与磷结合，形成不溶性磷酸盐，影响磷的吸收。若饲料中磷过多时，与钙结合，则影响钙的吸收。维生素D缺乏时，磷与钙不能充分地被吸收，而且直接影响骨骼中磷酸钙的合成。此外，胃肠功能紊乱、甲状腺机能紊乱等也可造成钙、磷代谢紊乱。

临床症状及病理变化

　　维生素D、钙、磷缺乏，仔猪主要表现为佝偻病。病猪生长发育不良，面骨肿胀，硬腭突出，口腔闭合不严，咀嚼无力，食欲减退，消化不良。关节粗大，四肢呈不同程度弯曲，喜卧，不愿行动，行走疼痛，往往出现不同程度跛行，骨质疏松，容易发生骨折，常常发生瘫痪。病理变化为骨骼变形、弯曲、髓细胞钙化不全，软骨增生，似海绵状，骨骺增大，黄骨髓呈红色胶样变，关节面出现溃疡（图7-1~图7-3）。

　　维生素D、钙、磷缺乏，成年猪表现为软骨症或纤维性骨营养不良。临床上多见于怀孕后期和泌乳期母猪。主要症状是食欲不振，消

图7-1　仔猪呈现"X"形腿（佝偻病）

图7-2　患猪脊柱畸形

图7-3　患猪肋骨与肋软骨结合处肿大

化不良，日益消瘦，营养不良，后躯麻痹；不能站立或勉强站立，但站立不稳，行走跟跄，东倒西歪，关节疼痛，呈现坡行；轻微的打击、跌倒等易引起骨折，特别是骨盆骨、股骨和腰部更易骨折。骨的病理变化为，成骨脱钙，骨质疏松。

鉴别诊断

（1）猪维生素D、钙、磷缺乏症与猪铜缺乏症的鉴别　二者均表现食欲不振，骨骼弯曲，生长缓慢，关节肿大，行动强拘，有啃泥土、墙壁等异嗜行为。但区别是：猪铜缺乏症是因猪体缺铜而发病。患猪贫血，毛色由深变浅，黑毛变棕色或灰白色，关节不能固定。剖检可见肝、脾、肾广泛性血铁黄素沉着，呈土黄色。

（2）猪维生素D、钙、磷缺乏症与猪无机氟化物中毒（慢性）的鉴别　二者均表现关节肿大，行动迟缓，步态强拘，后期瘫痪，有异嗜。但区别是：猪无机氟化物中毒是因长期以未经脱氟处理的过磷酸钙做补饲，或吃了多种冶炼厂的废气、废水污染的饲料和饮水而发病。患猪下颌骨、蹄骨、掌骨呈对称性的肥厚，牙有淡红色或淡黄的釉斑，波状齿。取尿1~3毫升，加数滴1摩尔/升氢氧化钠置玻皿中，再加硫酸数毫升，在盖玻片下悬1滴5%氯化钠液，为防止悬滴蒸发，放一小冰块于玻片上，缓缓加温3~5分钟，翻转玻片在低倍镜下观察，如样品中有氟存在，可形成氟化硅结晶，液滴边缘有淡红色六面晶体（氯化钠为无色正方形结晶）。

（3）猪维生素D、钙、磷缺乏症与猪锰缺乏症的鉴别　二者均表现关节肿大，步态强拘，跛行，重时卧地不起，生长缓慢。但区别是：猪锰缺乏症是因饲料中锰缺乏而发病。患猪剖检可见腿骨（桡骨、尺骨、胫骨、腓骨）较正常时短，骨端增大，被毛中锰含量在8毫克/千克以下。

防治措施

1）预防本病首先要合理搭配饲料，保证钙、磷含量和比例，饲料中钙和磷正常比例为1.5~2∶1，在配合饲料中添加给足量的维生素D，与此同时，加强猪只的运动，扩大阳光照射面积，使猪只得到充分的阳光照射。

2）治疗：

①可选用磷酸氢钙、骨粉、乳酸钙和碳酸钙等钙制剂，成年母猪每头每日饲喂

30~50克，幼龄仔猪每头每日5~10克，在补给钙制剂的同时，最好能够同时添加鱼肝油，一般剂量为5~15毫升，加强猪只运动，增加阳光照射。

②肌肉注射维丁胶性钙注射液，每次2~6毫升，每日或隔日1次，连续5次为1个疗程，休息3~5天后可再进行第二个疗程。

③静脉注射钙制剂如10%葡萄糖酸钙注射液、10%氯化钙注射30~50毫升，隔日1次，连用3~5次。

二、猪铁缺乏症

铁缺乏症是由于缺铁而引起的一种营养性贫血性疾病。

（1）供铁不足 配合饲料中含铁量不足，或因土壤中缺铁而引起饲料中铁缺乏。铁质进入猪体内减少，造成缺铁而贫血。

（2）失血过多 由于各种原因，造成长期慢性失血或毒血症等，如慢性寄生虫病，使铁质流失过多和利用率降低，造成猪体内铁质减少。

（3）铁吸收障碍和消耗过多 由于各种胃肠道疾病，尤其是胃酸缺乏，造成铁质吸收受阻；怀孕母猪和仔猪生长发育期需铁量增多，相对来说造成猪体内铁缺乏，引起缺铁性贫血。

本病以3周龄左右的哺乳仔猪发病率最高，多在出生后8~9天出现贫血症状，突然表现为皮肤及可视黏膜淡染甚至苍白，轻度黄染，严重时黏膜苍白如白瓷，几乎见不到血管。吸乳能力下降，身体消瘦。日龄较长的猪食欲时好时坏，腹泻或便秘，有时出现异嗜，喜食杂物、杂草、泥沙、砖头和破布等，精神不振，被毛粗乱、无光泽，渐进性消瘦，体质虚弱，可视黏膜苍白（图7-4~图7-6）。血液检查有明显变化，红细胞减少到132万~312万，血红蛋白含量降低到25%以下，血色指数低于1。血细胞形状

图7-4 仔猪营养性贫血，精神不振，被毛粗乱、无光泽，渐进性消瘦，体质虚弱

图7-5 死亡猪皮肤苍白

多样，大小不等，出现很多多染性红细胞。白细胞略有增加，淋巴细胞增加明显，嗜酸粒细胞减少，不见有嗜碱粒细胞，血色变浅，稀薄如水，血液凝固性降低。

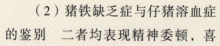

（1）猪铁缺乏症与仔猪低血糖症的鉴别　二者均表现精神不振，离群独立，皮肤、黏膜苍白。但区别是：仔猪低血糖症一般在出生后第二天发病，站立时头低垂，走动时四肢颤抖，心跳慢而弱，之后卧地不起，最后惊撅、流涎、游泳动作，眼球震颤。血糖由正常的7.84~9.74毫摩/升下降至0.24毫摩/升。

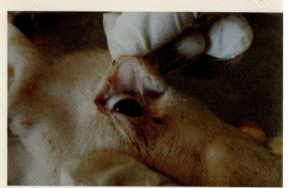

图7-6　患猪眼结膜苍白

（2）猪铁缺乏症与仔猪溶血症的鉴别　二者均表现精神委顿，喜卧，皮肤、黏膜苍白，血液稀薄不易凝固。但区别是：溶血症仔猪一般出生时活泼健壮，吃初乳后24小时内即发生委顿、贫血、血红蛋白尿。剖检可见皮下组织明显黄染。实验室检查，血红蛋白5.8%，红细胞310万个/立方毫米，红细胞直接凝集反应阳性。

（3）猪铁缺乏症与猪附红细胞体病的鉴别　二者均表现精神委顿，皮肤、黏膜苍白，血液稀薄不易凝固。但区别是：猪附红细胞体病的病原是附红细胞体，多发于1月龄左右的仔猪，体温高（40~42℃）便秘、下痢交替，犬坐姿势，全身皮肤发红后变紫，采血后流血持久不止。血滴在油镜下镜检，可见到圆盘状、球形、半月形做扭转运动的虫体，附着于红细胞即不运动，使红细胞成为方形、星芒形。

1）日粮中配给足够量的铁，满足猪只的需要，低价铁比高价铁好，易溶解的铁盐比难溶解的铁盐吸收好。常使用的铁制剂有：硫酸铁、柠檬酸铁、酒石酸铁、葡萄糖酸铁等。有人认为仔猪和妊娠母猪每天每头供给铁15毫克，就可以抗贫血。有的人认为生长猪每千克饲料中添加110~120毫克铁就可以满足猪只的需要。目前有资料报道，应用螯合铁，效果更好。

2）舍饲的母猪和仔猪，每天在舍内地上撒少量的含铁黄土，或在猪舍一角放一块铁，让仔猪自由舔食，有抗贫血的功效。

三、猪铜缺乏症

猪铜缺乏症是由于铜摄入量不足所引起的一种营养代谢病，临床上以贫血、被毛变色、骨骼发育异常等为特征。

铜在猪体内的含量甚微，但作用却极大，是猪体内不可缺少的微量元素。铜是机体内诸多氧化酶的组成成分。与组织内呼吸有密切的关系，是血红蛋白合成的催化剂，促进铁的利用以合成血红蛋白。此外，还参与机体的骨骼代谢和免疫功能，对猪的生长发育有良好的作用。

病因分析　日粮中含铜量绝对缺乏或相对不足，或饲料中存在拮抗物质如铝等过多，以及慢性消化道疾病等，使摄入猪体内铜含量减少，则发生贫血或其他疾病。

临床症状　病猪表现生长缓慢，食欲减退或废绝，消化不良，排稀便，多数出现异嗜，如啃木桩、吃泥土、嚼煤渣、舔墙壁或铁栏杆等，被毛蓬乱无光泽，毛变色，最后大量脱落，可视黏膜苍白，有的病猪出现骨骼发育异常，骨骼弯曲，关节肿大，表现僵硬，触之敏感，起立困难，行动缓慢，跛行，四肢易出现骨折（图7-7）。

图7-7　患猪骨骼弯曲，关节肿大，表现僵硬，起立困难，行动缓慢，跛行

鉴别诊断

（1）猪铜缺乏症与猪钙、磷缺乏症（佝偻病）的鉴别　二者均表现前肢弯曲，运步强拘，生长缓慢，有啃泥土、墙壁等异嗜癖，食欲不振等。但区别是：钙、磷缺乏症患猪明显挑食，食量时多时少，吃食无嚓嚓声，母猪分娩后20~40天即瘫卧，不流产。剖检心、肝、肾无异常。

（2）猪铜缺乏症与猪硒·维生素E缺乏症的鉴别　二者均有步态强拘，不愿活动，喜眠，常呈犬坐，最后不能站立，卧地不起，心肌色淡，心扩张变薄等临床症状和病理变化。但区别是：猪硒·维生素E缺乏症是因缺硒·维生素E而发病。发病仔猪体况多良好，不消瘦，继续发展则四肢麻痹。剖检可见肌肉有白色或淡黄色条纹斑块、稍浑浊的坏死灶。心内膜下肌肉层有灰白色、黄白色条纹斑块。肝有槟榔花纹。鲜肝含硒量由正常的0.3毫克/千克降至0.068毫克/千克。

（3）猪铜缺乏症与猪无机氟化物中毒（慢性）的鉴别　二者均表现被毛粗糙，异嗜，关节肿大，步态强拘，跛行，站立困难，卧地不起，母猪流产、死胎等。但区别是：猪无机氟化物中毒是因摄入被无机氟化物污染的饲料或饮水而发病。行走时关节发出"嘎嘎"声，蹄骨、掌骨对称性肥厚，下颌骨对称性肥厚，间隙狭窄，肋骨变粗，牙齿有淡红色或淡黄色斑釉，臼齿磨损过度成波状齿。血氟达1000~1500毫克/千克。

防治措施

1）在日粮中配给足够量的铜。一般在日粮中添加0.1%硫酸铜，或按每千克饲料添加250毫克铜，可促进猪只的生长发育，提高饲料的利用率。但应注意，补铜量不宜过高，否则易引起铜中毒。

2）硫酸铜0.5克，硫酸铁1克，氯化钴1克，水100毫升，混合溶解后，供仔猪自饮。

3）畜用复方微量元素添加剂，按每千克体重日服0.2克，分3次内服；也可混入饲料中喂服，连用25天，停药5天后，可再次循环使用。

四、猪碘缺乏症

猪碘缺乏症是由于饲料或饮水中含碘不足或吸收障碍而引起的一种营养代谢病。碘在猪体内含量很微量，且主要存在于甲状腺中，碘是甲状腺素的重要组成部分。甲状腺素对体内物质代谢起着重要的调节作用，直接影响猪只的生长。

病因分析

某些地区的饲料、饮水（水质过硬、过软等）中含碘量甚微或缺乏，使猪体内的碘摄入不足，易引起本病。由于消化道疾病或其他疾病等因素，影响碘的吸收，破坏消化道内的碘，或碘消耗过多，则发生碘缺乏症。此外，甲状腺机能破坏、甲状腺切除也是引起碘缺乏的原因。

症状

母猪表现不明显，有时出现颈部肿大，详细检查时，甲状腺肿大呈纺锤形。但往往不是对称性肿大。缺碘母猪大多数分娩正常，流产现象也较为少见，但产下仔猪多为弱仔、死胎。仔猪多半无毛或少毛，头颈、肩部皮肤增厚、多汁和水肿。仔猪生活力差，常陆续死亡，有的全窝覆灭。暂时没有死亡的仔猪，则出现发育不良，生长极为缓慢。

全身发生黏液性水肿症状，病猪表面看来很肥胖，其实是水肿引起的假肥胖。

鉴别诊断

（1）猪碘缺乏症与猪繁殖与呼吸障碍综合征的鉴别　二者均表现妊娠母猪流产、死胎、弱仔等。但区别是：猪繁殖与呼吸障碍综合征的病原是有囊膜的核糖核酸病毒，具有传染性，母猪繁殖妊娠期体温升高（40~41℃），厌食、昏睡、不同程度的呼吸困难，咳嗽。少数双耳、腹侧、外阴有一过性青紫色。1月龄以内的仔猪感染后也表现体温升高（40℃以上），昏睡、呼吸困难、丧失吃奶能力，腹泻，肌肉肿胀，眼睑水肿。剖检可见皮肤及皮下脂肪发黄，肺粉红色，大理石状，气管、支气管充满泡沫，心肌软，内膜出血、心耳有坏死。用美国国家实验室（NVSL）提供的PRRS阳性血清及抗体荧光抗体做IPA试验，能产生特异性的细胞胞浆荧光。

（2）猪碘缺乏症与猪细小病毒感染的鉴别　二者均表现妊娠母猪早期胚胎吸收、流产、死胎、弱仔等。但区别是：猪细小病毒感染的病原是细小病毒，具有传染性，母猪主要表现繁殖机能障碍，发情不正常，久配不孕。一般怀孕50~60天感染多出现死产，怀孕70天感染常出现流产，而怀孕70天以上则多能正常产仔。剖检可见子宫有轻度内膜炎，胎儿部分钙化，用被检血清先经56℃、30分钟灭活，使用0.5%豚鼠红细胞做血凝抑制试验为强阳性。

（3）猪碘缺乏症与猪衣原体病的鉴别　二者均表现孕猪流产、死胎、弱胎等。但区别是：猪衣原体病的病原是衣原体，具有传染性，感染母猪所产仔猪发绀、寒颤、尖叫、吮乳无力，精神沉郁、步态不稳，体温升高1~1.5℃，严重时黏膜苍白，恶性腹泻，多于3~5天内死亡。公猪有睾丸炎、附睾炎、尿道炎、龟头包皮炎。剖检可见母猪子宫内膜出血、水肿，并有1~1.5厘米大的坏死灶；流产胎儿和新生仔猪头顶和四肢有弥漫性出血，肺有卡他性炎，毛细血管呈暗灰色，胎衣暗红色。采取病料制成20%悬液，经离心取其上清液接种于3~4周龄小白鼠腹腔内，可引起小白鼠腹膜炎，腹腔中积聚大量纤维素性渗出物，脾肿大等特征性病变。

（4）猪碘缺乏症与猪脑心肌炎的鉴别　二者均表现孕猪流产（流产前无明显临床症状）、死胎。但区别是：猪脑心肌炎的病原是脑心肌炎病毒，主要是仔猪发病，急性发作时沉郁，拒食，体温升高（41~42℃），呕吐，下痢，呼吸急促，往往在吃食或兴奋时突然死亡。发病期或过后，仔猪死亡率可能没有明显增加，但木乃伊胎和死产的发生率却明显增多。剖检仔猪，其肾、肝、脾均萎缩，心肌柔软散在灰白色病灶，心室也有散在性灰白色病灶。用病料制成10%悬液，接种小鼠（脑内、腹腔内、口内、肌肉内）经4~7天死亡，剖检可见心肌炎、脑炎和肾萎缩等变化。

（5）猪碘缺乏症与猪伪狂犬病的鉴别　二者均表现有孕猪孕猪流产、死胎、弱胎等。但区别是：猪伪狂犬病的病原是伪狂犬病病毒，具有传染性，母猪感染后虽有厌食，便秘，惊撅，视觉消失症状，但呈一过性亚临床症状。流产有木乃伊胎。仔猪产后第二天眼红，昏睡，体温41~41.5℃，精神沉郁，流涎，两耳后竖，遇响声即兴奋尖叫，腹部有紫斑，头向后仰、游泳动作，癫痫发作。剖检可见鼻腔出血性或化脓性炎症，扁桃体、喉水肿，咽、会厌浆液浸润，上呼吸道有泡沫。胃肠黏膜有出血。用病料制成10%悬液，离心后取上清液注入家兔内股部皮下，24小时后沉郁，呼吸加快；第三天发痒，开始舔局部；第五天角弓反张、翻滚，局部出血性皮炎，用力撕咬；第七天衰竭、呼吸困难而死。

防治措施

治疗母猪缺碘时，每周在饲料中加喂碘化钾0.2克，给仔猪补碘时，常应用2%碘酊2~3滴，涂于母猪乳头上，任仔猪自由舔食。

集约化养猪，利用喷洒方法处理饲料比较方便，其方法是碘片1克，碘化钾2克，共溶解于250毫升水中，然后加水至25升，每头按20毫升计算，使用喷雾器洒在1周所用饲料中。

五、猪锌缺乏症

猪锌缺乏症是由于体内含锌不足或吸收不良而引起的一种营养代谢病。临床特征是生长缓慢、皮肤角化不全、繁殖机能障碍及骨骼发育异常。

病因分析

（1）原发性锌缺乏 主要原因是饲料中锌含量绝对不足。生长在缺锌土壤（主要是石灰性土壤、黄土、黄河冲击形成的各类土壤以及紫色土，也见于施过量石灰和磷肥的土壤）的饲料，一般锌含量均低于正常需要量（每千克饲料40毫克）。

（2）继发性锌缺乏 主要是饲料中存在干扰锌吸收利用的因素。已经证明，钙、铜、铁、铬、锰、碘和磷等元素，均可干扰锌的吸收利用。据认为，钙在植酸的存在下，同锌形成不易吸收的钙-锌-植酸复合物，而干扰锌的吸收。

另外，也有资料证明，无论饲料中锌的含量多少，只要饲料中的植酸与锌的摩尔浓度比超过20∶1，即可导致临界性锌缺乏，如其浓度比再增大，则可引起严重的锌缺乏。

临床症状

病猪表现食欲不振，营养不良，生长发育缓慢，膘情不良，被毛粗糙无光泽，全身出现一片一片地脱毛。脱毛处多发生在颈部、脊背两侧和腰臀部，严重病猪在头部和眼圈周围亦发生脱毛，个别病猪全身脱毛，成了无毛猪，就像用刀刮的一样干净。皮肤出现境

图7-8 患猪皮肤角质化

界明显的红斑，而后转为直经3~5厘米的丘疹，最后形成结痂和数厘米深的裂隙（网状干裂），失去正常的弹性（图7-8），但无奇痒感，蹄底有横裂纹，这一过程历时2~3周。有的病猪出现呕吐和腹泻，母猪产后少尿或无尿和缺乳，有的母猪长期假发情，屡配不孕，产仔减少，初生仔猪虚弱，甚至出现死胎。边缘性缺锌时，可见被毛变色，胸腺萎缩，公猪性欲减退，精子数量减少。

鉴别诊断

（1）猪锌缺乏症与猪湿疹的鉴别 二者均表现被毛失去光泽，皮肤发生红斑，破溃结痂，瘙痒，消瘦。但区别是：猪湿疹病例先在股内侧、腹下、胸壁等处皮肤发生红斑，而后出现丘疹，继变水疱，破溃渗出液结痂，奇痒，水疱感染后成脓疱。不出现皮肤网裂和蹄裂。

（2）猪锌缺乏症与猪皮肤曲霉病的鉴别 二者均表现全身皮肤出现红斑，破溃后结痂，出现龟裂，食欲不振，瘙痒。但区别是：猪皮肤曲霉病的病原是曲霉菌，具有

传染性。患猪体温升高（39.5~40.7℃），眼结膜潮红流黏性分泌物，鼻流黏性鼻液，呼吸可听到鼻塞音。皮肤出现的红斑以后形成肿胀性结节。奇痒，由浆性渗出液形成的灰黑褐色的痂融合形成灰黑色甲壳而出现龟裂（不是皮肤形成网状干裂），背部腹侧的结节因不脱毛而不易被发觉。不发生蹄裂。取皮屑放在玻片上加10%氢氧化钠1滴，加盖玻片镜检可见多量分隔菌丝。

（3）猪锌缺乏症与猪皮肤真菌病的鉴别　二者均表现皮肤出现红斑，破溃后结痂，瘙痒几乎不脱毛。但区别是：猪皮肤真菌病的病原是致病性真菌，具有传染性。患猪主要在头、颈、肩部有手掌大或连片的病灶，有小水疱，病灶中度潮红，中度瘙痒，在痂块间有灰棕色至微黑连片性皮屑性覆盖物。4~8周后自愈。取患部毛或搔脱物放玻片上，加10%氢氧化钾1滴，加盖玻片，加温至标本澄明，镜检有菌丝孢子存在。

（4）猪锌缺乏症与猪疥螨病的鉴别　二者均表现头、颈、躯干等处皮肤潮红、瘙痒、痂皮，消瘦，发育受阻。但区别是：猪疥螨病的病原是疥螨虫，通常病变部位在头、眼窝、颊、耳，以后蔓延至颈、肩、背、躯干及四肢，奇痒，因擦痒使皮肤增厚变粗。在病健皮肤交界处用凸刃刀刮去干燥痂皮后再刮新鲜痂皮至出血为止，将痂皮放在黑纸或黑玻片上，并在灯火上微微加热，在光亮处或日光下用放大镜仔细检查，可发现有活的疥螨虫在爬动。

（5）猪锌缺乏症与猪硒中毒的鉴别　二者均表现消瘦，发育迟缓，皮肤潮红、瘙痒，落皮屑，眼流泪，母猪流产，产死胎。但区别是：猪硒中毒在发病后7~10天开始脱毛，1个月后长新毛，臀、背部敏感，触摸时发嘶叫，蹄冠、蹄缘交界处出现环状贫血苍白线，后发绀，最后蹄脱落。将胃内容物或呕吐物制成检液，将检液1滴置滴板上，再加1滴新配制的1%不对称二苯肼的冰乙酸溶液和1滴2摩尔/升盐酸溶液，将此3种溶液充分混匀，如有亚硒酸存在，立即出现红色反应，随即变成亮红紫色。

1）合理调配日粮，保证日粮中有足够量的锌，并适当限制钙的水平，使钙、锌的比例维持在100∶1。锌的需要量按猪只的性别不同而不同，小母猪对锌的需要量相对较低，为每千克饲料30毫克，而小公猪约为每千克饲料50毫克。猪对锌的需要量平均为每千克饲料40毫克，适宜补锌量为每千克饲料100毫克。

2）在日粮中添加硫酸锌，每吨饲粮添加200克，每日1次，连续服用10天，可有效预防锌缺乏，脱毛严重的哺乳母猪和断奶仔猪要加倍补锌。

六、猪食盐缺乏症

猪食盐缺乏症是由于饲料中食盐缺乏而引起的一种营养代谢病。

病因分析

　　配合饲料中配给的食盐不足，使猪只体内食盐减少，引起食盐缺乏症。由于各种疾病，尤其是中暑、剧烈运动，烈日曝晒等因素，猪只大汗淋漓，大量失盐和脱水，引起食盐缺乏。

临床症状

　　食盐缺乏时，往往出现生长发育缓慢，食欲减退，饲料利用率降低，被毛粗乱，无光泽，体重减轻，出现异嗜现象，病猪乱啃异物、咀嚼煤渣、舔食泥沙等（图7-9）。严重时被毛脱落，肌肉神经系统功能紊乱，心跳失常等。

鉴别诊断

　　（1）猪食盐缺乏症与猪钙磷缺乏症的鉴别　二者均表现精神不振，食欲减退，生长缓慢，有啃泥土、墙壁异嗜行为。但区别是：猪钙磷缺乏症是因饲料中钙磷缺乏而发病。患猪挑食，吃食时多时少，发育不良，骨骼变形（脊柱和四肢长骨弯曲，关节肿大），步态强拘，行动不稳，站立困难。

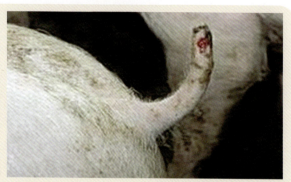

图7-9　患猪异食癖，咬尾

　　（2）猪食盐缺乏症与猪铜缺乏症的鉴别　二者均表现精神不振，食欲减退，生长缓慢，有啃泥土、墙壁异嗜行为。但区别是：猪铜缺乏症是因猪体缺铜而发病。患猪贫血，毛色由深变浅，黑毛变棕色或灰白色，关节不能固定，血铜低于正常值（0.1微克/毫升）。剖检可见肝、脾、肾广泛性血铁黄素沉着，呈土黄色。

　　（3）猪食盐缺乏症与猪锌缺乏症的鉴别　二者均表现精神不振，食欲减退，生长缓慢，背毛粗乱，脱毛。但区别是：猪锌缺乏症是因猪体缺锌而发病。患猪皮肤有小红点，经2~3天后破溃结痂，重时连片。皮肤粗糙呈网状干裂，同时一蹄或数蹄出现纵裂或横裂，蹄壁无光泽。血清锌含量由正常0.98微克/毫升降到0.22微克/毫升。

防治措施

　　个体养猪，按每日每头饲喂食盐5~10克，改善饲料的适口性，增强食欲和消化功能，促进猪只的生长发育。集约化猪场，在饲料中配给0.5%~0.61%食盐，长期饲喂，有预防食盐缺乏的作用。

七、猪硒·维生素E缺乏症

　　单纯发生硒或维生素E缺乏并不多见，临床上较多发生的是微量元素硒和维生素E共同缺乏所引起的畜禽硒·维生素E缺乏症（国外称畜禽硒·维生素E反应症）。其病理特性主要表现为骨骼肌变性、坏死（肌营养不良、白肌病），肝营养不良及心肌纤维变性等。同时导致仔猪骨髓成熟障碍，引起红细胞的生成不足和溶血。

本病一年四季都可发生，以仔猪发病为主，多见于冬末春初。

病因分析

①土壤含硒量低于0.5毫克/千克或饲料中含硒量低于0.05毫克/千克，即易导致畜禽缺硒。

②硫是硒的拮抗物，如放牧地、田间施用硫肥过多，或以煤炭燃烧过多，也能造成植物缺硒。

③青绿饲料中含有过多的不饱和脂肪酸，则胃肠吸收不饱和脂肪酸增加，其游离根与维生素E结合，可引起维生素E的缺乏，导致肌、肝的营养不良和坏死。

④猪日粮中含铜、锌、砷、汞、镉过多，影响硒的吸收。

临床症状

依病程经过可分为急性、亚急性和慢性。依发生的器官可分为白肌病（骨骼肌型）、桑葚心（心肌型）、肝营养不良（肝变型）。

体温一般无异常，精神沉郁，以后卧地不起，继而昏睡（图7-10）。食欲减退或废绝，眼结膜充血或贫血，仅见眼睑水肿。白毛猪皮肤，病初可见粉红色，随病程延长而逐渐转变为紫红色或苍白（图7-11），颌下、胸下及四肢内侧皮肤发绀。骨骼肌型的患猪初期行走时后躯摇摆或跛行，严重时后肢瘫痪，前肢跪地行走，强之起立，肌肉震颤，常尖叫。心肌炎型则心跳快，节律不齐。育肥猪肌肉变性，肌红蛋白尿，有渗出性素质时皮下水肿。

（1）先天性缺硒　生后几小时至2天即表现皮肤发红，软弱无力，站立困难，趴卧，后肢向外伸展，全身寒颤，末梢部位冷，体温37℃，个别腹泻，全身皮下水肿，四肢皮肤趋皱，显得透明有波动，关节轮廓不显，颈、肩皮下水肿也很明显，多在病后3~5小时死亡，少数拖延至第二天。用示波极谱仪检测肝脏含硒量，含硒为0.04~0.58微克/千克重。

（2）白肌病　主要见于3~5周龄仔猪，急性发病多见于体况良好，生长迅速的仔猪，常无任何先兆，突发抽搐、嘶叫，几分钟后死亡。有的病程延长至1~2周，精神不振，不愿活动，喜卧，步态强拘，站立困难，常呈前肢跪下或犬坐。继续发展则四肢

图7-10　患猪精神沉郁，地不起，昏睡，眼睑水肿

图7-11　患猪皮肤苍白

麻痹，心跳快而弱，节律不齐，呼吸浅表，排稀粪，尿血红蛋白尿。

成年猪多呈慢性经过，症状与仔猪相似。但病程较长，易于治愈，死亡率低。

（3）桑葚心　一般外观健康，无前驱症状即死亡，可能发现死亡猪不只1头。如见有存活的，则表现呼吸困难，发绀，躺卧，如强迫行走可立即死亡。大约有25%表现症状轻微，饮食不振，迟钝，如遇天气恶劣或运输等应激将促其急性死亡。皮肤有不规则的紫红色斑点，多见于股内侧，有时甚至遍及全身，一般体温、粪便正常，心率加快。

（4）肝营养不良（饮食性肝机能病）　多见于3~4周龄仔猪，常在发现时已死亡。偶有一些病例在死亡前出现呼吸困难。严重沉郁，呕吐，蹒跚，腹泻，耳、胸、腹部皮肤发绀，后肢衰弱，臀、腹下水肿。病程较长者多有腹胀、黄疸和发育不良。

病理变化

（1）先天性缺硒（初生仔猪）　四肢胸腹下皮肤发红，全身皮下水肿，股、胯、腹壁、颌下、颈、肩水肿层厚达1~2厘米。局部肌肉大量浸润，水肿液清亮如水，暴露空气后不凝固，心包有不同程度积液。两肾苍白易碎，周围水肿，少数表面有小红点，肝淤血，呈暗红色或一致的黄土色。肠系膜不同程度水肿。全身肌肉，尤其后腿、臀、肩、背、腰部肌肉苍白，有些为黄白色，肌间有水肿液浸润，致肌肉松软半透明。心、肺、脾、胃肠道、膀胱无眼见病变，血色淡薄。

（2）白肌病　骨骼肌色淡，如鱼肉样，以肩膀、胸、背、腰、臀部肌肉变化最明显，可见白色或淡黄色的条纹斑块状稍浑浊的坏死灶（图7-12、图7-13）。心肌扩张变薄，以左心室为明显，心内膜隆起或下陷，膜下肌肉层呈灰白色或黄白色条纹或斑块。肝肿大，硬而脆，切面有槟榔样花纹。肾充血肿胀，实质有出血点和灰色的斑状灶。脑白质软化。

（3）桑葚心　心脏扩张，心包积液、心脏浆膜出血（图7-14），两心室容积增大，横径变宽，呈圆球状，沿心肌纤维走向发生多发性出血呈紫色，有如桑葚样。心肌色淡而弛缓，心内外膜有大量出血点或弥漫性出血（图7-15），心肌间有灰白或黄

图7-12　患猪肌肉条纹状变性

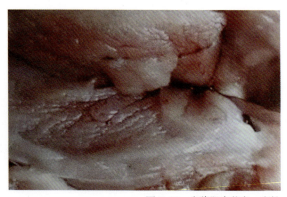

图7-13　患猪肌肉苍白、变性

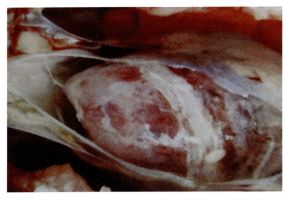

图7-14　患猪心包积液、心脏浆膜出血

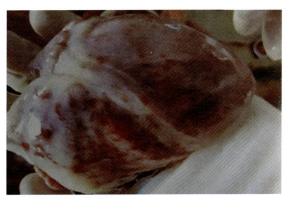

图7-15　患猪心、心包外膜出血

白色条纹状变性和斑块状坏死区。肝容积增大，有杂色斑点呈肉蔻样，中心小叶充血和坏死。肺、脾、肾充血，心包液、胸、腹水明显增量，透明橙黄色。

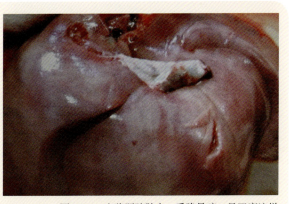

图7-16　患猪肝脏肿大，质脆易碎，呈豆腐渣样

（4）肝营养不良　急性，肝正常的红褐色小叶和红色出血性坏死小叶及白色或淡黄色缺血性凝固坏死小叶混杂在一起，形成彩色多斑的嵌花式外观（俗称花肝）。肝脏肿大1~2倍，质脆易碎，呈豆腐渣样（图7-16）。发病小叶可能孤立成点，也可联合成片，并且再生的肝组织隆起，使肝表面粗糙不平。慢性，出血部位成暗红色或红褐色，坏死部位萎缩，结缔组织增生，形成瘢痕，使肝表面凹凸不平。

鉴别诊断

（1）猪硒·维生素E缺乏症与猪铜缺乏症的鉴别　二者均表现仔猪多发，食欲不振，贫血，四肢强拘，跛行，常卧地不起，站立困难，犬坐。但区别是：猪铜缺乏症是因猪体缺铜而发病。患猪四肢发育不良，关节不能固定，跗关节过度屈曲，呈蹲坐姿势，前肢不能负重，关节肿大、僵硬，急转弯时易向一侧摔倒。剖检可见肝、脾、肾广泛性血铁黄素沉着。血铜含量低于0.7微克/毫升（血浆铜0.5微克/毫升），猪毛含铜低于8毫克/千克。

（2）猪硒·维生素E缺乏症与猪心性急死病的鉴别　二者均表现运动僵硬，皮肤发绀，急性死亡；骨骼呈灰白色，心肌有白色条纹等。但区别是：猪心性急死病常在应激情况下发病，夏季多发。成年公、母猪多发。剖检可见棘突上下纵行肌肉呈白色或灰白色，有时一端病变，一端正常。

（3）猪硒·维生素E缺乏症与猪血细胞凝集性脑脊髓炎的鉴别　二者均表现精神不振，喜睡，共济失调，犬坐，后肢麻痹，呼吸困难。但区别是：猪血细胞凝集性脑脊髓炎的病原是血球凝集性脑脊髓炎病毒，多发于2周龄以下的仔猪，具有传染性。患猪呕吐，常堆聚在一起，打喷嚏，咳嗽，磨牙，对响声及触摸敏感尖叫。剖检可见除脑有病变外，其他无明显病变。取病料接种于猪胎肾原代单层细胞，接种12小时观察，出现融合细胞。

（4）猪硒·维生素E缺乏症与猪水肿病的鉴别　二者均表现眼睑水肿，行走无力，四肢麻痹，多发于仔猪。但区别是：猪水肿病的病原是致病性大肠埃希菌，多发于断奶前后的仔猪，具有传染性。患猪体温稍高（39~40℃），口流白沫，有轻度腹泻，后便秘，结膜、颈、腹下也水肿，肌肉震颤，四肢游泳动作。剖检可见胃襞、结肠肠系膜、眼睑、脸部及颌下淋巴结水肿。肠内容物可分离出病原性大肠埃希菌。

防治措施

1）对曾发生过白肌病、肝营养不良和桑葚心的地区或可疑地区，冬天给怀孕母猪注射0.1%亚硒酸钠4~8毫升，也可配合维生素E 50~100毫克。每隔半月注射1次，共注2~3次（同时也可减少白痢的发生）。

2）为防止仔猪发病，仔猪生后7日龄、断奶时及断奶后1个月，用亚硒酸钠，每千克体重0.06毫升（相当0.1%亚硒酸钠0.06毫克）各注射1次。也可根据本地区土壤、饲料、动物血的硒含量制定本地区硒的预防量。在病区预防量，仔猪1~10日龄0.5毫克，11~20日龄0.75毫克；21~30日龄1毫克，30日龄以上哺乳猪和断乳仔猪，每间隔15天定期补硒1次，也可用常水配制0.1%亚硒酸钠溶液，每头每次1~2毫升口服。

3）在缺硒地区，每100千克饲料中加0.022克无水亚硒酸钠（硒0.1毫克/千克），同时每千克饲料添加维生素E 20~25单位，可防止本病的发生。

4）先天性仔猪硒缺乏，不仅对病仔猪用亚硒钠注射无效，孕猪后期补硒也难以有效。必须在配种后60天以内补硒，每半月1次，每次0.1%亚硒酸钠5~10毫升拌饲料喂或每半月肌注10毫升，并在怀孕2~2.5月和产前15~25天分别肌注0.1%亚硒酸钠10毫升。

5）治疗时用亚硒酸钠维生素E注射液（每支5、10毫升，每毫升含维生素E 50单位、亚硒酸钠1毫克），仔猪每次肌注1~2毫升。

八、猪维生素A缺乏症

猪维生素A缺乏症是由于维生素A缺乏所引起的一种营养代谢病，临床上以生长发育不良、视觉障碍和器官黏膜损伤为特征。以仔猪及育成猪多发，常于冬末、春初青绿饲料缺乏时发生。

病因分析

（1）原发性维生素A缺乏症 主要见于饲料中胡萝卜素或维生素A含量不足；饲料加工不当，使其氧化破坏；饲料中磷酸盐、亚硝酸盐含量过高，中性脂肪和蛋白质含量不足，影响维生素A在体内的转化吸收；机体由于泌乳、生长过快等原因需要量增加。

（2）继发性维生素A缺乏症 主要见于慢性消化不良和肝脏疾病（引起胆汁生成减少和排泄障碍，影响维生素A的吸收）以及某些热性病、传染病等。哺乳仔猪维生素A缺乏则与母乳质量有关。

临床症状

仔猪发病后典型症状是皮肤粗糙、皮屑增多、咳嗽、下痢、生长发育迟缓。严重病例，表现运动运动失调，多为步态摇摆，随后失控，最终后肢瘫痪（图7-17）。有的猪还表现行走僵直、脊柱前凸、痉挛和极度不安。在后期发生夜盲症、视力减弱和干眼。妊娠母猪常出现流产和死胎，所生仔猪瞎眼或眼畸形（图7-18），全身水肿，体质衰弱，易患病和死亡。公猪性欲下降或精子活力低以及排死精子。

图7-17 患猪消瘦，运动失调，走路摇摆

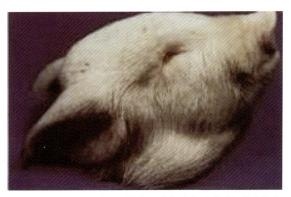

图7-18 患病母猪怀孕早期，胎儿发育畸形引起的小眼症

病理变化

无特征性变化，主要变化是胃肠道炎症和黏膜增厚。也可见心、肺、肝、肾充血。

鉴别诊断

（1）猪维生素A缺乏症与猪伪狂犬病（2月龄左右的猪）的鉴别 二者均表现咳嗽、下痢、行走困难、惊厥，孕猪患病出现流产、死胎、弱胎。但区别是：猪伪狂犬病的病原是猪伪狂犬病病毒，具有传染性。患猪有轻热（39.5~40.5℃）头颈皮肤发红（不出现溢脂性皮炎），四肢僵直、震颤，不出现夜盲。母猪流产不出现畸形胎。剖检可见各脏器多有充血、水肿、出血病变，用病料上清液接种家兔皮下，24小时后局部奇痒，用力自咬皮肤，最后衰竭死亡。

（2）猪维生素A缺乏症与猪传染性脑脊髓炎的鉴别 二者均表现步态蹒跚，共济失调，经常跌倒发出尖叫，角弓反张，卧倒时四肢做游泳动作。但区别是：

猪传染性脑脊髓炎的病原是猪传染性脑脊髓炎病毒，具有传染性。患猪体温升高（40℃~41℃），四肢僵硬，前肢前移，后肢后移，眼球震颤，声响能激起尖叫。用病料脑内接种易感小猪，接种后出现特征性症状。

（3）猪维生素A缺乏症与猪血细胞凝集性脑脊髓炎的鉴别　二者均表现咳嗽，共济失调，卧地四肢做游泳动作，尖叫，视力障碍。但区别是：猪血细胞凝集性脑脊髓炎的病原是血球凝集性脑脊髓炎病毒，多发于2周龄以下仔猪，具有传染性。患猪对声响触摸过敏，后躯麻痹，犬坐，视觉障碍但不是夜盲。

防治措施

1）保证饲料中含有充足的维生素A或胡萝卜素及玉米黄素，消除影响维生素A吸收、利用的不利因素。

2）做好饲料的收割、加工、调制和保管工作，如谷物饲料贮藏时间不宜过长，配合饲料要及时饲喂。

3）发病后，可肌肉注射维生素AD 2~5毫升，隔日1次。吃食猪可每日将10~15升鱼肝油拌入饲料中。尚未吃食的猪可灌服鱼肝油2~5毫升，每日2次。对眼部、呼吸道和消化道的炎症应对症治疗。

九、猪维生素B₁缺乏症

维生素B_1缺乏症是由于饲料中维生素B_1缺乏或饲料中存在干扰其吸收的物质所引起的一种营养代谢病。临床特征是食欲减退、异嗜和神经症状。

病因分析

（1）饲料中含量不足或缺乏　由于饲料单一、调制不当或贮存不当，造成饲料中维生素B_1的不足或缺乏，引起维生素B_1的缺乏。

（2）维生素B_1吸收障碍　肠吸收不良，由于急、慢性腹泻，均可影响小肠吸收硫胺素，如习惯饲喂米糠、麦麸的猪只，在长期腹泻后常继发维生素B_1缺乏。

（3）机体需要量增加　母猪在泌乳、妊娠、仔猪生长发育、剧烈运动、慢性消耗性疾病及发热等病理过程中，机体对维生素B_1的需要量增加，而发生相对性的供给不足或缺乏。

临床症状

在正常情况下，猪体内有足够量的维生素B_1的贮存，人工发病至少需要56天。病初断奶仔猪表现腹泻，呕吐，食欲减退，生长停滞，行走摇晃，虚弱无力，心动过缓，心肌肥大，后期体温低下，心搏动亢进，呼吸迫促，最终死亡（图7-19）。

图7-19　患猪食欲减退，生长停滞，行走摇晃，虚弱无力

有的病猪主要发生神经变性变化，常见多发性神经炎，表现为头向后仰，痉挛，抽搐，四肢呈游泳样症状，运动失调。有的变性变化也出现在肌肉、肠黏膜和内分泌腺，临床上出现肌肉萎缩，四肢麻痹，剧烈腹泻，急剧消瘦，有的还出现水肿现象。

鉴别诊断

（1）猪维生素B$_1$缺乏症与猪胃溃疡的鉴别　二者均表现食欲不振，消化不良，生长缓慢，走路不稳，呕吐。但区别是：猪胃溃疡眼结膜稍苍白，粪黑色，如胃已穿孔，则2~3小时内死亡，如稍迟（3天）才死，体温升高，腹壁向上收，触诊敏感。死后口鼻流血水，剖检可见胃溃疡或胃破裂。不发生运动麻痹和瘫痪，不出现眼睑、颌下、胸腹下、股内侧水肿等症状。

（2）猪维生素B$_1$缺乏症与猪棉籽饼中毒的鉴别　二者均表现精神不振，后肢软弱，行走摇晃，呕吐，下痢，胸腹下发生水肿，后期皮肤发绀。但区别是：猪棉籽饼中毒是因长期或大量喂棉籽饼而发病。眼结膜充血有眼眵，不断喝水而尿少，先便秘后下痢，有血液。剖检可见胃肠有急性出血，肠壁有溃烂现象，肝充血、肿大、有出血点，喉有出血点，气管充满泡沫液体，肺气肿、水肿、充血。心内、外膜有出血点。

（3）猪维生素B$_1$缺乏症与猪酒糟中毒的鉴别　二者均表现食欲减退，腹泻，呼吸困难，喜卧，有时麻痹不起。但区别是：猪酒糟中毒是因长期喂啤酒糟而发病。患猪常站立一隅磨牙、呻吟，有的发生强直性痉挛。孕猪流产。剖检可见肺充血、水肿，胃肠黏膜充血、出血，胃壁变薄，肠系膜淋巴结充血、肿大，肾、肝肿胀，心内、外膜有出血斑。

（4）猪维生素B$_1$缺乏症与猪姜片吸虫病的鉴别　二者均表现精神不振，被毛粗乱，食欲减退，发育不良，步态跛跟，眼睑、腹下水肿。但区别是：猪姜片吸虫病是因用水生植物作饲料或猪下塘采食而发病，5~7月龄感染率最高，9月龄以后逐渐减少。患猪肚大股瘦，粪中可检出虫卵，剖检可在小肠见到虫体（虫体前部钻入肠襞）。

（5）猪维生素B$_1$缺乏症与猪水肿病的鉴别　二者均表现精神沉郁，食欲减少，腹泻，眼睑、腹下水肿，行走无力。但区别是：猪水肿病的病原是致病性大肠埃希菌，具有传染性，呈地方性流行，主要发生于断奶仔猪。患猪常卧于一隅，肌肉震颤、抽搐，做游泳动作，前肢麻痹，站立不稳，做转圆圈运动。剖检可见胃襞水肿，肾包囊水肿，心囊积液多，在空气中可凝成胶冻状，从小肠内容物中可分离出大肠埃希菌。

防治措施

1）合理调配饲料，满足不同生长发育阶段猪只的需要。同时平常多喂给糠麸和酵母粉，补充饲料和猪体内维生素B$_1$的不足，防止维生素B$_1$缺乏。

2）也可以饲料中添加猪用多种维生素添加剂，每千克饲料添加1克，混匀长期喂给。

3）治疗。治疗时可肌肉注射维生素B$_1$注射液，每次20毫克，直至痊愈。内服维生素B$_1$片，每次20~30毫克，每日1次，连用10天。也可内服或注射呋喃硫胺，用量为10~30毫克。

治疗时应注意，维生素B$_1$用量过大，可引起外周血管扩张，心律失常，伴有窒息性惊厥的呼吸抑制，甚至因呼吸衰竭而死亡。

十、猪维生素B$_2$缺乏症

猪维生素B$_2$缺乏症是由于饲料中维生素B$_2$缺乏或饲料中存在拮抗物质而引起的一种营养代谢病。其临床特征是脱毛、异嗜、生长发育缓慢和视觉障碍。

维生素B$_2$又称核黄素，是生物体内黄酶的辅酶，黄酶在生物氧化过程中起着递氢体的作用，参加细胞呼吸的各种生理氧化过程。核黄素参加视觉反应，促进生长发育，保护皮肤健康。具有抗皮肤炎症和口炎的作用。

维生素B$_2$广泛存在于糠麸、酵母、西红柿、甘蓝中，也存在于肾脏、肝脏、脑组织、卵黄和乳汁中，每100千克体重的猪需要维生素B$_2$的量为2.5~8.5毫克。

病因分析

配合饲料中含维生素B$_2$不足或存在拮抗物质，或平常饲喂的糠麸、酵母等较少，使猪体内缺乏维生素B$_2$。据介绍，饲料中蛋白质缺乏时，维生素B$_2$吸收量减少或不能被吸收，糖过多时，则吸收也减少，而脂肪过多时，维生素B$_2$的吸收也减少。而脂肪过多时，维生素B$_2$的需要量也增加。

在某些疾病条件下，猪对维生素B$_2$的吸收减少或需要增多。在寒冷的环境中或患有慢性疾病时，对维生素B$_2$的吸收也减少。在寒冷的环境中或患有慢性消耗性疾病时，机体维生素B$_2$需要量增加。

临床症状

维生素B$_2$缺乏时，猪在生长阶段出现发育停滞，脱毛，一般出现在脊背、眼周围、耳边和胸部，食欲减退，腹泻，溃疡性结肠炎，肛门黏膜炎，呕吐。结膜和角膜发炎，腿弯曲强直，皮肤增厚，有的出现皮疹、鳞屑和溃疡，肌肉无力、贫血、半麻痹，体温下降，呼吸、心跳减慢，对光敏感，晶状体浑浊，后备母猪在繁殖和泌乳期食欲不振或废绝，体重减轻，早产，死产，新生仔猪衰弱，死亡，有的仔猪无毛。

鉴别诊断

（1）猪维生素B$_2$缺乏症与猪维生素B$_1$缺乏症的鉴别　二者均表现精神不振，食欲减退甚至废绝，被毛粗乱无光泽，呕吐，腹泻，生长缓慢。但区别是：猪维生素B$_1$缺乏症后肢跛行，眼睑、颌下、腹膜下、后肢内侧水肿，有的运动麻痹、共济失调。皮肤不出现皮炎、丘疹、溃疡。

（2）猪维生素B$_2$缺乏症与猪锌缺乏症的鉴别　二者均表现食欲不振，发育不良，生长缓慢，皮肤有红色斑点、破溃结痂，孕猪流产产死胎、畸形胎等。但区别是：猪锌缺乏症是因猪体缺锌而发病。患猪从耳尖、尾部、四肢关节到耳根、腹部、后肢内侧、臀部、背部的皮肤表面有小红点，经2~3天破溃结痂连片，逐渐遍及全身，患部皮肤褶皱粗糙并有网状干裂，蹄壳也有纵、斜、横裂。血液检查仔猪血清锌从正常的0.98微克/毫升降至0.22微克/毫升。

（3）猪维生素B_2缺乏症与猪湿疹的鉴别　二者均表现被毛失去光泽，皮肤有红斑，黄豆大丘疹、破溃结痂等。但区别是：猪湿疹是一种致敏物质引起的疾病。患猪一般丘疹演化为水疱，感染后为脓疱，疱破裂后可见鲜红溃烂面，而后结痂，有奇痒。消瘦而疲惫，但不出现呕吐、腹泻和行走困难及角膜炎和晶状体浑浊。

（4）猪维生素B_2缺乏症与猪感光过敏的鉴别　二者均表现皮肤有红斑疹块、溃烂结痂，腹泻等。但区别是：猪感光过敏是因吃了致敏饲料（如荞麦、经日晒的糠秕等）而突然发病，有疼痒感，白天重夜间轻。有时表现腹痛、口鼻炎、结膜炎，流泪，兴奋时盲目奔走，共济失调，后躯麻痹。不出现角膜炎和晶状体浑浊。

（5）猪维生素B_2缺乏症与猪肾虫病的鉴别　二者均表现精神沉郁，食欲不振、被毛粗乱，生长缓慢，皮肤有炎症、丘疹，后肢僵硬等。但区别是：猪肾虫病丘疹多呈小结节，体表淋巴结肿大，后肢无力，走路摇摆，尿中有絮状物和脓液。剖检可见肝中有包囊和脓肿，肾盂有脓肿，输尿管壁增厚、常有数量较多的包囊，包囊和脓肿中有幼虫或成虫。

防治措施

1）猪的配合饲料中配给足量的蛋白质、糖和维生素B_2，同时注意喂给糠麸、酵母等，预防维生素B_2的缺乏。猪用多种维生素添加剂，在每千克饲料中添加1克，补充维生素B_2，防止本病的发生。

2）治疗时可肌肉注射维生素B_2注射液，每次20~30毫克，每天1次，连续应用10天，也可口服维生素B_2制剂。肌肉注射或口服复合维生素B制剂。

第八章
猪中毒性疾病的鉴别诊断与防治

一、猪亚硝酸盐中毒

病因分析

青菜类饲料（如白菜、卷心菜、萝卜叶、甜菜叶、野生青菜等）均含有一定量的硝酸盐和少量的亚硝酸盐，当长期堆积发生腐烂，或用火焖煮且长久焖在锅内贮存时，其中的硝酸盐大量转为毒性的亚硝酸盐，这些亚硝酸盐被猪吃食进入体内后，猪血液中氧合血红蛋白转变成高铁血蛋白，失去携氧能力，导致全身组织器官缺氧、呼吸中枢麻痹而死亡。

临床症状

患猪表现为食后10~30分钟突然发病，狂躁不安，有疼痛感，呕吐流涎，呼吸困难，心跳加快，走路摇摆乱撞、转圈。皮肤、耳尖、嘴唇及鼻盘等部位开始苍白，后变为青紫色，四肢及耳发凉，体温下降，倒地痉挛，口吐白沫，如不及时抢救，很快死亡（图8-1、图8-2）。中毒轻者也可逐渐恢复。

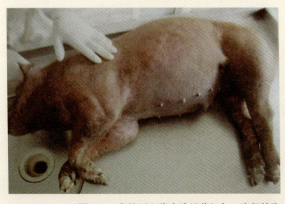

图 8-1　突然死亡猪皮肤呈紫红色，腹部鼓胀

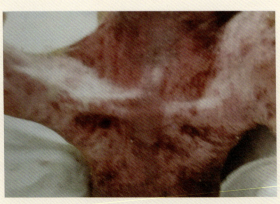

图 8-2　猪突然死亡，胸骨处皮肤有紫癜

病理变化

血液呈酱油色，凝固不良，胃内充满食物，胃肠黏膜呈现不同程度的充血、出血，肝、肾呈乌紫色，肺充血，气管和支气管黏膜充血、出血，管腔中充满带红色的泡沫状液体，心外膜、心肌有出血斑点（图8-3~图8-5）。严重病例，胃黏膜脱落或溃疡。

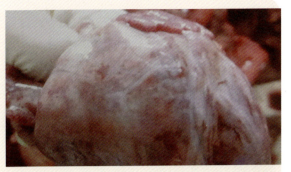

图 8-3　患猪心肌出血

图 8-4　患猪脾脏肿大，呈紫黑色

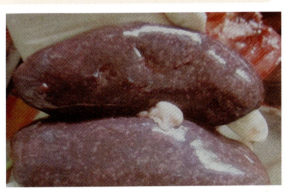

图 8-5　患猪肾脏呈"花斑状"

鉴别诊断

（1）猪亚硝酸盐中毒与猪氢氰酸中毒的鉴别　二者均表现食后不久发病，呕吐，流涎，腹痛，呼吸困难，惊厥，痉挛，皮肤和可视黏膜先发绀后变苍白。但区别是：猪氢氰酸中毒是因病前所采食木薯、高粱、玉米嫩苗、亚麻子或桃、李、杏、梅的果仁和叶而发病。患猪牙关紧闭，眼球转动或突出，头常歪向一侧。剖检可见血液鲜红、凝固不良，胃内容物有杏仁味，取被检材料5~10克加适量水调成糊状，加10%硫酸呈酸性，瓶口加盖滤纸，并先在滤纸中心滴2滴20%硫酸亚铁及2滴10%氢氧化钠，小心缓慢加热，数分钟后气体上升，再在滤纸上加10%盐酸，若被检材料有氰化物存在，则滤纸中心呈蓝色，阴性反应滤纸中心呈黄色。

（2）猪亚硝酸盐中毒与猪有机氟化物中毒的鉴别　二者均表现呕吐，全身震颤，四肢抽搐，尖叫，瞳孔散大，昏迷；剖检血液凝固不良，胃黏膜充血脱落、气管有泡沫等。但区别是：猪有机氟化物中毒是因吃被有机氟化物污染的饲料、饮水而发病。患猪病初惊恐、尖叫。向前直冲，不避障碍，角弓反张，出现缓和后又会重新发作。用羟肟酸反应法检验，如有氟乙酰胺呈现红色。

防治措施

1）饲料必须清洁、新鲜，堆放在通风的地方，经常翻动，不使其霉烂。

2）不用发热霉烂的菜叶等喂猪，青饲料要鲜喂，切忌蒸煮加盖焖熟。

3）如发病，尽快剪耳断尾放血，静脉或肌肉注射1%的美蓝溶液，每千克体重1毫克。口服或注射大剂量维生素C，静脉注射葡萄糖溶液。心脏衰弱可注射樟脑咖啡因。

二、猪氢氰酸中毒

病因分析

高粱和玉米幼苗、亚麻叶、亚麻饼、桃、李、杏仁等均含有大量氰苷类物质，猪吃了含有大量氰苷类物质的饲料后，在体内经酶水解作用，这些氰苷类物质转化为剧毒的氢氰酸，使猪中毒。

临床症状

患猪表现为饱食后突然发病，呼吸困难，张嘴伸颈，瞳孔放大，流涎。腹部疼痛，起卧不安，有时呈坐势，有时旋转，呕吐（图8-6、图8-7）。黏膜和皮肤青紫色，后期呈苍白色。四肢及耳发凉，剪耳和尾不流血或只流出少量血。最后昏迷、肌肉痉挛、窒息而死。中毒轻的可自然耐过。

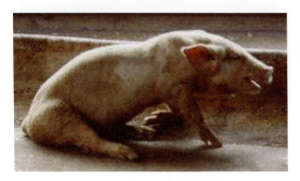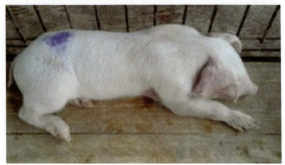

图8-6　患猪呼吸困难，呈坐势呼吸　　　　　　　　　　　　　　　　　图8-7　患猪呕吐

病理变化

尸体不易腐败，血液鲜红色，凝固不良。胃内充满气体，含有未消化的饲料，并有氢氰酸的特殊臭味。胃肠黏膜和浆膜出血，肺水肿或充血。

鉴别诊断

（1）猪氢氰酸中毒与猪亚硝酸盐中毒的鉴别　二者均表现食后突然发病，流涎，腹痛，呼吸困难，瞳孔散大，尖叫，倒地昏迷等。但区别是：猪亚硝酸盐中毒是因吃了煮焖或堆放发热的菜类而发病，可视黏膜和皮肤蓝紫色或乌紫色，震颤抽搐。剖检可见血液呈黑红或咖啡色，似酱油，凝固不良，胃内容物无杏仁味。取病料1滴置于滤纸上，加10%联苯胺1~2滴，再加10%醋酸液1~2滴，滤纸变为棕色。

（2）猪氢氰酸中毒与猪食盐中毒的鉴别　二者均表现流涎、呕吐、腹痛、瞳孔散大等。但区别是：猪食盐中毒是因吃含盐量多的饲料而发病。患猪兴奋时盲目奔跑，口渴喜饮，尿少或无尿，口腔黏膜肿胀，角弓反张，四肢做游泳动作，有时癫痫发作。皮肤发绀。剖检可见血液凝固不良呈糊状（不呈鲜红色），脑水肿。

（3）猪氢氰酸中毒与猪毒芹中毒的鉴别　二者均表现流涎，兴奋不安，呕吐，呼吸困难，痉挛等。但区别是：猪毒芹中毒是因吃毒芹而发病。患猪步态蹒跚，卧地不起呈麻痹状态，常呈右侧卧，使之左侧卧即鸣叫，恢复右侧卧即安静。剖检可见胃黏膜重度充血、出血、肿胀。血稀薄，色发暗。用斯、奥氏法处理被检材料的残渣，加0.5%高锰酸钾的硫酸溶液呈紫色。

防治措施

1）用含有氰苷类物质的饲料喂猪时要限量，特别是再生的高粱、玉米等幼苗。

2）如发病，可先应用1%硫酸铜50毫升或吐根酊1~5毫升，催吐后再0.1%高锰酸钾溶液反复洗胃；静脉注射10%~20%硫代硫酸钠30~50毫升及5%维生素C2~10毫升；1%美蓝溶液，每千克体重1毫升，静脉注射。

三、猪棉籽饼中毒

病因分析

棉籽饼富含蛋白质，但同时也含有毒物质——棉籽毒素（已知有游离棉酚、棉酚紫、棉酚绿等）。棉籽毒素在畜体内排泄缓慢，有蓄积作用，一次大量喂给或长期饲喂时均可能引起中毒。妊娠母猪和仔猪对棉籽毒素特别敏感，哺乳母猪喂了大量未经处理的棉籽饼，不仅易引起哺乳母猪中毒，而且通过乳汁引起仔猪中毒。

临床症状

中毒较轻的患猪仅见食欲减退，下痢。重症患猪精神沉郁，食欲减退或废绝，粪便黑褐色，先便秘后腹泻，混有黏液和血液。皮肤颜色发绀，尤以耳尖、尾部明显。后肢软弱无力，走路摇晃，发抖。心跳、呼吸加快，鼻内有分泌物流出，结膜暗红，有黏性分泌物。肾炎，尿血。血红蛋白和红细胞减少，出现维生素A缺乏症，眼炎，夜盲症或双目失明，妊娠母猪发生流产。

病理变化

胃肠黏膜有卡他性或出血性炎症，肝充血肿大，肺充血水肿，肾肿大、出血，胸腹腔有红色透明的渗出液，全身淋巴结肿大。

鉴别诊断

（1）猪棉籽饼中毒与猪丹毒（疹块型）的鉴别　二者均表现精神不振，皮肤有疹块，腹下潮红，体温高（41℃），孕猪流产等。但区别是：猪丹毒的病原是猪丹毒杆菌，具有传染性。患猪没有饲喂棉籽饼史，病势较缓慢和轻微，疹块成方形、菱形、圆形，高出于皮肤，出现疹块后体温下降，多经数日能自行恢复。不出现昏睡、胸腹下水肿。采耳静脉血或切开疹块挤出血液和渗出液涂片，染色镜检可见猪丹毒杆菌。

（2）猪棉籽饼中毒与猪桑葚心病的鉴别　二者均有精神沉郁、绝食，肌肉震颤，皮肤有丹毒样疹块，心内、外膜有出血点等临床症状和病理变化。但区别是：猪桑葚心病多在应激因素下突然发病，患猪没有饲喂棉籽饼史。剖检可见心包、胸腹腔有草黄色积液，暴露于空气中凝结成块，心肌广泛出血，呈斑点状或条纹状如同紫红色的桑葚。肺、肝、肾、胃、肠淤血水肿，腹股部及剑状软骨附近的肌肉、肌间结缔组织水肿。

（3）猪棉籽饼中毒与猪菜籽饼中毒的鉴别　二者均有精神沉郁，拱腰，后肢软弱，减食或废食，流鼻液，下痢带血，心跳、呼吸加快，剖检可见气管有泡沫，胸腔有积液，心内膜有出血，胃肠有出血性炎症等临床症状和病理变化。但区别是：猪菜籽饼中毒是因猪吃了未去毒的菜籽饼而发病，肾区有压痛，频尿，尿血，排尿痛苦，尿液落地起泡沫且很快凝固。剖检可见喉气管有淡红色泡沫。肝肿大，膈面呈黄褐色或暗红色，其他部位黄绿色。肾被膜易剥离，表面呈黄或灰白色，有淤血或出血点，切面皮质，髓质界限不清。

防治措施

1）用棉籽饼喂猪时，应限制每日喂量。成年猪饲粮中不超过5%，母猪每天不超过250克。妊娠母猪产前半个月停喂，产后半个月再喂。断奶仔猪每天喂量不超过100克。不应长期连续饲喂棉籽饼，一般可间断性饲喂，如喂半个月，停半月再喂。妊娠母猪、哺乳母猪及仔猪最好不喂给棉籽饼。

2）加热减毒。榨油时最好能经过炒、蒸的过程，使游离的棉酚变为结合棉酚，以减轻棉酚的毒性。

3）加铁去毒。据报道，用0.1%或0.2%的硫酸亚铁溶液浸泡棉籽，棉酚的破坏率可达到81.81%。

4）若发现因棉籽饼中毒，必须立即停喂棉籽饼，改换其他饲料。治疗时，可用5%碳酸氢钠水洗胃或灌肠；胃肠炎不严重时，可内服盐类泻剂，如内服硫酸钠或硫酸镁25～50克；胃肠炎严重时，使用消炎剂、收敛剂，如内服磺胺脒5～10克、鞣酸蛋白2～5克；用安那加5～10毫升，皮下或肌肉注射；用5%葡萄糖盐水注射液300～500毫升，静脉或腹腔注射。

四、猪菜籽饼中毒

病因分析

菜籽饼是一种蛋白质饲料，但菜籽饼中含有芥子苷、苷子酸钾、苷子酶和苷子碱等成分，特别是其中的芥子苷在芥子酶作用下，可水解形成异硫酸丙烯酯或丙烯基芥子油等有毒成分。若不经处理，长期或大量饲喂可引起中毒。

图8-8　患猪呕吐

临床症状

　　患猪表现为腹痛，腹泻，粪便带血，食欲减退或废绝，口吐白沫，有时出现呕吐现象（图8-8），排尿次数增多，有时尿中有血。呼吸困难，咳嗽，鼻腔中流出泡沫样液体，结膜发绀。严重中毒时，精神极度沉郁，四肢无力，站立不稳，体温下降，耳尖和四肢末端发凉，瞳孔放大，心脏衰弱，最后虚脱而死。

病理变化

　　肠黏膜充血或点状出血，胃内有少量凝血块，肾出血，肝混浊肿胀。心内外膜有点状出血。肺水肿、气肿。血液如漆样，凝固不良。

鉴别诊断

　　（1）猪菜籽饼中毒与猪酒糟中毒的鉴别　二者均表现体温初高（39~41℃）、后降，食欲废绝，步态不稳，腹痛、腹泻，呼吸、心跳加快，有时尿红；胃肠黏膜充血、出血，肾肿大苍白，肝肿大、边缘钝圆等。但区别是：猪酒糟中毒是因喂饲酒糟而发病，病初兴奋不安，便秘，卧地不起，四肢麻痹，昏迷。剖检可见咽喉黏膜轻度炎症，食道黏膜充血。胃内有酒糟，呈土褐色，有酒味，胃肠黏膜有充血、出血点（无浅溃疡），肠管有微量血块，直肠肿胀，黏膜脱落。脑和脑膜充血，切面脑实质有指头大出血区。

　　（2）猪菜籽饼中毒与猪棉籽饼中毒的鉴别　二者均表现精神沉郁，拱腰，后肢软弱，走路摇晃，心跳、呼吸加快，粪先干后下痢、带血。但区别是：猪棉籽饼中毒是因饲喂未经去毒的超过占日粮10%的棉籽饼而发病。患猪鼻流水样鼻液，咳嗽，有眼眵，胸腹下水肿，嘴、尾根皮肤发绀，有丹毒样疹块，血检红细胞减少。剖检可见肾脂肪变性，实质，有出血点，膀胱充满尿液，肾盂脂肪肿大，有结石，脾萎缩，肝充血、肿大、变色，其中有许多空泡和泡沫状间隙。

　　（3）猪菜籽饼中毒与猪棘头虫病（钩头虫病）的鉴别　二者均表现食欲减退，腹痛、腹泻，粪中带血，卧地不起。但区别是：猪棘头虫病的病原是巨吻棘头虫。患猪没有饲喂棉籽饼史，发育迟滞，消瘦，贫血，如虫体穿透肠襞，体温升至41℃。粪检有虫卵，剖检虫体乳白色，有横纹，较长（雄虫体长7~15厘米，雌虫体长30~68厘米）。

防治措施

　　1）菜籽饼喂猪要限制用量，一般应占饲粮含量5%以下。

　　2）配合猪的饲粮时，不要单独使用菜籽饼，应与其他类蛋白质饲料进行搭配。

　　3）要进行脱毒处理。

　　①坑埋脱毒法：选择向阳、干燥、地温较高的地方挖一约1立方米的土坑（按菜籽饼的数量决定坑的大小）。将菜籽饼用一定数量的水（1∶1水量效果最好）浸透泡软后埋入坑内，顶部和底部盖一薄层麦草，盖土20厘米，2个月取出使用，平均脱毒率为85%左右。

　　②发酵中和法：在发酵池或缸中放入清洁的40℃温水，然后将碎菜籽饼投入发

酵。饼与水的比例为1：3.5~4，温度以38~40℃为宜，每隔2小时搅拌1次，经16小时左右，pH达3.8后，继续发酵6~8小时，充分滤去发酵水，再加清水至原有量，搅拌均匀，后加碱中和。中和时，碱液浓度要适宜。在不断搅拌下，分次喷入，中和到pH保持7~8不再下降为止。沉淀2小时，滤去废液，湿饼即可做饲料。如长期保存，还须进行干燥处理。本法去毒效果可达90%以上。

4）若发现菜籽饼中毒，必须立即停喂菜籽饼，改喂其他蛋白质饲料。治疗时用0.5%~1%鞣酸洗胃，内服蛋清、牛奶豆浆等，肌肉注射10%安那加5~10毫升。

五、猪马铃薯中毒

马铃薯的幼嫩茎、叶、外皮及幼芽中均有毒素（龙葵素），并在绿色部分还含有硝酸盐类，能形成亚硝酸盐，若猪食入过量，即可引起中毒（图8-9）。

图8-9　发芽的马铃薯　　图8-10　患猪四脚无力，步态摇，肌肉痉挛，流涎，呕吐

患猪轻度中毒时，有下痢、口腔黏膜炎、皮疹等症状，严重中毒时四脚无力，步态摇摆或倒地，肌肉痉挛，流涎，呕吐，体温正常或稍低，母猪发生流产，通常在1~2日内死亡（图8-10）。

胃肠黏膜潮红，出血，腹腔内有暗红色的腹水。肝肿大，呈暗黄色。胆囊肿大，肾肿胀质软，肺、脾有肿大。

（1）猪马铃薯中毒与猪食盐中毒的鉴别　二者均表现兴奋，狂躁，呕吐，流涎，步态不稳，瞳孔散大。但区别是：猪食盐中毒是因采食含盐多的饲料而发病，渴甚喜饮，尿少或不尿，不出现渐进性麻痹，皮肤不出现红色湿疹或疹块。

（2）猪马铃薯中毒与猪有机氟化物中毒的鉴别　二者均表现绝食、呕吐、瞳孔散大、昏睡、不全麻痹。但区别是：猪有机氟化物中毒是因吃了有机氟化物污染的食物或饮水而发病。患猪惊恐尖叫，向前直冲，不避障碍，四肢抽搐，突然倒地，角弓反张，发作持续几分钟后即缓和，以后又重新发作。用烃肟酸反应法有氟即现红色。

防治措施

1）用马铃薯喂猪时，用量不宜过多，应与其他饲料搭配，最好与其他青饲料混合青贮后再喂。

2）发芽马铃薯应除去幼芽再喂，若带芽喂，必须经高温煮熟后，将水撇去再喂。

3）若发现马铃薯中毒，必须立即停喂马铃薯。治疗时先用催吐剂如1%硫酸酮20~50毫升灌服，再用盐类泻剂或液体石蜡，另外配合补糖、补液。出现神经症状可用2.5%盐酸氯丙嗪1~2毫升，肌肉注射。

六、猪病甘薯中毒

甘薯的黑斑病（图8-11）、软腐病、象皮虫病都能引起猪中毒。黑斑病的有毒成分主要是甘薯酮。这3种甘薯病所引起的猪中毒症状均相同。

病因分析

猪吃了3种病甘薯而引起中毒，本病多发在春末夏初甘薯出窖时，人们往往把选剩下来的甘薯喂猪，也有的是将病甘薯制粉的粉渣或晒成的干片喂猪而起的。

临床症状

仔猪易发病，而且症状严重。一般在喂后第二天发病，可见多头猪同时发病。病猪拒食，腹部膨大，便秘或下痢，呼吸困难，有很响的喘气声，脉搏不匀，发生阵发性痉挛，运动障碍，步态不稳。此时停止喂病甘薯，病轻者约1周后逐渐恢复，但病重猪则出现明显的神经症状，头抵墙，盲目行走，往往倒地抽搐而死亡（图8-12）。

病理变化

肺脏膨起，有水肿，并可见间质性气肿，肺叶上有块状出血（图8-13），肺脏质脆，切开后流出大量血水及泡沫。支气管内有白色液体，心脏的冠状脂肪上有出血点。胃肠道有出血性炎症（图8-14）。

鉴别诊断

（1）猪病甘薯中毒与猪肺疫的鉴别 二者均表现体温升高（41~42℃），食欲废绝，呼吸增数、困难，腹式呼吸，有咳嗽，口吐白沫，心跳快。但区别是：猪肺疫的病原是巴氏杆菌，具有传染性。患猪没有饲喂黑斑病、软腐病、象皮虫病甘薯史，

图 8-11 黑斑病甘薯

图 8-12 患猪出现明显的神经症状，倒地抽搐而死亡

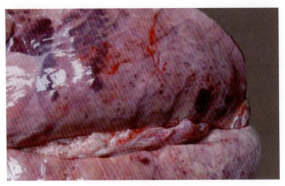

图 8-13 患猪肺水肿，肺叶上有块状出血

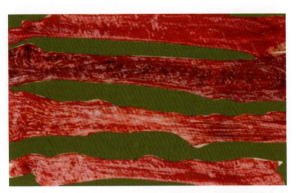

图 8-14 患猪肠黏膜出血

多发于冷暖交替气候剧变时，咽喉型咽喉肿胀，口流涎，肺炎型叩诊胸部有剧咳和疼痛，听诊有啰音、摩擦音，犬坐。剖检可见咽部有出血性水肿，有多量淡黄色稍透明的渗出液，肺炎型肺肿大坚实，表面暗红或灰黄红色，切面有大理石纹，病灶周围一般均表现淤血、水肿和气肿，全身浆膜、黏膜和皮下组织有大量出血点。取病料涂片，染色镜检可见两级浓染的小球杆菌。

（2）猪病甘薯中毒与猪气喘病的鉴别　二者均表现精神不振，食欲减退，呼吸增数、困难，有咳嗽，严重时张口呼吸，体温升高。但区别是：猪气喘病的病原是肺炎霉形体，具有传染性。患猪没有饲喂黑斑病、软腐病、象皮虫病甘薯史，有时阵发性痉咳，有时咳嗽少而低沉。剖检可见肺的心叶、尖叶、中间叶呈淡红色或灰红色半透明、鲜如肌肉的"肉变"或灰白、淡紫、灰黄如虾肉的"虾肉变"。

（3）猪病甘薯中毒与猪肺丝虫病的鉴别　二者均表现呼吸增数、气喘、呼吸困难，咳嗽。但区别是：猪肺丝虫病的病原是肺丝虫。患猪没有饲喂黑斑病、软腐病、象皮虫病甘薯史，体温不高，有强烈的痉挛性咳嗽，一次能持续咳40~60声。剖检肺膈叶腹面有楔状肺气肿区。近气肿区有坚实的灰色结节，支气管内有黏液和虫体。

（4）猪病甘薯中毒与猪霉菌性肺炎的鉴别　二者均表现体温升高（41.4~41.5℃），呼吸迫促，腹式呼吸，减食或停食下痢，耳及四肢有紫斑。但区别是：猪霉菌性肺炎的病原是霉菌，具有传染性。患猪没有饲喂黑斑病、软腐病、象皮虫病甘薯史，而是吃发霉饲料感染而发病。下痢腥臭，严重脱水，眼球下陷，剖检肺表面不同程度分布有肉芽样灰白或黄白色圆形结节，结节自针头至粟粒大，少数绿豆大，触之坚实，以膈叶最多。全身淋巴结不同程度水肿，肠间淋巴结有干酪样坏死灶。胃黏膜有蚕豆大纽扣状溃疡，呈棕黄色，有同心环状结构，肝脾肉眼不见异常。肾表面淤血点中有粟粒大结节，将结节压片，有放射状菌丝或不规则分支状的菌丝团。

防治措施

1）防止甘薯黑斑病的传染，可用50℃温水浸泡10分钟及温床育苗。地窖应干燥、密封，温度保持在11~15℃。甘暮尽量不要损伤表皮。

2）病甘薯应集中处理，不要乱扔，免得猪只误食，不准将病甘薯喂猪。

3）治疗：

①3%过氧化氢（未打开过）10~30毫升3倍以上的5%葡萄糖生理盐水溶液混合后，缓慢地静脉注射。

②用5%~10%硫代硫酸钠注射液20~50毫升，静脉注射。

七、猪酒糟中毒

病因分析

白酒糟（图8-15）是养猪的常用饲料，但白酒糟中含有酒精，而且保存过久易发酵腐败产生多种有毒的游离酸和杂醇油，若长期喂饲或一次饲喂过量均可能引起中毒。

图8-15　白酒糟

临床症状

患猪慢性中毒时，主要表现出消化不良、皮炎、血尿等症状，妊娠母猪多有流产。急性中毒时，主要表现兴奋不安，黏膜潮红，气喘，心跳加快，行走摇摆不稳，逐渐失去知觉，常有皮疹，最后体温下降，虚脱而死（图8-16）。

图8-16　患猪兴奋不安，黏膜潮红，气喘，心跳加快，行走摇摆

病理变化

肺水肿，充血，胃肠黏膜充血，肝脏肿胀、质脆。

鉴别诊断

（1）猪白酒糟中毒与猪钩端螺旋体病的鉴别　二者均表现体温升高（40℃），黏膜黄，尿血，食欲减退，孕猪流产。但区别是：猪钩端螺旋体病的病原是钩端螺旋体，具有传染性。患猪皮肤干燥发痒，有的上下颌、颈部甚至全身水肿。进入猪圈即感到腥臭味。剖检可见皮肤、皮下组织黄疸，膀胱黏膜有出血，并积有血红蛋白尿，肾肿大淤血，慢性间质有散在灰白色病灶。用血或尿经1500转/分离心5分钟或用脏器做悬液，再离心涂片镜检，可见钩端螺旋体呈细长弯曲状可活泼地进行旋转而呈"8""J""C""S""O"状。

（2）猪白酒糟中毒与猪胃肠炎的鉴别　二者均表现体温升高（40℃左右），食欲减少或废绝，呼吸急促，腹泻，严重时失禁。但区别是：胃肠炎患猪没有饲喂酒糟史，炎症以胃为主时有呕吐，以肠为主时肠音亢进，后急里重，粪内含有未消化食物、有恶臭或腥臭。剖检胃内无酒糟和酒气。

（3）猪白酒糟中毒与猪棉籽饼中毒的鉴别　二者均表现体温升高（40℃左右），走路不稳，下痢，尿血，呼吸迫促，肌肉震颤，腹下水肿。但区别是：猪棉籽饼中毒是因吃棉籽饼或棉叶而发病，精神沉郁，低头拱腰，后肢软弱，有眼眵，流鼻液，咳嗽，有的胸腹下皮肤发生丹毒样疹块，潮红色。剖检可见肝充血、肿大变色，其中有许多空泡和泡沫，脾萎缩。胸腹腔有红色渗出液。

防治措施

1）必须用新鲜酒糟喂猪，并且要限量，最好和青饲料搭配混喂，新鲜酒糟在饲粮中所占的比例宜为20%~30%，干酒糟占10%左右。

2）妊娠母猪、泌乳母猪和种公猪最好不喂酒糟，以防流产、死胎、弱胎及精子畸形等。

3）发现酒糟中毒后要立即停止喂饲。治疗时，用5%碳酸氢钠溶液300~500毫升内服；用5%碳酸钠注射液70~90毫升，静脉注射；对兴奋不安的患猪，可肌肉注射盐酸氯丙嗪注射液，剂量为每千克体重2毫克。

八、猪霉败饲料中毒

病因分析

饲料保管和贮存不善，如淋雨、水泡、潮湿，加工调制不当等，给霉菌和腐败菌创造了生长繁殖条件，使饲料发霉、腐败变质，产生大量有毒物质，如蛋白质的分解产物和细菌毒素（黄曲霉素、赤霉菌毒素、棕曲霉毒素、黄绿青霉素等）等。当猪采食霉败变质饲料后，很快就会引起急性中毒。若长期少量喂饲这种饲料，也会引起慢性中毒。

临床症状

猪中毒后，初期表现为精神不振，食欲减退，结膜潮红，鼻镜干燥，磨牙，流涎，有时发生呕吐。便秘，排便干而少，后肢步态不稳。病情继续发展，食欲废绝，吞咽困难，腹痛拉稀，粪便腥臭，常带有黏液和血液。最后病情发展更严重时，病猪卧地不起，失去知觉，呈昏迷状态，心跳加快，呼吸困难，全身痉挛，腹下皮肤出现红紫斑（图8-17~图8-19）。病初体温升高到40~41℃，病后期体温下降。慢性中毒时，表现为食欲减退，消化不良，猪体日益消瘦。妊娠母猪常引起流产，哺乳母猪乳汁减少或无乳。

图8-17 患猪颈背部有锈色斑纹，腹背鳞屑状脱皮

图8-18 患猪泪斑严重

图8-19 患病仔猪腹泻

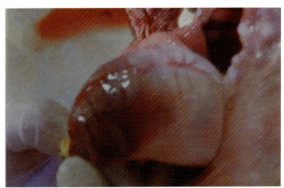

图8-20 患猪胃幽门区充血

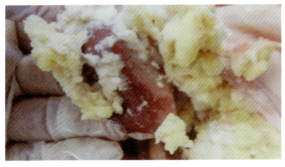

图8-21 患猪胃内容物乳凝块如豆渣样；胃幽门区黏膜脱落

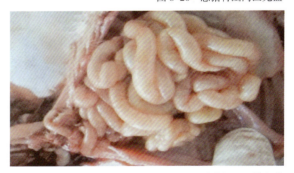

图8-22 患猪腹泻，肠管空虚

病理变化 　　胃黏膜发红有出血斑，胃襞肿胀，肠系膜呈姜黄色。心外膜有出血点，心内膜有多量出血。膀胱黏膜充血或出血，肺有不同程度水肿，肝肿大呈黄色（图8-20~图8-24）。

鉴别诊断 　　（1）猪霉败饲料中毒与猪传染性脑脊髓炎的鉴别　二者均表现废食，后躯软弱，步态失调，肌肉震颤。但区别是：猪传染性脑脊髓炎的病原是猪传染性脑脊髓炎病毒，具有传染性。患猪没有饲喂发霉饲料史，四肢僵硬，前肢前移，后肢后移，不能站立，常易跌倒，有剧烈的阵发性痉挛，受刺激时能引起角弓反张，声响也能引起大声尖叫，惊厥期持续24~36小时。剖检可见脑膜水肿，脑及脑膜血管充血，心肌、骨骼肌萎缩。取病料制成悬液，通过猪肾细胞培养，观察细胞病变，并确定猪有致病性。

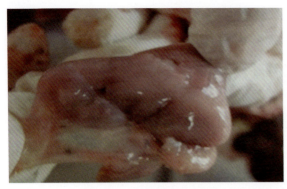

图 8-23　患猪涌脏皮质表面有针尖大出血点

图 8-24　患猪肾脏乳头有大量沉积物

（2）猪霉败饲料中毒与猪钩端螺旋体病的鉴别　二者均表现精神不振，食欲减退，粪干，皮肤发红，发痒，结膜泛黄。但区别是：猪钩端螺旋体病的病原是钩端螺旋体，具有传染性。患猪皮肤干燥发痒，有的上下颌、颈部甚至全身水肿。进入猪圈即感到腥臭味。剖检可见皮肤、皮下组织黄疸，膀胱黏膜有出血，并积有血红蛋白尿，肾肿大淤血，慢性间质有散在灰白色病灶。用血或尿经1500转/分离心5分钟或用脏器做悬液，再离心涂片镜检，可见钩端螺旋体呈细长弯曲状可活泼地进行旋转而呈"8""J""C""S""O"状。

诊断重点

①如果临床上出现因为饲喂霉变饲料，腹泻，仔猪胸部膨大；乳房及周围皮肤发炎坏死；乳腺发育异常呈"盘状"隆起；母猪阴门肿胀；成年母猪子宫与直肠严重脱出；尾巴整个坏死；耳尖坏死时即可重点怀疑本病。

②如果剖检发现乳猪胃中有很多无法消化的奶酪样物，且有发酵的味道；肝脏发黄发脆；胎盘坏死时结合上述临床症状即可临床认定为霉菌中毒。

防治措施

1）要禁止用霉败变质饲料喂猪，若饲料发霉较轻而没有腐败变质，经曝晒、加热处理等，可以限量喂给。

2）发现中毒后，要立即停喂霉败饲料，改喂其他饲料，尤其是多喂些青绿多汁饲料。治疗时可采取排毒、强心补液，对症治疗胃肠炎等措施，如用硫酸钠或硫酸镁30~50克，1次加水内服；用10%~25%葡萄糖溶液200~400毫升、维生素C 10~20毫升、10%安那加5~10毫升，混合1次静脉或腹腔注射；磺胺脒1~5克，加水内服，每日2次。

九、猪有机磷农药中毒

有机磷杀虫剂种类很多，都具有一定的毒性，若猪食用了被其污染的饲料或饮水，即易引起中毒（图8-25）。

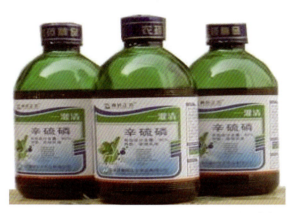

图8-25　有机磷农药

病因分析

猪发生有机磷农药中毒的原因主要包括以下几个方面。

①误食或偷食有机磷农药喷洒过的饲料或青草。

②误食用有机磷农药浸泡的种子。

③用有机磷药物治疗内、外寄生虫，内服过量或涂布体表太多而中毒。

④饮用了被有机磷农药污染的水。

⑤有机磷农药保管不好，污染了饲料，或用有机磷农药的容器盛放饲料和饮水，从而引起中毒。

临床症状

食后一般1~3小时而出现症状，恶心，呕吐，流涎，口吐白沫。有的不断空嚼，减食或废食，严重的腹泻。病初兴奋不安，后沉郁，肌肉震颤，特别是颈部、臀部肌肉明显。有的嘴、眼睑、四肢肩脚肌肉呈纤维性震颤，流眼泪，眼球震颤，瞳孔缩小，眼结膜潮红，静脉怒张，有的眼斜，共济失调，步态

图8-26　患猪呕吐，口吐白沫，四肢抽搐，呈游泳动作死亡

不稳，步行跛跛。有的转圈、后退，喜卧，可视黏膜苍白，气喘，心跳快（80~125次/分），心律不齐，心音弱。严重的行走时尖叫后突然倒地，四肢抽搐，有的做游泳动作，昏迷，几分钟后或恢复或死亡（图8-26）。

病理变化

肝可充血，细胞肿胀，局灶性肝细胞坏死，胆汁淤积；肾可有淤血，肾小球肿大；脑可出现水肿、充血，脑神经细胞肿胀，甚至有脑及脊髓软化；肺水肿，气管及支气管内有大量泡沫样液体，肺胸膜有点状出血，心外膜下出血，心肌断裂，间质充血、水

肿；胃肠黏膜弥漫性出血，胃黏膜易脱落（图8-27），胃肠内容物中如有马拉硫磷、甲基对硫磷、内吸磷等呈蒜臭味，有对硫磷呈韭菜和蒜味，有八甲磷呈胡椒味等（经口服者）。

鉴别诊断

（1）猪有机磷农药中毒与猪马铃薯中毒的鉴别　二者均表现呕吐，流涎，废食，共济失调，兴奋不安，抽搐。但区别是：猪马铃薯中毒病例因吃太阳曝晒、发芽或腐烂的马铃薯而发病。腹痛，皮肤有核桃大凸出皮肤而扁平的红色疹块（中央凹陷，色也较淡），无瘙痒，瞳孔散大。

图8-27　患猪胃肠黏膜弥漫性出血，胃黏膜脱落

（2）猪有机磷农药中毒与猪食盐中毒的鉴别　二者均表现减食或废绝，呕吐，流涎，空嚼，吐白沫，下痢，肌肉震颤，或心跳快，兴奋不安，步态不稳；脑充血、水肿，气管充满泡沫等。但区别是：猪食盐中毒病例因吃含盐太多的饲料而发病。口腔黏膜潮红肿胀，渴甚喜饮，尿少或无尿，瞳孔散大，腹部皮肤发绀。剖检可见胃内容无大蒜、韭菜、胡椒等异味，胃内容物含盐量超过0.31%，小肠超过0.16%。

防治措施

不能用喷洒过有机磷农药的蔬菜、水果等青绿饲料喂猪。不能用喂猪的用具（盆、桶等）配制农药，或用配制过农药的用具盛猪食。如需用含有有机磷的药物为猪驱虫时，应严格掌握剂量，避免超量中毒。对农药应妥善保管，防止污染饲料、饮水和周围环境。对中毒病猪，应立即使用解毒剂，之后尽快除去尚未吸收的毒物，同时配合必要的对症疗法。

1）解磷定（又称PAM，为胆碱醋酶复活剂），每千克体重0.02~0.05克，溶于5%葡萄糖生理盐水100毫升静脉注射或腹腔注射（注意勿与碱性药物配合使用，以免水解后成为有毒的氰化物）。解磷定对乐果、八甲磷无效，对敌百虫、敌敌畏、马拉硫磷、二嗪农等效果差。

2）双复磷（DMO4），每千克体重7.5~15毫克，以生理盐水100毫升溶解后肌肉注射或静脉注射，以后每24小时减半注射1次。

3）硫酸阿托品，2~10毫克1次皮下注射（50千克体重），特别是对敌敌畏、敌百虫、乐果、马拉硫磷、八甲磷、二嗪农等中毒，或用对解磷定效果不佳时应用。如与解磷定同时应用，剂量应减少。

对解磷定、双复磷、硫酸阿托品3种药物，应根据猪体大小和中毒程度酌情增减。

注射后要注意观察瞳孔变化，在第一次注射后20分钟左右，如无明显好转，应重复注射，直至瞳孔散大和其他症状消除为止。

4）若毒物由口服中毒，用1%硫酸铜溶液50~80毫升催吐。用时忌食盐。

5）为排除胃内残余毒物，也可用2%~3%碳酸氢钠或1%盐水洗胃，并灌服活性炭。若毒物由皮肤吸入，用清水或碱性水清洗皮肤。但如因敌百虫中毒，则不能用碳酸氢钠或碱水洗胃和洗皮肤，以免敌百虫遇碱转变为毒性更强的敌敌畏。

6）25%葡萄糖250~500毫升、10%安钠咖5~10毫升、25%维生素C2~4毫升，静脉注射。

7）如系乐果中毒，因市售乐果为40%乳剂，常伴有苯中毒，应考虑用葡醛内酯（肝泰乐葡醛酯）0.4~1克内服，每天3次，用以排毒。

在有机磷中毒解救过程中，禁止使用热水和肾上腺素、氯丙嗪、酒精、吗啡、巴比妥等药物及内服牛乳、油类和含油脂的东西，忌用泻药，如胃肠过度膨胀时，应处理膨胀后再用阿托品，或同时进行。

8）如呼吸困难，用25%尼可刹米（每支1.5毫升含0.375克，2毫升含0.5克）1~4毫升肌肉注射。

9）心脏衰弱时，用10%安钠咖0.5~1克肌肉注射，或用10%樟脑磺酸钠2~10毫升肌肉注射。最好两药交互注射，12小时1次。

十、猪食盐中毒

病因分析　食盐是猪体不可缺少的营养物质，适量的食盐能增进食欲，促进生长，但过量喂给可引起中毒，甚至造成死亡。食盐中毒主要是由于突然喂了大量食盐，或大量饲喂含盐量很大的酱油渣、咸鱼粉、盐淹物质、咸菜水等，加之饮水不足而造成的。猪对食盐比较敏感，尤其是仔猪更敏感，食盐对猪的中毒致死量为125~250克，平均每千克体重3.7克。如果猪每天按每千克体重摄取2克食盐，在限制饮水条件下，2~3天后就会出现中毒症状。

临床症状　患猪表现为精神不振，食欲减退或废绝，流涎，呕吐，极度口渴，结膜潮红，腹痛，便秘或下痢，便中带血。神经机能紊乱，前冲后退，有时转圈，呼吸困难，瞳孔放大，结膜潮红，抽搐，心脏衰弱，卧地不起，最后昏迷而死亡（图8-28、图8-29）。

病理变化　尸僵不全，血液凝固不全，胃黏膜充血、出血，有的出现溃疡。肝肿大、瘀血，胆囊肿大，胆汁淡黄。脑脊髓呈现不同程度充血、水肿，急性病例的脑膜和大脑实质（特别是皮质）最为明显（图8-30~图8-32）。

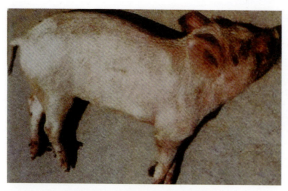

图 8-28　患猪侧卧在地，头颈后仰，颈部皮肤有红斑，肘头水肿

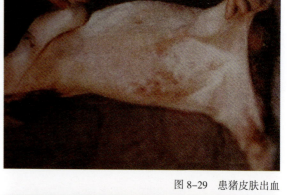

图 8-29　患猪皮肤出血

图 8-30　中毒死亡猪的胃黏膜弥漫出血

图 8-31　中毒死亡猪小肠黏膜弥漫出血

鉴别诊断

（1）猪食盐中毒与猪癫痫病的鉴别　二者均表现突然发作，口吐白沫，卧地痉挛，经一间歇时间再度发作。但区别是：猪癫痫病病例不是因为采食含盐多的食物而发病，发作结束后即恢复正常，略显疲惫。

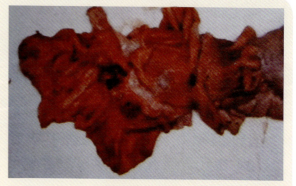

图 8-32　中毒死亡猪盲肠黏膜弥漫出血

（2）猪食盐中毒与猪脑震荡的鉴别　二者均表现倒地昏迷，口吐白沫、四肢做游泳状动作。但区别是：猪脑震荡病例是因跌撞或受打击而发病，而不是因为吃含盐多的食物而发病，发作结束后有一段清醒时间、不出现其他中毒症状。

（3）猪食盐中毒与猪传染性脑脊髓炎的鉴别　二者均表现体温升（40~41℃）高，盲目行走，不断咀嚼、阵发痉挛，向前冲或转圈及角弓反张。但区别是：猪传染性脑脊髓炎的病原是猪传染性脑脊髓炎病毒，具有传染性。患猪没有采食含盐量多的食物，出现前肢前移，后肢后移，四肢僵硬，声响刺激能激起大声尖叫。用病猪脑脊髓制成悬液接种易感小猪可出现特征性症状和中枢神经系统特征性典型病变。

（4）猪食盐中毒与猪流行性乙型脑炎的鉴别　二者均表现体温升（40℃~41℃）高，食欲不振，呕吐，眼潮红，昏睡，粪便干燥，心跳快，后躯麻痹。但区别是：猪流行性乙型脑炎的病原是猪流行性乙型脑炎病毒，具有传染性。患猪没有采食含盐量多的食物，不发生神经兴奋（抽搐、前冲、奔跑、转圈、角弓反张，癫痫发作等），发病有季节性（7—8月），母猪流产，公猪睾丸炎。

防治措施

1）要严格掌握每头猪每天食盐喂量，大猪15克，中猪10克，小猪5克左右。利用酱油渣、鱼粉等含食盐较多的饲料喂猪时，应与其他饲料合理搭配，一般不能超过饲料总量的10%，并注意每天随时饮足量的水。

2）发现猪食盐中毒后，就立即停喂含盐过多的饲料。这时病猪表现极度口渴，可供给大量清水或糖水，促进排盐和解毒；利用硫酸钠30~50克或油类泻剂100~200毫升，加水一次内服；用10%安钠加5~10毫升、0.5%樟脑水10~20毫升，皮下或肌肉注射，以强心利尿排毒。

3）猪食盐中毒与猪土霉素中毒的鉴别　二者均有肌肉震颤、黏膜潮红、兴奋不安、口吐白沫、瞳孔散大等临床症状。但二者的区别在于：猪土霉素中毒是因过量注射土霉素而发病，一般注射土霉素几分钟后即出现症状。患猪病，反射消失，站立不稳，张口呼吸，呈腹式呼吸。

第九章
猪其他普通病的鉴别诊断与防治

一、猪内科疾病

（一）猪口炎

口炎又名口疮，是舌炎和齿龈炎等口腔黏膜炎症的统称。口炎类型较多，以卡他性、水疱性和溃疡性口炎多见，卡他性口炎最常发生。各型口炎均以流涎、厌食或拒食为特征。

①由于粗硬饲料与尖锐异物损伤口腔黏膜而致发炎。

②喂了过热的饲料和饮水，或猪食用了霉烂的饲料。

③误吃了有腐蚀性的强酸、强碱药物刺激口腔黏膜而致发炎。

④某些传染病，如猪丹毒、口蹄疫、猪水疱病等，均有口炎症状。

病猪口腔黏膜发红，唇内、舌下、舌边缘、齿龈有水疱，溃烂，流出带红色黏液（图9-1）。猪吃食缓慢或不敢吃食。若猪患丹毒、口蹄疫、水疱病等传染病引起的口炎，常伴有体温升高。

（1）猪一般性口炎与猪口蹄疫的鉴别　二者均表现口腔黏膜发炎、流涎、食欲减少或废绝等。但区别是：猪口蹄疫的病原是猪口蹄疫病毒，具有传染性。患猪体温升高（40~41℃），鼻盘、舌、唇内侧、齿龈有水疱或溃疡，同时蹄冠、蹄叉、蹄踵部出现红肿、水疱或溃疡。通过补体、中和试验可鉴定病毒型。

（2）猪一般性口炎与猪水疱性口炎的鉴别　二者均表现口腔黏膜发炎、流涎、食欲减少或废绝等。但区别是：猪水疱性口炎的病原是猪水疱性口炎病毒，具有传染性。患猪体温升高（40~41.5℃），蹄冠和趾间发生水疱，蹄冠水疱病灶扩大时可使蹄匣脱落并出现跛行。用间接酶联免疫吸附法（ELISA）可确诊。

（3）猪一般性口炎与猪水疱病的鉴别　二者均表现口腔黏膜发炎、流涎、采食、咀嚼、吞咽困难等。但区别是：猪水疱病的病原是水疱病毒，具有传染性。患猪体温升高（40~41℃），主趾、附趾和蹄冠上与皮肤交界处首先见到上

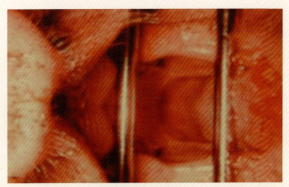

图9-1　患猪舌面有破裂的水疱，形成鲜红的溃疡

皮苍白肿胀，1天后水疱明显凸出一个或几个黄豆大并继续融合扩大，很快破裂形成溃疡，真皮显鲜红色，跛行、运步艰难。用病料分别接种1~2日龄和7~9日龄小白鼠，1~2日龄的死亡，7~9日龄的不死，即为水疱病。

（4）猪一般性口炎与猪水疱性疹的鉴别　二者均表现口腔黏膜发炎，流涎，减食或饮食废绝等。但区别是：猪水疱性疹的病原是水疱性疹病毒，具有传染性。患猪体温升高（41℃~42℃），鼻盘、舌、口、唇黏膜、蹄冠、蹄间、蹄踵、乳头出现数毫米至3厘米的水疱，跛行不愿走动。

防治措施

1）给予易消化的稀软饲料，如疑似某种传染病时，应迅速隔离，寻找病因，对症治疗。

2）选用2%食盐液、2%~3%硼酸液、0.1%高锰酸钾液、2%~3%碳酸氢钠液冲洗口腔。

3）如口腔溃烂时，在冲洗之后，用碘甘油溶液（碘5%、碘化钾10%、甘油20%、蒸馏水65%）或10%磺胺甘油乳剂涂抹患处，每天涂抹2次。

4）青霉素80万单位，磺胺粉5克，蜂蜜适量，制成软膏状，涂患部，每天2次。

5）胆矾、黄连、黄檗、儿茶各3份，共为细末，取少许（1~3克）吹入病猪口腔内，每天吹入3次。吹药前，先冲洗病猪口腔。

（二）猪胃肠炎

猪的胃肠炎，是指胃肠黏膜及其深层组织的炎症变化。

病因分析

原发性胃肠炎引发原因有突然更换饲料，在寒冷季节原来喂温食，而突然改喂凉食；饲料不洁或粗纤维过多；吃食过饱；饲料变质等等。继发性的因素很多，如寄生虫病、一些传染病、饲料中毒、代谢性疾病、外科病等。

病床症状

突然出现剧烈而持续性腹泻，排出物呈水样，有时带有假膜、血液或脓性物，味恶臭。食欲减退或废绝，渴感严重，并伴有呕吐，有时呕吐物中带有血液或胆汁。精神沉郁，喜卧，间或发生急性腹痛而表现不安。体温通常升高至40~41℃。耳尖及四肢末梢有冷感，鼻盘干燥，可视黏膜发红，呼吸加快，皮温不均。重症时，肛门失禁，呈里急后重现象。随着病情的发展，患猪眼窝下陷，呈失水状（图9-2）。四肢无力，最后起立困难，呼吸、心跳加快而微弱，肌肉震颤，体温下降，随后全身衰竭而死。病情重者1~3天死亡，较轻者可延至1周左右。

由中毒引起的胃肠炎，体温往往正常，有腹痛症状而不一定发生腹泻，严重者食欲消失，随后四肢无力，经1~3天全身痉挛而死。

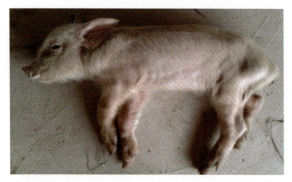

图9-2 病死仔猪消瘦、脱水

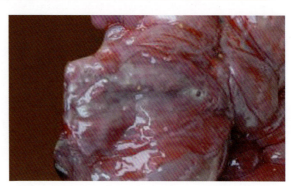

图9-3 患猪肠黏膜充血、出血、脱落、坏死

病理变化

肠内容物常混有血液，味腥臭，肠黏膜充血、出血、脱落、坏死，有时可见到假膜并有溃疡或烂斑（图9-3）。

鉴别诊断

（1）猪的胃肠炎与猪胃肠卡他的鉴别　二者均表现精神委顿，呕吐、食欲不振，粪初干后稀，肠音亢进，甚至直肠脱出，眼结膜充血。但区别是：猪胃肠卡他体温不高，仍有食欲，粪时干时稀，全身症状不如胃肠炎重剧。

（2）猪的胃肠炎与猪棉籽饼中毒的鉴别　二者均表现精神沉郁，体温升高（有时40℃以上），低头拱腰，粪（先）干，后下痢带血，眼结膜充血，尿少色浓，有的呕吐。但区别是：棉籽饼中毒是因吃棉籽饼而发病。患猪呼吸迫促，流鼻液、咳嗽，尿黄稠或红黄色，肌肉震颤，有的嘴、耳根皮肤发紫，或类似丹毒疹块。胸腹下水肿。剖检可见肝充血肿大，有出血性炎症，喉有出血点，肺充血、气肿、水肿，气管充满泡沫样液体。心内、外膜有出血点，心肌松弛肿胀。肾脂肪变性，膀胱炎严重。

（3）猪的胃肠炎与猪酒糟中毒的鉴别　二者均表现体温升高（39~41℃），腹痛、便秘、腹泻，废食，脉快弱。但区别是：猪酒糟中毒是因吃酒糟而发病。患猪肌肉震颤，初兴奋不安甚至狂暴，步态不稳，最后四肢麻木。剖检可见咽喉、食道黏膜充血，胃内酒糟呈土褐色、有酒味。

（4）猪的胃肠炎与猪马铃薯中毒的鉴别　二者均表现精神沉郁，食欲废绝，下痢便血、腹痛、呕吐。但区别是：马铃薯中毒是因吃太阳曝晒、发芽、腐烂的马铃薯而发病。患猪病初期兴奋狂躁、皮肤产生核桃大、凸出于皮肤、扁平、红色、中央凹陷的疹块（轻症如湿疹），全身渐进性麻痹，瞳孔散大，呼吸微弱困难。

防治措施

1）加强饲养管理，防止喂给有毒食物及腐败发霉饲料，注意饮水清洁，定期做好肠道寄生虫的驱虫工作，在冬季应做好棚舍通风保温工作，以防感冒。

2）一旦发生胃肠炎要及时进行治疗。抑菌消炎是根本，可用黄连素、庆大霉素等消炎；口服用人工盐、液状石蜡等缓泻，用木炭末或硅碳银片等止泻。脱水、自体中毒、心力衰竭等是急性胃肠炎的直接致死因素。因此，施行补液、解毒、强心是抢救危重胃肠炎的三项关键措施，输注5%葡萄糖生理盐水、复方氯化钠和碳酸氢钠（后两者不能混用）是较常用的方法。应用口服补液盐放在饮水中让病猪足量饮用也有较好效果。若有腹痛不安或呕吐表现时，内服颠茄或复方颠茄片。必要时可肌肉注射阿托品。

（三）猪便秘

猪的便秘以粪便干硬、停滞肠内、难以排出为特征，是一种常见的消化道疾病。

病因分析

猪发生便秘主要原因是由于饲养管理不当，如长期饲喂含粗纤维过多的粗糙谷壳、花生壳、稻草秸及酒糟等饲料或精料过多、青饲料不足，或缺乏饮水，或饲料不洁如混有多量泥沙和其他异物等。临床上常见到以纯米糠饲喂刚断乳的仔猪、妊娠后期或分娩不久伴有肠弛缓的母猪而发生便秘的。某些传染病或其他热性病及慢性胃肠疾病经过中，也常继发本病。

临床症状

病初只排少量干硬附有黏液的粪球，随后经常做排粪姿势，不断用力努责，但只排少量黏液，无粪便排出。病猪食欲减退或废绝，有时饮欲增加，腹围逐渐增大，眼结膜潮红，呈现呼吸增数、起卧不安、回顾腹部等腹痛症状（图9-4）。听诊肠蠕动音微弱，甚至废绝，触诊腹下侧，有时可摸到肠中干硬的粪球，多

图9-4　患猪排少量干硬附有黏液的粪球

呈患球状排列。原发性便秘体温正常，继发性便秘则伴有原发病的临床症状。

鉴别诊断

（1）猪便秘与猪肠扭转和缠结的鉴别　二者均表现腹痛呻吟，废食，少排粪或不排粪，尿少，眼结膜潮红。但区别是：肠扭转和缠结病例腹痛较剧烈，甚至翻倒滚转，四肢划动，这时体温可能升高，只有剖腹才能确诊。在腹部及指检直肠不能触及粪块。

（2）猪便秘与猪肠嵌顿的鉴别　二者均表现食欲减退或废绝，少排粪或不排粪，尿少。但区别是：猪肠嵌顿一般都发生在有脐疝、阴囊疝时，疝囊皮肤多因嵌顿而发紫，触诊有痛感。

（3）猪便秘与猪胃食滞的鉴别　二者均表现食欲废绝，腹痛，触诊有压痛，腹部充实。但区别是：猪胃食滞是因延误喂食或改变饲料而贪食过多引起发病（便秘多在喂食不吃时才被发现有病），腹部压痛多出现在肋后腹部（不是后腹部）。

（4）猪便秘与猪肠套叠的鉴别　二者均表现食欲废绝，腹痛，触诊有压痛，腹部充实。但区别是：食欲废绝，腹痛，腹部有压痛，不排粪等。肠套叠病例腹痛较剧烈，常出现前肢跪地，后躯抬高。有时排少量黏稠稀粪，腹部膘不厚的可摸到香肠样的肠段。

防治措施

1）科学配合饲料，喂给充足的青绿或块根等多汁饲料，对于干固或粗纤维饲料，应经磨粉发酵等加工处理后，在合理搭配的情况下喂给。

2）经常供给充足的饮水，尤其在多汁饲料缺乏的情况下更为重要。同时要加强运动。

3）治疗。首先解除病因。在大便未通前禁食，或仅给少量青绿多汁饲料，但可供给饮水。内服泻剂配合深部灌肠能有效地治疗本病。

①疏通肠道，可用硫酸钠（镁）30~80克或液状石蜡50~150毫升或大黄末50~100克等加入适量水内服。

②用温肥皂水溶液（45℃左右），通过洗胃器或注射器深部灌肠，最好送到干固粪便附近，使之软化并配合腹部按摩，促使粪块排出。

③腹痛不安时，可肌肉注射20%安乃近注射液3~5毫升，或2.5%盐酸氯丙秦2~4毫升。

④心脏衰弱时，可用强心剂如10%安钠咖2~10毫升。

（四）猪直肠脱出

直肠脱出俗称脱肛，是直肠的末端或直肠的一部分经由肛门向外翻转而不能自动缩回的一种疾病，常见于猪，特别是仔猪。

病因分析

①主要是猪的直肠黏膜下层组织和肛门括约肌松弛。

②因便秘或顽固泻痢，里急后重而努责，体质瘦弱时易于脱出。

③刺激性药物灌肠引起强烈努责，腹内压增高而促使直肠脱出。

④小猪发育不完全，或维生素缺乏，也常发生本病。

⑤母猪有阴道脱时，常因频频努责而继发直肠脱出。

临床症状

肛门外有脱出的黏膜向外的直肠，病初在排粪后脱出的直肠能自行缩回，病稍久，因便秘或下痢的病因未除，仍频频发生努责，则脱出的长度也逐渐增加而不能缩回（图9-5）。由于脱出不能缩回，直肠黏膜充血、水肿、逐渐变成紫红或部分紫黑，由于不断与地面接触和尾的摩擦而出

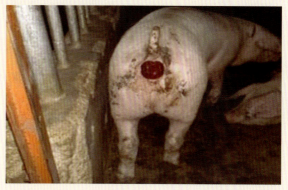

图9-5 患猪部分直肠脱出

现损伤，常附有泥草，甚至龟裂和溃疡。猪因直肠脱出而影响食欲，精神不振，瘦弱，排粪困难，经常努责。

如直肠背部因损伤穿透，膀胱从透创脱出使肛门外呈现囊状物，囊外壁充血，按压有波动，针刺流出有尿酸臭的黄色液体。

鉴别诊断

猪直肠脱出与猪子宫脱出的鉴别　二者均表现尾根下部脱出一截圆柱状、潮红、水肿的突出物。但区别是：猪子宫脱出病例圆柱状物脱出于阴户而不是肛门。

防治措施

平时注意饲养管理，并给予适当运动，使猪有健壮的体质。当发生便秘或泻痢时，应抓紧治疗，避免因频繁努责而引发本病，直肠已脱出时要抓紧治疗。

（1）保守疗法

①用0.1%雷佛奴耳液或2%明矾液将脱出的直肠黏膜洗净，如黏膜有水肿，针刺后挤去水分，如有溃烂，除去坏死组织，涂布木馏油再送入肛门。

②为防止直肠再次脱出，在距肛门1厘米处沿肛门连续做烟包缝合结扎。

③为制止因直肠肿胀而产生的努责，用青霉素80万单位先以蒸馏水5毫升稀释，再加2%普鲁卡因5毫升混合后于后海穴（尾根与肛门之间的凹陷处）注入。

④在肛门上及左、右3处用95%酒精各注入3~5毫升，以引起局部直肠周围发炎并与之粘连固着。

（2）手术疗法　如脱出的肠管坏死、套叠、穿破，不能复位，可手术截除而后缝合。

①将脱出过长的直肠黏膜洗净，再用消毒过的金属编织针或瓣胃注射针头在肛门附近做十字交叉穿透直肠，使之不易回缩而予固定。

②在固定针后方约2厘米处环形横切直肠，并充分止血。

③将切面用0.1%雷佛奴耳液消毒后，用小缝针和细丝线先将两断端浆膜和部分肠肌缝合好后，撒布青霉素粉，再将黏膜和其余肠肌亦作连续缝合，缝好后再冲洗一次，蘸干后撒布碘仿或涂碘甘油，抽去固定的金属编织针或瓣胃注射针，将直肠还纳肛门。

④每天用碘仿鱼油向肛门里涂1~2次（每次排粪后涂1次），连用3~5天。

（五）猪腹膜炎

病因分析

本病是腹腔浆膜发炎，由腹壁创伤、细菌经伤口感染而引起；母猪阉割、手术疝气剖腹手术等感染，是本病发生的主要原因。严重的肠炎、便秘或子宫炎等病的蔓延以及寄生虫的侵袭，使肠壁失去正常的屏障作用，肠内细菌经肠壁侵入腹腔，也可导致发生腹膜炎。

临床症状及病理变化

本病从病程上看，可分为急性与慢性；从损害范围来说，可分为局限性与弥漫性；就其病理变化上来分，有浆液性、纤维性、化脓性之分。

急性型腹膜炎有明显的全身症状，如发烧、心跳加快，明显的胸式呼吸。病猪有痛苦感，低头喜卧，口渴，腹围下垂。急性弥漫性腹膜炎，在一天之内就可死亡。

病死猪剖检可见腹腔积水，腹膜受充血水肿，并失去固有光泽，一些内脏器官出现炎症（图9-6）。

慢性腹膜炎，多见于局限性，一般无明显的全身症状，腹壁局部有硬块，生长迟缓，病程相当长，可拖几个月，有的待肥育后宰杀，从酮体中才发现；有个别慢性弥漫性腹膜炎，若用抗菌素治疗，也能拖延1月有余。

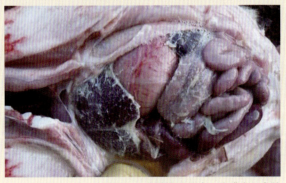

图9-6　患猪腹腔积水，腹膜充血水肿

鉴别诊断

（1）猪急性型腹膜炎与猪传染性胸膜肺炎的鉴别　二者均表现发烧，心跳加快，呼吸困难。但区别是：猪传染性胸膜肺炎的病原为胸膜肺炎放线菌。病猪呼吸极度困难，常站立呈犬坐姿势，口鼻流出泡沫样分泌物。剖检可见肺弥漫性急性出血性坏死，尤其是隔叶背侧特别明显。

（2）猪急性型腹膜炎与猪便秘的鉴别　二者均表现体温升高，绝食，喜卧，腹痛不安，腹部触诊有痛感。但区别是：便秘患猪腹后部可摸到坚硬粪块，或指检直肠可触及粪块。

（3）猪急性型腹膜炎与猪肠套叠的鉴别　二者均表现体温升高，绝食，腹痛，起卧不安。但区别是：肠套叠患猪排出带黏液的稀便，如腹部脂肪不多，可摸到套叠部如香肠样，压之有痛感。

（4）猪急性型腹膜炎与猪肠扭转的鉴别　二者均表现体温升高，绝食，腹痛，起卧不安。但区别是：肠扭转患猪腹部摸到较固定的痛点，局部肠臌胀，叩之有鼓音。

防治措施

1）在进行腹腔手术及助产过程中应注意消毒卫生工作，以防止病菌的感染。

2）加强防疫和饲养管理工作，以增强猪体抗病力。

3）经常做好饮水与青料的清洁卫生工作，以防止寄生虫的侵袭。

4）治疗。局限性腹膜炎可应用青霉素、链霉素或磺胺类药物。若腹内有多量渗出液，应及时穿刺放液，再反复用生理盐水冲洗，直至洗出液变清为止，然后注入青霉素或链霉素。

（六）猪感冒

感冒是由于寒冷刺激所引起的，以上呼吸道黏膜炎症为主的急性全身性疾病，以发寒、发热、鼻塞、流涕、咳嗽为特征。

病因分析

气候骤变，管理不当，棚舍寒暖不调，过于拥挤、长途运输等使猪体质下降，或机体对环境的适应性降低，特别是呼吸道黏膜防御机能减退，致使呼吸道内的常在菌得以大量繁殖而引起发病。

临床症状

患猪精神沉郁，畏寒怕冷（图9-7），喜睡，食欲减退，鼻盘干燥，耳尖、四肢末梢发冷，呼吸加快，咳嗽，打喷嚏，鼻流清涕（图9-8），体温升高至40℃以上。重症病例，躺卧不起，食欲废绝。

图9-7　患猪精神沉郁，畏寒怕冷

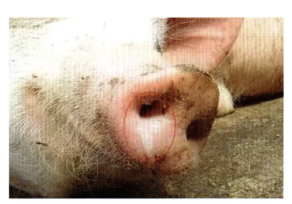

图9-8　患猪鼻流清涕

鉴别
诊断

（1）猪感冒与猪流感的鉴别　二者均表现体温突然升高（40℃以上），流泪，流鼻液，咳嗽，精神不振，食欲减退。但区别是：猪流感的病原是A型流感病毒，具有传染性。患猪体温可达42℃，结膜肿胀，咳嗽阵发性，腹式呼吸，触诊肌肉僵硬、疼痛。剖检肺尖叶、心叶、膈叶的背面与基底部与周围组织有明显的界线，颜色由红至紫、塌陷、坚实，韧度似皮革，病变区膨胀不全。

（2）猪感冒与猪气喘病（慢性）的鉴别　二者均表现精神不振、减食、咳嗽，呼吸加快。但区别是：猪气喘病的病原是肺炎霉形体，具有传染性。患猪在喂食或剧烈运动后咳嗽明显，咳嗽时头下垂拱背伸颈，咳嗽用力。剖检肺的心叶、尖叶、中间叶呈淡灰红或灰色半透明肉变，或淡紫色、深紫红色、灰白、灰黄色如虾肉样变。

（3）猪感冒与猪支气管炎的鉴别　二者均表现体温突升至40℃左右，食欲减退，流鼻液，咳嗽。但区别是：猪支气管炎听诊肺有啰音，病初有阵发性短促干咳，而后变湿咳，随后显呼吸困难。剖检支气管黏膜充血，产生红色斑块或条纹。黏膜上附有黏液，黏膜下有水肿。

（4）猪感冒与猪蛔虫病的鉴别　二者均表现精神沉郁，呼吸快、咳嗽。但区别是：一般体温不高，食欲时好时坏，有时呕吐、流涎、下痢。粪检可见虫卵。

防治
措施

1）加强饲养管理，增强猪体的抵抗力。

2）防止猪只突然受寒，避免将其放置于潮湿阴冷的地方，特别是在大出汗后防止雨淋。

3）在气候多变季节，如早春和晚秋，气候骤变时，应积极采取有效的防寒保温措施。

4）治疗。主要是解热镇痛，祛风散寒，防止继发感染。

①解热镇痛：用30%安乃近注射液或安定5~10毫升肌肉注射，或内服阿司匹林或氯基比林2~5克／次，每天2次。

②去风散寒：柴胡注射液，肌肉注射，每次5毫升，每天2次；紫菊注射液，肌肉注射，每次10~20毫升，每天1~2次。

③防止继发感染：应用解热镇痛剂后，症状未减轻时，可适当配合应用抗生素类或磺胺类药物，如青霉素、链霉素、复方新诺明等。

（七）猪支气管炎

病因
分析

饲养管理不良是引发本病的主要原因之一，如猪舍狭窄、低温、猪群拥挤或因某些有害气体的所引起。有时继发于感冒。

临床症状及病理变化

病初有阵发性短而干的咳嗽，咳时有疼痛感，逐渐变为湿咳并伴有呼吸困难症状（图9-9）。听诊肺部有啰音，如分泌物厚而黏时，可听到捻发音，压诊胸壁疼痛，精神食欲不好。仔猪患此病时，常喜卧而不愿多动，体温往往增高，病情严重的常转为支气管肺炎。如无并发症，通常7~10天可恢复。若转为慢性支气管炎时，病猪消瘦、咳嗽、气喘，常因极度衰弱而死亡。

病死猪剖检可见支气管黏膜水肿，有炎性分泌物（图9-10）；肺组织充血、水肿、炎性细胞浸润，引起通气和换气障碍，缺氧和二氧化碳潴留。

图9-9 患猪呼吸困难，干咳，咳时有疼痛感

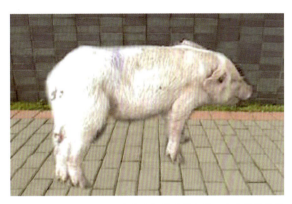

图9-10 患猪支气管黏膜水肿，有炎性分泌物

鉴别诊断

（1）猪支气管炎与猪肺丝虫病的鉴别　二者均表现咳嗽，肺部听诊有啰音。但区别是：猪肺丝虫病的病原是后圆线虫。患猪常发生轻咳，一次能续咳40~60声。眼结膜苍白，消瘦，生长缓慢。剖检膈面有楔状气肿区，支气管内有黏液和虫体。

（2）猪支气管炎与猪蛔虫病的鉴别　二者均表现咳嗽，食欲减退，体温升高，呼吸加快，精神沉郁。但区别是：猪蛔虫病的病原是蛔虫。患猪营养不良，消瘦，眼结膜苍白，被毛粗乱，磨牙。粪检有虫卵，剖检有蛔虫。

（3）猪支气管炎与猪气喘病的鉴别　二者均表现体温升高，咳嗽（清晨、赶猪、喂食和运动后咳嗽最明显），呼吸困难，流鼻液。但区别是：气喘病的病原是肺炎霉形体。具有传染性。新疫区怀孕母猪多呈急性经过，流行后期和老疫区多呈慢性经过。呼吸数明显增多（每分钟60~120次），X线检查肺野内侧区和心膈角区呈不规则云絮状渗出性阴影。剖检肺心叶、尖叶、间叶"肉样"或"虾肉样"变。

（4）猪支气管炎与猪小叶性肺炎的鉴别　二者均表现呼吸迫促，咳嗽，初干咳带痛，流鼻液（初稀后稠），肺部听诊有啰音，食欲减退。但区别是：猪小叶性肺炎病初体温即突然升高至40℃以上。叩诊胸部能引起咳嗽。剖检肺的前下部散在一个或数个孤立的大小不同的肺炎病灶，每个病灶是一个或一群肺小叶。

（5）猪支气管炎与猪大叶性肺炎的鉴别　二者均表现咳嗽，流鼻液，胸部听诊有啰音，食欲减退。但区别是：猪大叶性肺炎眼结膜先发红后黄染发绀，腹式呼吸，流脓性鼻液，肝变期流锈色或红色鼻液，胸部叩诊有鼓音（充血期）或浊音（肝变期）。体温高达41℃并稽留6~9天。剖检肺充血水肿期呈暗红色、平滑稍实，取小块投入水中半沉；肝变期色与硬度如肝，切面粗糙，切小块投水中下沉；灰色肝变期，质如肝，色灰白或灰黄，溶解期肺缩小，色恢复正常。

防治措施

1）保持猪舍干燥清洁，冬暖夏凉，防止猪群拥挤，预防感染。

2）用以下药物消炎及预防并发支气管肺炎。

①青霉素；每千克体重1万~1.5万单位，用蒸馏水稀释，肌肉注射，每天2次。

②10%磺胺嘧啶钠注射液，首次30~60毫升，肌肉注射，以后隔6~12小时注射20~40毫升。

③盐酸土霉素，0.5~1克，用5%葡萄糖液溶解，肌肉注射，每天1~2次。

3）祛痰止咳，可用以下药物。

①氯化铵、碳酸氢钠各10克，分为两包，每天3次，每次1包。

②复方甘草合剂10~20毫升，每天2次。

③氯化铵2~4克，人工盐10~30克，一次内服，每天2次。

（八）猪小叶性肺炎（猪支气管肺炎）

小叶性肺炎是炎症病灶范围仅局限在一个或一群肺小叶，肺泡内充满卡他性渗出物（血浆、白细胞）和脱落的上皮细胞，因此也称卡他性肺炎，因支气管或细小支气管与肺小叶群同时发病，所以也称支气管肺炎。临床上以弛张热型，呼吸次数增多，叩诊有散在病灶性浊音和听诊有捻发音及咳嗽为特征。

病因分析

①受冷空气侵袭而感冒，抗病能力降低。

②猪舍通风不良，特异气体（如氨气、烟气等）被吸入。

③在特殊情况下，如有神经症状时，或因饥饿、缺水而抢食时，误将饲料或水呛入气管。

④支气管炎、肺丝虫病、蛔虫病及流感等也能继发本病。当子宫炎、乳腺炎病原菌转移至肺脏后也能继发本病。

临床症状

体温突然升高（40℃以上），呼吸迫促，鼻液初浆性后转稠，常为脓性（图9-11）。咳嗽，初干咳带痛，后变弱，声嘶哑，叩诊胸部即引起咳嗽，肺部听诊有啰声。心跳增速，食欲减退，黏膜发绀。如肺有坏疽，则呼出气臭，鼻液污灰而臭，鼻液中有弹力纤维。

图9-11　患猪体内严重缺氧气，张口喘气

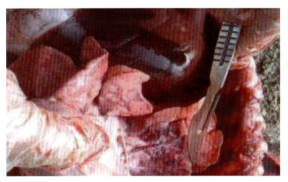

图9-12　患猪肺切面呈红色或灰暗红色，挤压流出血性或浆液性液体

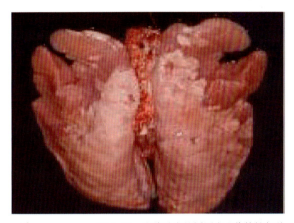

图9-13　患猪肺炎灶周围发生代偿性气肿

病理变化

在肺实质内，有散在的肺炎病灶，并且每个病灶为一个或一群肺小叶，病变部位为实质性组织，气体含量少，投入水中下沉。切面呈红色或灰暗红色，挤压流出血性或浆液性液体（图9-12）。肺炎灶周围可发生代偿性气肿（图9-13）。

鉴别诊断

（1）猪小叶性肺炎与猪大叶性肺炎的鉴别　二者均表现体温升高（41℃左右），食欲减退、流鼻液，咳嗽，肺部听诊有啰音。但区别是：猪大叶性肺炎体温较高（41℃以上），稽留6~9天，眼结膜先红后黄染发绀，腹式呼吸，肌肉震颤。鼻液脓性，肝变期为锈色或红色，胸部叩诊充血渗出期为鼓音或浊鼓音，健区或健侧则音为高调。肺部听诊着着病程的演变，出现干啰音、捻发音、湿啰音及支气管呼吸音消失。剖检肺在充血水肿期增大呈暗红色，质地稍实，切小块投入水中半沉；肝变期色与硬度如肝，切面粗糙，切小块投水中下沉；灰色肝变期质的如肝，色灰白或灰黄，切小块也下沉；溶解期病肺组织缩小，质柔软，色恢复正常。

（2）猪小叶性肺炎与猪支气管炎的鉴别　二者均表现咳嗽，病初短促干咳，肺部听诊有啰音，流鼻液，食欲减退。但区别是：猪支气管炎体温一般正常，仅急性时稍高，呼吸的运动强度和频率无显著变化，叩诊不引起咳嗽，剖检肺小叶无炎症病灶。

（3）猪小叶性肺炎与猪肺丝虫病的鉴别　二者均表现流鼻液，咳嗽，呼吸增数，肺部听诊有啰音。但区别是：猪肺丝虫病的病原是后圆线虫。患猪常出现轻咳，一次能咳40~60声，眼结膜稍苍白，消瘦。粪检可见虫卵。剖检支气管中可见虫体。

（4）猪小叶性肺炎与猪气喘病的鉴别　二者均表现咳嗽，呼吸困难，食欲减退。但区别是：猪气喘病的病原是肺炎霉形体。具有传染性。患猪一般体温正常，有感染时才升高，呼吸增数很多（100~120次/分），剖检肺心叶、尖叶、中间叶灰色半透明如"肉样"变或灰黄、灰白半透明如"虾肉样"变。

防治措施

注意饲养管理，保持猪圈空气新鲜，防止本病的发生，发现病猪抓紧治疗。

1）用青霉素40万~160万国际单位、链霉素50万~100万国际单位混合肌注，12小时1次。

2）用10%安钠咖2~10毫升、10%樟脑磺酸钠2~10毫升分上、下午交替肌注，以促进血液循环，利于肺部渗出物的排泄。

3）如食欲不好，用50%葡萄糖50~100毫升、含糖盐水200~300毫升、25%维生素C2~4毫升，静脉注射，每日或隔日1次。

4）制止渗出，也可用5%氯化钙5~10毫升或10%葡萄糖酸钙25~50毫升，静脉注射，隔日1次。

5）为止咳祛痰，25千克的猪用氯化铵1克、磺胺嘧啶1克、碳酸氢钠1克，以蜂蜜调为糊状作舐剂服用，12小时1次。氯化铵应另调分开服用。

（九）猪大叶性肺炎

大叶性肺炎是整个肺叶发生急性炎症过程，因其炎性渗出物为纤维蛋白性物质，故又称为纤维蛋白性肺炎或格鲁布性肺炎。临床以高热稽留和呈病理的定型经过为特征。

病因分析

通常有传染性和非传染性两种。

①主要由肺炎双球菌引起，存在于肺内的或外界侵入的巴氏杆菌、肺炎双球菌、沙门氏菌、坏死杆菌、大肠支杆菌、支原体、链球菌、葡萄球菌等在病的发生上有重要意义。

②大叶性肺炎是一种变态反应性疾病，同时伴有过敏性炎症。

③因寒冷而感冒，吸入有刺激性的气体，当机体抵抗力减弱时，也能诱发本病。

④长途运输，营养不良，圈舍卫生条件不好，抵抗力减弱，导致微生物侵入肺部迅速繁殖也是重要的一种致病因素。

临床症状

突然发生高热，体温达41℃以上，并稽留6~9天不降，随后降至常温，有的还再升温。精神沉郁，食欲减退，喜钻卧于草窝。眼结膜先发红，后黄染发绀。呼吸困难，腹式呼吸，病重张口呼吸，喘气。频发痛咳，溶解期变为强咳，流脓性鼻液，肝变期流铁锈色或红色鼻

图9-14　患猪呼吸困难，张口呼吸，频发痛咳，流脓性鼻液

液（图9-14）。肌肉震颤。听诊肺部可发现有不同程度的啰音。病程有渗出期（充血水肿期）、红色肝变期、灰色肝变期、溶解期（恢复期）的定型经过。每个阶段平均2~3天，7~8天高温渐退或骤退，全身症状好转。非典型病例常止于充血期，体温反复升高或仅见红黄色鼻液，全身症状不太重。

胸部叩诊充血渗出期呈鼓音或浊鼓音，肺健区或健侧叩诊音为高调。听诊随病程不同而异，充血水肿期肺泡呼吸音增强，干啰音、捻发音、肺泡呼吸音减弱，出现湿啰音；肝变期肺泡呼吸音消失，出现支气管呼吸音；溶解期支气管呼吸音消失，再出现啰音、捻发音。

病理变化

典型性大叶性肺炎，充血水肿期肺叶增大，肺红织充血水肿，暗红色，质地稍实，切面平滑红色，按压流出大量血泡沫，取小块投入水中半沉，此期持续12~36小时。红色肝变期，肺特别肿大，色与硬度如肝，切面粗糙干燥，切小块入水下沉，胸膜表面有纤维素渗出物覆盖，胸腔常有淡黄色纤维素块渗出物，此期约36小时。灰色肝变期，肺组织由紫红变为灰白或灰黄色，质仍如肝，所以称灰色肝变，切面干燥有小颗粒物凸出，切小块入水下沉，此期约48小时。溶解期病肺组织缩小，色恢复正常，但仍灰红色，切面逐渐湿润，质柔软，切小块投入中半沉，此期持续12~36小时（图9-15至图9-17）。

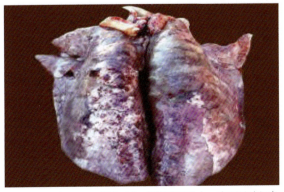

图9-15　患猪肺叶肿大，表面呈暗红色

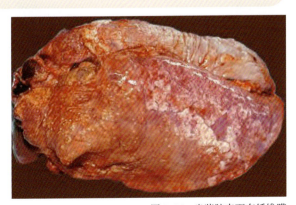

图9-16　患猪肺表面有纤维膜

（1）猪大叶性肺炎与猪小叶性肺炎的鉴别　二者均表现体温升高（41℃左右），初期干咳，呼吸困难，肺部听诊有啰音，流鼻液，食欲减退。但区别是：猪小叶性肺炎体温比大叶性肺炎低，不稽留，不流红色或锈色鼻液。无大叶性肺炎的定型经过。剖检肺前下部散在一个或数个（一群）肺小叶病灶。

图 9-17　患猪肺切面质地如肝脏干燥颗粒状

（2）猪大叶性肺炎与猪支气管炎的鉴别　二者均表现病初干咳，流鼻液，呼吸困难，肺听诊有啰音。但区别是：支气管炎患猪鼻液先水样后转稠，但无红色、锈色鼻液，体温一般不高或微升，剖检支气管有炎症及黏液，肺无肝变。

（3）猪大叶性肺炎与猪接触性传染性胸膜肺炎的鉴别　二者均表现体温升高（41~41.5℃），精神沉郁，绝食，咳嗽，呼吸困难，鼻流血样分泌物。但区别是：猪接触性传染性胸膜肺炎的病原是胸膜肺炎放线菌，具有传染性，最急性24~36小时死亡，急性叩诊肋部有疼痛，张口呼吸，常站立或犬坐，剖检气管、支气管充满泡沫样血色黏液，肺炎病灶区紫红色，坚实，轮廓清晰，纤维素性胸膜炎明显。亚急性肺有干酪性病灶，含有坏死碎屑空洞，胸膜肋膜粘连。病料染色镜检可见革兰阴性小球杆菌，有荚膜。

1）注意环境卫生和空气流通，防止猪吸入有害气体，搞好饲养管理，以增强机体抗病能力，减少发病的机会，对病猪应加紧治疗。

2）治疗：

①青霉素：80万~100万国际单位，链霉素50万~100万国际单位混合肌注，12小时1次。或用土霉素每千克体重40毫克肌注，每天1次，加注增效剂更好。

②同时用10%安钠咖2~10毫升、10%樟脑磺酸钠2~10毫升分别在上下午交替肌注。

③为制止渗出，促进炎性产物吸收，用5%氯化钙5~20毫升，或10%葡萄糖酸钙25~50毫升，加10%葡萄糖100~200毫升静注，每日1次。

④为促进消散肺部渗出物，用碘化钾1~2克1次内服，12小时1次，连用5~7天。

（十）猪中暑

猪对热的耐受力差，长时间在烈日照射下，就会发生日射病，而在潮湿闷热的环境中则易引起热射病。日射病和热射病通常称为中暑。

病因分析

　　猪中暑主要发生在炎热的夏季，猪长时间受烈日照射、长途运输、追赶、过度疲劳及猪舍狭窄、猪多拥挤、通风不良，影响体热散发，都易引起本病发生。

临床症状

　　患猪表现突然发病，呼吸急促，心跳加快，体温升高到42℃以上，眼结膜充血，口吐泡沫，兴奋狂躁不安，出汗，走路摇晃，瞳孔放大，卧地不起，如抢救不及时，常因心脏衰竭而死亡（图9-18~图9-20）。

图9-18　中暑猪皮肤潮红

图9-19　夏季车辆运猪，猪中暑

图9-20　夏季饲养密度大、阳光直射导致猪中暑

鉴别诊断

　　（1）猪中暑与猪脑及脑膜炎的鉴别　二者均表现体温升高（41℃左右），有意识障碍，流涎，突然发病。但区别是：猪脑及脑膜炎发病之初表现兴奋，无休止盲目行走或转圈，磨牙，嘶叫。缺乏太阳直射或闷热环境也可发病，体温较低，眼结膜、皮肤不发紫。

　　（2）猪中暑与猪脑震荡的鉴别　二者均表现精神委顿、意识障碍，卧地四肢划动。但区别是：猪脑震荡多因打击、冲撞头部而发病，体温不高，发作时卧地四肢划动，之后仍能正常行动，且能反复发作。黏膜、皮肤无异常，发病与炎热无关。

　　（3）猪中暑与猪食盐中毒的鉴别　二者均表现意识障碍，瞳孔散大，皮肤发绀，卧地四肢划动，体温升高（41℃左右）。但区别是：猪食盐中毒是因饲料拌盐太多或用腌菜、酱渣喂食后而发病。口渴喜饮却尿少或无尿，空嚼流涎，间或呕吐，兴奋时盲目前冲，有的角弓反张，抽搐震颤，有时昏迷，有的癫痫发作。

防治措施

　　1）夏季猪舍要通风良好，运动场应搭好凉棚。
　　2）在猪圈或运动场一角设浅水池，经常供给清凉饮水。

3）发现猪中暑时，应立即将患猪移至凉爽通风的地方，并用冷水喷洒头部，剪尾和耳尖放血。静脉或腹腔注射葡萄糖生理盐水100~500毫升。对精神兴奋的患猪可注射氯丙嗪，每千克体重2毫克。

（十一）猪应激综合征

病因分析

猪机体受到频繁而短暂的急剧刺激，所表现出来的机能障碍和防御反应，称为猪应激综合征。抓捕、驱赶、运输、运动、寒冷、高温、中毒、麻醉、称重、编群、转群、恐吓、咬斗、创伤、神经紧张、过度疲劳等，均可引发本症。瘦肉型品种出现应激综合征的较多。

临床症状

患猪表现为体温升高，喘息，心跳加快，肌肉痉挛，皮肤充血和淤血交替出现并呈青紫色。猪酸中毒时，全身陷入虚脱状态，肌肉严重强直，而后死亡。本病可导致哺乳母猪泌乳减少或无乳，公猪性欲下降。

鉴别诊断

（1）猪应激综合征与猪肺疫的鉴别　二者均表现体温升高（41~42℃），肌肉颤抖，呼吸迫促困难，皮肤充血有紫斑等。但区别是：猪肺疫的病原是多杀性巴氏杆菌，具有传染性。咽喉型猪肺疫咽喉红肿较硬，口流黏液，鼻流泡沫。胸膜肺炎型猪肺疫，有痛咳，叩诊肋部疼痛，咳嗽加剧，听诊有啰音和摩擦音，呈犬坐或犬卧，病料涂片可见两极明显浓染的革兰阴性小球杆菌。

（2）猪应激综合征与猪破伤风的鉴别　二者均表现全身肌肉僵硬、痉挛，呼吸急促困难等。但区别是：破伤风患猪体温不高，运动强拘或不能走，耳直立，尾向后伸直，瞬膜外露，用手触摸猪体或光线、声音等刺激均能引起痉挛。

防治措施

1）在生产中，应选育具有抵抗力的品种（品系）与无应激反应的个体作种用。

2）采用营养全面的配合饲料，在饲料中添加含硒维生素E和维生素C，可以抗应激。

3）加强饲养管理，猪舍须清洁、通风、透光，消除引起应激综合征的因素。

4）饲养密度应合理，避免猪混群咬斗。宰前应避免各种刺激。车船运输时不要过密，尽量减少捆扎和鞭打，不要在高温下长途运输。

5）治疗：

①调整激素失调，可用肾上腺皮质激素，肌肉注射。

②氯丙嗪，每千克体重1~2毫克，内服或肌肉注射，可减轻猪体对刺激的反应。

③饲料中适量添加碳酸氢钠，可调整体液酸碱平衡，减轻应激反应症状。

二、猪外科疾病

（一）猪蜂窝织炎

猪蜂窝织炎是指皮下、筋膜下、肌肉间隙等处或深部疏松结缔组织发生的急性弥漫性化脓性炎症。

病因分析　原发于皮肤或软组织损伤后的感染，也可继发于局部脓性感染，有时因局部注射有剧烈刺激性药物，如水合氯醛、氯化钙、新砷凡钠明等引起。主要病原菌是溶血性链球菌，其次是葡萄球菌和大肠埃希菌，偶尔有厌氧杆菌。

临床症状　躯体局部肿胀，温度升高，疼痛，组织坏死化脓和机能障碍，其特点为在疏松结缔组织中形成浆液性、化脓性或腐败性渗出物（图9-21）。病变不易局限，扩散迅速，与正常组织无明显界限，能向深部组织蔓延，并伴有明显的全身症状，甚至继发败血症。弥漫性蜂窝织炎转为慢性时，局部皮下结缔

图9-21　患猪后肢局部组织坏死化脓

组织增生、肿胀，皮肤硬化，失去弹性，被毛粗糙，最后遗留下橡皮样肥厚。

鉴别诊断　（1）猪的蜂窝织炎与猪组织脓肿的鉴别　二者均表现局部肿胀，热痛，针头穿刺流脓。但区别是：脓肿化脓显波动时，局部热痛即减轻，一般无全身症状，不出现高温、功能障碍不明显，与周围界线明显。

（2）猪的蜂窝织炎与猪淋巴结脓肿的鉴别　二者均表现皮肤肿胀、热痛，体温升高，食欲减退。但区别是：猪淋巴结脓肿的脓肿多在颌下或颈侧，每个肿胀有局限性，不向外扩张，无功能障碍。采取未破溃脓汁用碱性亚甲蓝或革兰染色，镜检可见单个或双列短链或椭圆形球菌。

防治措施　1）局部的早期治疗是为了减少炎性渗出，抑制感染蔓延，减轻组织内压。病猪应绝对禁止运动，在病初1~2日内，组织尚未出现化脓性溶解时，肿胀部可应用10%鱼肝油软膏、金黄散等涂敷，在患部上方用盐酸普鲁卡因青霉素钠溶液局部封闭，以后改用热敷，如红外线照射等，多数病例可自行消散，如果肿胀继续发展，体温升高，症状恶化，应立即切开，排出炎性渗出液，减轻组织内压，切口要有足够的长度和深

度，必要时，应做多处切口，然后用浸有硫呋液（硫酸镁200克，呋喃西林0.1克，蒸馏水1000毫升）的纱布条湿敷引流。

2）全身治疗应用大剂量抗生素或磺胺类药物，内服清热解毒的中草药，为了防治败血症可静脉补液、补糖、补碱、强心、利尿，疼痛剧烈者可给予止痛药，如安痛定、安乃近或氨基比林等。

（二）猪脓肿

在组织或器官内形成外有包囊，内有脓汁积聚的局限性化脓灶称为脓肿。固有解剖腔内（如上额窦、胸腔、腹腔等）的脓液蓄积称为蓄脓。

病因分析　脓肿常继发于各种急性化脓性感染或远处化脓性病灶的转移，常见的致病菌感染主要是葡萄球菌、链球菌、大肠埃希菌、绿脓杆菌和某些腐败菌。另外，某些刺激性强的药物如氯化钙、水合氯醛、新砷凡钠明等的误注或漏入静脉外或肌肉内也可引起。

临床症状　浅在的脓肿，初期，局部红、肿、热、痛，以后由于炎性细胞（白细胞）的死亡，组织的坏死、溶解、液化而形成脓汁，肿胀部位中央逐渐软化，被毛脱落，按压有波动感，继而皮肤破溃，向外排脓（图9-22）。深在脓肿，局部症状多不明显，仔细检查可发现患部轻

图 9-22　患猪颈部脓肿

度水肿，触诊疼痛。脓肿一般不呈现全身症状。当较大的脓肿未能及时切开，致使脓肿破溃，脓汁向外扩散，有毒产物被吸收，则出现全身反应，甚至发生败血症。

鉴别诊断　（1）猪的脓肿与猪蜂窝织炎的鉴别　二者均表现皮肤肿胀、发热、疼痛。但区别是：猪蜂窝织炎肿胀范围广泛，界限不清，机能障碍明显，同时有全身症状，切开常排出腐臭脓液或污液。

（2）猪的脓肿与猪淋巴结脓肿的鉴别　二者均表现皮肤发现肿胀，针刺有脓。但区别是：猪淋巴结脓肿的病原是E群链球菌，具有传染性。患猪体温多在40℃以上，化脓处多在淋巴结部位。

（3）猪的脓肿与猪放线菌病的鉴别　二者均表现皮肤出现肿胀。但区别是：猪放线菌病的病原是放线菌，具有传染性，患猪多在耳郭、乳房、扁桃体、腭骨处表面凹凸不平，切开切面平整有胶冻样颗粒。将黄白色颗粒压片镜检呈菊花状，中心革兰阳性，而周围放射性排列物为阴性。

防治措施

急性炎症的初期，应抗菌消炎，制止渗出，当炎性渗出停止后，则应促进炎性产物消散吸收。为消除炎症，早期连续应用足量的抗生素或磺胺类药物。局部冷敷复方醋酸铅散（醋酸铅100克，明矾50克，樟脑20克，薄荷脑10克，白陶土820克），后期改用温敷疗法，以促进炎性产物的吸收，也可改用0.5%盐酸普鲁卡因青霉素局部封闭。

当炎性产物无吸收的可能时，应立即采取手术疗法。脓汁排出，对不宜切开部位的小脓肿，可用注射器将脓汁抽出，然后用生理盐水反复冲洗，最后注入抗生素溶液。脓肿切开法，即用手术刀在脓肿的软化中央部的低位处，向下切开排脓，再用0.1%高锰酸钾溶液等反复冲洗，除尽脓汁及坏死组织后，脓腔壁可涂5%碘酊，然后用纱布条引流。脓肿摘出术，在不破坏脓肿膜的情况下，将脓肿完整地摘除。

（三）猪结膜炎

猪结膜炎是指眼睑结膜、眼球结膜的炎症，主要是由细菌、病毒感染所致。临床上以结膜潮红、流泪、分泌物增多为特征。

病因分析

本病多由外伤、灰尘、沙土、刺激性气体（氨气、氯气、烟雾等）刺激引起，另外，也见于邻近组织器官炎症蔓延，还可继发于某些传染病和寄生虫病，如流感等。

临床症状

结膜炎的一般症状表现为怕光，流泪，两眼闭合等（图9-23）。临床上常根据分泌物的性质，分为浆液性结膜炎、黏液性结膜炎和化脓性结膜炎等，浆液性结膜炎一般发生于病的初期，是结膜表面的炎症，表现为结膜潮红、畏光、分泌物呈浆液

图9-23 患猪眼结膜充血、流泪

性。黏液性结膜炎也是黏膜表面的炎症，病猪表现为结膜充血、肿胀，分泌物呈黏液性，随着病情发展，症状逐渐加重。化脓性结膜炎表现为结膜浑浊，眼角内有脓性分泌物，经过较久的上下眼睑常被黏稠的脓汁粘连在一起。

鉴别诊断

（1）猪结膜炎与猪蓝眼病的鉴别　二者均表现眼睑肿胀，流泪，疼痛。但区别是：猪的结膜炎表现为怕光、流泪，结膜潮红、肿胀，疼痛以及眼睑闭合等，临床上分为黏液性结膜炎和化脓性结膜炎。猪蓝眼病的病原为猪蓝眼病副黏病毒，具有传染性，部分仔猪有结膜炎，表现为眼睑肿胀和流泪，呈单侧或双侧角膜混浊。除此之外，主要表现2~15日龄仔猪最易感，有的出现神经症状。该病通常先发热、被毛粗糙、弓背，有时伴有便秘或腹泻，进而表现共济失调、虚脱、强直（多在后肢），肌

肉震颤，姿势异常呈犬坐样等神经症状。驱赶时，一些患猪异常兴奋，尖叫或划水样移动。其他症状有嗜睡、瞳孔散大、失明，间有眼球震颤。

（2）猪结膜炎与猪维生素B₂缺乏症的鉴别　二者均表现角膜发炎、晶体混浊流泪，眼眵多。但区别是：维生素B_2缺乏症患猪生长缓慢，被毛粗乱无光泽，全身或局部脱毛，干燥，出现红斑丘疹，鳞屑，皮炎，溃疡。在鼻端、耳后、下腹部、大腿内侧初期有黄豆大至指头大的红色丘疹，丘疹破溃后结黑色痂皮。呕吐，腹泻，有溃疡性结肠炎。腿弯曲强直，步态强硬，行走困难。孕猪早产、产死胎，新生仔猪有的无毛，有的畸形。

防治措施　祛除病因，清洗患眼，临床上一般用2%~4%硼酸溶液，0.01%呋喃西林溶液，或生理盐水冲洗，冲洗时手法要柔和，切忌用力粗暴，也不可用棉球对眼球进行摩擦，以免损伤结膜。

消炎镇痛可选用0.5%硫酸锌溶液、氯霉素、金霉素眼药水或四环素、土霉素、红霉素眼药膏点眼。若为化脓性感染，除局部治疗外，同时应用抗生素或磺胺类药物进行全身治疗。

在治疗本病时，也可试用中药治疗，如夏枯草、决明子各12克，野菊花15克，水煎服，每天1剂；青葙子、龙胆草、草明子、蚕蜕、苍术各8克，甘草6克，水煎服，每天1剂，连用2~3剂。

（四）猪风湿症

猪的风湿症是一种反复发作的急性或慢性非化脓性炎症，以胶原纤维发生纤维素样变性为特征的疾病。它主要侵害猪的背、腰、四肢的肌肉和关节，同时也侵害蹄和心脏以及其他组织器官。临床上以猪关节及周围肌肉组织发炎、萎缩为特征。在寒冷地区和冬季发病率高。

病因分析　病因不十分明确，潮湿、寒冷、运动不足，过肥及饲料变换等可能成为诱因。

临床症状　多见突然发病，患部肌肉紧张疼痛，步态强拘。先从后肢开始发病，遂向腰部及全身扩大。跛行随着运动时间的增加而缓解。关节风湿以肿胀为主，突然发生一至数个关节，以腕关节和膝关节多见，患部有热感，压之疼痛，病猪卧倒后不愿起立（图9-24、图9-25）。

鉴别诊断　（1）猪风湿症与猪钙磷缺乏症的鉴别　二者均表现食欲减退，精神不振，不愿走动，喜卧，关节疼痛敏感，运动强拘。但区别是：猪钙磷缺乏症是因饲料中钙磷缺乏而发病。仔猪骨骼变形，成年猪关节肿大，大小猪均有吃泥土、煤渣、鸡屎等异嗜，每天食量时多时少，吃食无嚓嚓声，运动时的强拘不因运动持续而减轻。

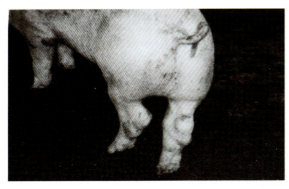

图9-24　患猪跗关节肿，行走困难

图9-25　患猪后肢僵直，不敢行走

（2）猪风湿症与猪无机氟化物中毒的鉴别　二者均表现行动迟缓，步样强拘，跛行，喜卧，不愿站立。但区别是：猪无机氟化物中毒是因吃无机氟污染的饲料或饮水而发病。患猪跖骨、掌骨对称性肥厚，下腭也对称性肥厚，间隙狭窄，运动时可听到关节嘎嘎出声，齿变成波状齿，牙齿有淡红或淡黄色斑釉。持续走动跛行不会减轻。

防治措施

1）圈舍内垫草要经常换晒；堵塞圈舍一些破损洞孔，避免猪在寒冷季节淋雨。

2）患猪可用2.5%醋酸可的松注射液5~10毫升，每天2次，肌肉注射，或用醋酸氢化可的松注射液2~4毫升，患部关节腔内注射。

（五）猪湿疹

湿疹是皮肤表层组织的一种炎症，以出现红斑、丘疹、小结节、水疱、脓疱和结痂等皮肤损害为主要特征。

病因分析

本病多因猪舍潮湿，昆虫叮刺，皮肤脏污、冻伤，化学药品刺激等引起；猪饲养密度大，患慢性消化不良、慢性肾病及维生素缺乏亦可引起本病。

此病发生以5—6月居多。育肥猪发病多于母猪，瘦弱猪比健壮猪易发病。

临床症状

①急性湿疹：育肥猪、壳郎猪及仔猪易发生。发病迅速，病程15~25天，个别的可达30天。病猪初在耳根部、面部，以后在颈、胸、腹两侧及内股等部位，甚至全身的皮肤上，出现米粒至豌豆大的丘疹、小水疱或小脓疱。病猪搔痒摩擦，疹块、水疱和脓疱磨破后流出血样黏液和脓汁，干燥后于破溃处形成黄色或灰、黑色痂皮、病猪精神不佳，食欲减退，消化不良，消瘦（图9-26~图9-28）。

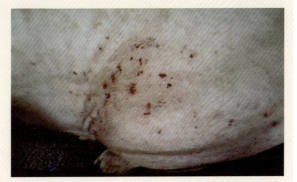

图9-26　患猪皮肤有点状出血

图 9-27　患猪皮肤斑点状疹块

图 9-28　患猪腹部斑点状疹块

　　②慢性湿疹：多见于营养不良、体质瘦弱的壳郎猪和母猪。病程1~2个月，有的可达3个月。病猪精神倦怠，皮肤脱毛、增厚、变硬，搔痒，有的出现糠麸样黑色痂皮。

鉴别诊断

　　（1）猪的湿疹与猪锌缺乏症的鉴别　　二者均表现腹部和股内侧有小红点，皮肤破溃、结痂、瘙痒，消瘦。但区别是：猪锌缺乏症是因猪体缺锌而发病。病患先从耳尖、尾部开始再向全身发展，不出现水疱、脓疱。患部皮肤皱褶粗糙，网状干裂明显。蹄也发生裂开。四肢关节附近增生的厚痂周围被毛有油腻污染，经久不愈。血检血清锌从正常的0.98微克/毫升降至0.22微克/毫升。

　　（2）猪的湿疹与猪皮肤真菌病的鉴别　　二者均表现皮肤出现脓疱，糠秕样鳞屑，瘙痒。但区别是：猪皮肤真菌病的病原是致病性真菌，具有传染性。患猪先脱毛，瘙痒形成皮肤损伤，在躯干、四肢上部可见一元硬币大小的圆形或不规则无毛而有灰白色鳞屑斑，随着皮肤损伤而扩大。

　　（3）猪的湿疹与猪疥螨病的鉴别　　二者均表现皮肤潮红，有丘疹、水疱，渗出液结痂皮，擦痒。但区别是：猪疥螨病的病原是疥螨虫。将痂皮放在黑纸或黑玻璃片上，在灯火上微微加热，再在日光下用放大镜可见疥螨虫在爬动。

　　（4）猪的湿疹与猪葡萄球菌病的鉴别　　二者均表现皮肤发红，有丘疹、水疱、破溃，渗出液结成痂皮。但区别是：猪葡萄球菌病的病原是葡萄球菌，具有传染性。患猪仅少数有痒感，体温高达43℃，还有腹泻等症状。

　　（5）猪的湿疹与猪皮肤曲霉菌病的鉴别　　二者均表现皮肤出现红斑，有丘疹（肿胀性结节）破溃渗出性结痂，奇痒。但区别是：猪皮肤曲霉菌病的病原是曲霉菌。患猪耳尖、口、眼周围、颈胸腹下、股内侧、肛门周围、尾根、蹄冠、腕、跗关节、背部等几乎全部皮肤均有肿胀性结节，破溃渗出的浆液形成灰黑色甲壳并出现龟裂，眼结膜潮红，流浆液性分泌物，并流浆液性鼻液，呼吸可听到鼻塞音。

1）猪舍要保持通风、干燥和清洁，光线应充足。

2）饲养密度不宜过大，注意猪皮毛卫生，给猪饲喂富含维生素和矿物质微量元素的饲料。

3）夏、秋季节加强灭蚊除蝇工作。

4）治疗：

①急性湿疹，首先用0.1%高锰酸钾溶液，洗净脓血、痂皮，然后用薄荷脑1克、氧化锌20克、凡士林200克制成的软膏（也可用水杨酸1~5克，凡士林95~99克，制成软膏）涂抹患部。

②慢性湿疹，除用上述方法治疗外，还可同时静脉注射10%氧化钙或氯化钙、溴化钠注射液，应用抗组织胺制剂（如扑尔敏、异丙嗪）及肾上腺皮质激素等。

临床上也可试用中药进行治疗，如野菊花、双花、紫花地丁各60克，水煎内服，每天1剂，连用3~4剂；花椒、艾叶、白矾、食盐各50克，大葱250克，煎后洗患部，连用3~4次；艾叶（烧成灰）60克，枯矾6克，研末，撒布患部；苍术、桑枝、槐枝各100克，水煎后洗患部，每天2次；苍术、白花、黄檗各30克，水煎服。

（六）猪脐疝

脐疝是脐孔闭合不全，肠管通过脐孔而进入皮下所形成的一种疾病，仔猪多见。

①胎儿脐孔先天闭合不全，随着体型的增长脐孔愈来愈大，以致肠管或网膜由脐孔脱出于腹壁皮下。

②脐孔本来闭合不全，由于跳跃或强力努责，使肠管通过脐孔脱出于皮下。

③有一定的遗传性，据报道，一母猪连续3~4窝所产仔猪，均有1/3患有脐病。

脐部有局限性的球形肿胀，有的柔软，无热无痛，沿腹壁可在肿胀的中央摸到脐孔，挤压或仰卧时，疝内容物可还纳腹腔（图9-29）。如疝的顶部接触地面摩擦，则病内肠壁或网膜易与病囊发生粘连。虽用力挤压内容物也不易还纳腹腔。如疝孔较小，肠内容物发酵后脱出的肠管即不能还纳腹腔而形嵌顿，局部皮肤发紫，有疝痛并废食。

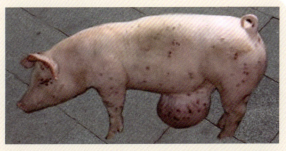

图9-29　猪的脐疝

（1）猪脐疝与猪脓肿的鉴别　二者均表现皮肤有一肿包，柔软，无热无痛（后期）。但区别是：猪脓肿病例肿胀初期硬，有热痛，后期顶部柔软而基部周围仍硬，摸不到脐孔，按压肿胀不能缩小，顶部有波动感，用针头穿刺流出脓液。

（2）猪脐疝与猪血肿的鉴别　二者均表现肿胀柔软，无热无痛（后期）。但区别是：猪血肿病例摸不到脐孔，按压肿胀不能缩小，有波动感，如系动脉出血可感搏动，针头穿刺有血液流出。

防治措施

用药物治疗无效果。

1）如疝轮小，疝（网膜或肠管）无粘连时，猪仰卧保定，先用食指插入疝轮，指面先向左勾，用煮沸消毒的12~18号丝线以弯针在近病轮的左侧（约1厘米左右）刺入皮肤，小心向指面刺入腹壁，针尖随指面自左向右转动，在疝轮右侧1厘米处刺出腹壁和皮肤，再将针从原针眼刺入皮肤，针从皮下（腹壁上方）向左至病轮左侧原针眼刺出皮肤，两线打结，小心收紧，手指也缓慢向外提，如手指感觉病轮已闭合，则再打死结（结有可能进入皮肤），再在打结处撒布碘仿。如缝合有困难，也可在疝囊切开皮肤，再缝合病轮，而后皮肤再做结节缝合。

2）如疝轮大或有粘连时，用手术疗法。

①仰卧或半仰卧保定，局部剪毛消毒，用硫喷妥钠每千克体重10~15毫克。全身麻醉，也可用2%普鲁卡因（加0.1%肾上腺素1~2毫升）行局部麻醉。

②在疝囊的旁侧稍做弧形切开皮肤，切口的长度应以超过疝孔为宜。

③小心切开皮下组织，露出疝囊里的网膜或肠管，并将疝内容物纳入腹腔。如粘连则剥离之。

④用丝线缝合疝孔，线留长些，3~5针，先打活结，而后间隔一针收紧，使病孔全部弥合再打死结。

⑤在病孔缝合前用油剂青霉素或庆大霉素8万~12万单位注入腹腔，以防粘连。

⑥小心剪去多余的皮肤，使切口正好做结节缝合，缝合时先撒布碘仿或磺胺结晶。

⑦缝完校正皮肤切口后，涂碘酒并撒布碘仿，再用绷带包扎。

（七）公猪阴囊疝

阴囊疝多发生在阉割后的公猪，疝内容物大多为肠管，偶有膀胱脱入的。

病因分析

①腹股沟管环因激烈的挣扎而致管径扩大，小肠由此处脱出进入阴囊。

②先天性的腹股沟管环过大，在意外运动促致管腔扩大而使肠管突出进入阴囊。

临床症状

一般疝内容物为肠管（图9-30），大多是一侧性，有疝的阴囊比对侧大（图9-31），触诊柔软，无热无痛，提高后肢，用手挤捏阴囊，病内容物即可缩小或消失，恢复站立姿势不久，阴囊又恢复原样（肿大）。

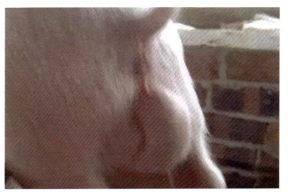

图 9-30　腹股沟阴囊疝，阴囊腹股沟有一大囊疝　　　　　　　　　　　　图 9-31　患猪一侧阴囊膨大

如已形成嵌顿，按压有疼痛，甚至阴囊皮肤变紫红色，食欲废绝，体温稍升高。

如肠管已与阴囊内壁粘连，虽阴囊无热、无痛，但挤捏因肠管不能脱离阴囊而不能缩小，鼠蹊部有裂孔，并可在阴囊至鼠蹊部皮下摸到肠管。

如膀胱位进入阴囊，挤捏阴囊则有尿液自尿道滴出或流出。触诊阴囊紧张度大。

鉴别诊断

猪阴囊疝与猪阴囊炎及睾丸炎的鉴别　二者均表现阴囊肿大。但猪阴囊炎及睾丸炎病例，阴囊炎则阴囊潮红肿痛，睾丸炎虽阴囊不潮红疼痛，握捏睾丸时则热痛明显。

防治措施

本病只能手术治疗。

1）横卧保定，有疝一侧的后肢向上拉，露出鼠蹊部。

2）自阴囊到腹股管环处的皮肤剪毛消毒。

3）用普鲁卡因局部麻醉。

4）切口选在近腹股沟管环处（便于还纳肠管和缝合裂口），为免伤及肠管，可提起皮肤切开。露出肠管时，小心将进入阴囊的肠管拉出，小心用手指将肠管送入腹腔，用消毒的丝线缝合裂口。

5）肠管不能自阴囊拉出，表示肠在阴囊有粘连，则可在近阴囊处再切一个皮肤切口，以便剥离粘连部分（不要将皮肤切口从原切口向阴囊延伸，以免切口太长影响愈合），粘连处涂青霉素油剂，以防与腹腔脏器粘连。

6）膀胱脱入阴囊，先将膀胱的积尿用针刺入膀胱，待尿放尽后再还纳腹腔。

7）肠管纳入腹腔后，用庆大霉素8万~14万单位或青霉素油剂150万~300万单位注入腹腔，以防粘连。

8）鼠蹊部腹壁裂口缝好后，再用0.1%雷佛奴尔液冲洗，撒布碘仿后缝合皮肤。

（八）种公猪睾丸炎

病因分析 主要由阴囊外伤化脓，尿道或输精管炎症化脓，布氏杆菌病转移等引起。

临床症状 患猪表现一侧或两侧睾丸肿大，阴囊皮肤红肿（图9-32），温热，体温升高，食欲减退，后肢运动障碍。

图 9-32　种公猪睾丸肿胀

防治措施 ①防止阴囊受伤，若是继发性的，应及时治疗原发病，初期可用冷敷，外涂西药膏剂消炎。

②防止睾丸外伤，发现睾丸肿胀可外涂10%鱼石脂软膏，或注射青霉素20万~40万单位消炎。

三、猪产科疾病

（一）母猪阴道脱出

猪阴道壁部分或全部突出于阴门之外，叫作阴道脱出。此病在产前或产后均可发生，尤以产后发生较多。

病因分析 固定阴道的组织松弛，腹内压增高及努责过强是直接原因。

母猪饲养不当，如饲料中缺乏蛋白质及无机盐，或饲料不足，造成母猪瘦弱，多次经产的老母猪全身肌肉弛缓无力，阴道固定组织松弛，也常有这种现象，猪舍狭小，运动不足，怀孕末期经常卧地，或发生产前截瘫，可使腹内压增高，此时子宫和内脏共同压迫阴道，而易发生此病。此外，母猪剧烈腹泻而引起的不断努责，产仔时及产后发生的努责过强，以及难产时助产抽拉胎儿过猛，均易造成阴道脱出。

临床症状 临床上根据阴道脱出的程度，分为阴道部分脱和阴道全脱。

阴道部分脱出时母猪卧地后见到从阴门突出鸡蛋大或更大些的红色球形脱出物，在站立时脱出物又可缩回，随着脱出的时间拖长，脱出部逐渐增大，可发展成为阴道全脱（图9-33）。阴道全脱为整个阴道呈红色大球状物脱出于阴门之外，往往母猪站立后也不能缩回。严重病例，可于脱出物的末端发现呈结节状的子宫颈，有时直肠也同时脱出，如不及时治疗，阴道黏膜淤血、水肿乃至损伤、发炎及坏死。

图 9-33　母猪阴道脱出

鉴别诊断　母猪阴道脱出与子宫脱出的鉴别：二者均表现在阴门外脱出一个肉球状物，但区别是：母猪子宫脱出手入阴道检查，凸出物与阴道壁之间有空隙，且多在产后发生。

防治措施　首先用清水彻底清洗脱出部，再用0.1%高锰酸钾溶液或2%明矾溶液冲洗，冲洗后用手将脱出部分还纳到原位，然后采用阴门缝合法进行固定。阴门的缝合多用纽扣缝合法或圆枕缝合法。一般应从距阴门3~4厘米处下针，针穿入要深，针的穿出以距阴门约0.5厘米为宜，并且用3道缝合，只缝阴门上角及中部，以免影响排尿。缝合数日后，如果母猪不再努责，或临近分娩时，应立即拆线。也可在阴道周围注射普鲁卡因青霉素用70%酒精10毫升在阴门周围做分点注射。

怀孕母猪要加强饲养管理，饲料中要含有足够的蛋白质、无机盐及维生素，适当运动，似增强母猪的体质，预防本病的发生。

（二）母猪产后瘫痪

本病是产后母猪突然发生的一种严重的急性神经障碍性疾病，其特征是知觉丧失及四肢瘫痪。

病因分析　本病的病因目前还不十分清楚。一般认为是由于血糖、血钙浓度过低引起，产后血压降低等原因也可引起瘫痪。

临床症状　本病多发生于产后2~5天。病猪精神极度萎靡，一切反射变弱，甚至消失。食欲显著减退或废绝，躺卧昏睡，体温正常或稍高，粪便干硬且少，以后则停止排粪、排尿。轻者站立困难，重者不能站立（图9-34~图9-36）。

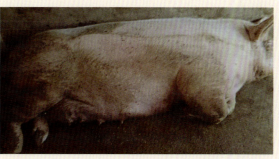

图 9-34　母猪产后卧地不起

图 9-35 母猪产后后肢无力　　　　　　　图 9-36 母猪产后后肢无力，站立困难

（1）母猪产后瘫痪与猪钙磷缺乏症的鉴别　二者均表现产后发病，病时食欲减退或废绝，卧地不起，瘫痪等。但区别是：钙磷缺乏症患猪卧地不起，食欲废绝，多发生在产后20~40天。未怀孕前即有异嗜（吃鸡屎、砂僵、煤渣等），吃食无嚓嚓声。

（2）母猪产后瘫痪与猪腰椎骨折的鉴别　二者均表现体温不高，母猪瘫卧不起，食欲废绝等。但区别是：猪腰椎骨折不一定在产后发病，多在放牧驱赶急转弯时因腰椎骨折随即瘫卧，腰椎有痛点，针刺痛点前方敏感，而针刺痛点后方无知觉，停止排粪尿。

首先，静脉注射10%葡萄糖酸钙注射液50~150毫升和50%葡萄糖注射液50毫升，每天1次，连用数次。同时应投给缓泻剂（如硫酸钠或硫酸镁），或用温肥皂水灌肠，清除直肠内蓄粪。其次，对猪进行全身按摩，以促进血液循环和神经机能的恢复。增垫柔软的褥草，经常翻动病猪，防止发生褥疮。

（三）母猪缺乳症

母猪产仔后泌乳少，甚至无乳汁，称为缺乳症，泌乳受神经内分泌的调节，一旦分泌发生紊乱，就会影响泌乳。此外，泌乳的多少，还与遗传有关。

饲料配合不当、缺乏营养，致使母猪体质瘦弱；精料过多、缺乏运动，致使母猪过胖、内分泌失调；母猪早配、早产或猪内分泌不足，严重疾病或热性传染病等，都可引起母猪缺乳。

产后乳房没乳汁或乳量很少。乳房松弛或缩小，挤不出乳汁或乳汁稀薄如水。

（1）母猪缺乳症与母猪无乳综合征的鉴别　二者均表现无乳或缺乳，不让仔猪吃奶，仔猪吃奶时叫唤，仔猪追赶母猪吃奶等。但二者的区别在于：母猪无乳综合征体温较高（39.5~41℃），昏迷，对仔猪感情淡薄，当仔猪接近母猪时，母猪后退并发出鼻呼吸音。乳房多个乳腺变硬，重时周围组织也变硬，按压显疼痛。

（2）母猪缺乳症与猪乳腺炎的鉴别　二者均表现奶少，仔猪吃不饱奶常叫唤等。但区别是：猪乳腺炎乳区肿大，潮红发热，触诊疼痛，乳中有絮状物，或有褐色或粉红色奶汁排出。

（3）母猪缺乳症与母猪产后便秘的鉴别　二者均表现产后无乳或缺乳，不让仔猪吃奶，仔猪吃奶叫唤、消瘦，体温不高等。但区别是：便秘患猪是因产后未将分娩时积聚的粪便排出，即喂食而发病，食欲废绝，通便后泌乳即恢复。

1）加强饲养管理，给母猪增补蛋白质饲料和多汁饲料。

2）防止仔猪咬伤母猪乳头。如发现母猪乳头有外伤，应及时治疗以防止感染。

3）保持猪舍干燥卫生，每天按摩母猪乳房数次。

4）治疗：青霉素100万单位，1%普鲁卡因20~50毫升，乳房局部封闭注射。

5）中药催乳：

①当归30克，王不留行30克，黄芪60克，路路通30克，红花25克，通草20克，漏芦20克，瓜蒌25克，泽兰20克，丹参20克，共研为末，每次喂服60~90克。

②穿山甲、王不留行各18克，通草、生黄芪各15克，生甘草20克，研为细末，一次喂服。

③瞿麦、麦冬、龙骨、穿山甲、王不留行各18克，研为细末，拌食喂服。

④当归30克，瓜蒌1个，白芷15克，知母12克，连翘12克，双花，穿山甲各15克，通草6克，王不留行、甘草各15克，共为细末，一次喂服。

⑤王不留行20克，通草、穿山甲、白术各9克，白芍、当归、黄芪，党参各12克，研为细末，一次喂服。

6）因猪体肥胖而致缺乳的，可选用下方：

①炒苏子12克，炒莱菔子12克，元胡9克，当归12克，川芎12克，穿山甲9克，炒王不留行24克，花粉9克，香附9克，水煎，一次内服。

②鲜柳树皮250克，木通15克，当归30克，水煎，一次灌服。

7）因猪内分泌机能失调而致缺乳的，可用以下药物和方法治疗：

①乙烯雌酚2~4毫升，肌肉注射，连用7~8天。

②绒毛膜促性腺激素500~1000单位，用生理盐水2毫升稀释，肌肉注射，每7天1次，连续注射数次。

（四）母猪无乳综合征

母猪无乳综合征，又称泌乳失败、产褥热、毒血症性无乳症等，是母猪产后常发病之一。临床特征是产后12~24小时发病，少乳或无乳，厌食，沉郁，昏睡，发烧，无力，便秘，排恶露，乳腺肿胀，对仔猪感情淡薄。

病因分析

据介绍，导致本病的原因有30多种，如应激，激素不平衡，乳腺发育不全，细菌感染，管理不当，低钙症，自身中毒，运动不足，遗传，妊娠期、分娩时间延长，难产，过肥，麦角中毒，适应差等，而其中以应激、激素失调，传染因素和营养及管理四大因素为主要因素。

临床症状

母猪食欲不振，饮水极少，心跳，呼吸加快，常昏迷。体温常升至39.5~41℃，若最初体温高于40.5℃，往往随后出现严重疫病和毒血症。有的不愿站立或哺乳，粪便减少、干燥。

泌乳失败最重要的症状之一是对仔猪感情淡薄。对仔猪尖叫和哺乳要求没有反应。仔猪因无乳饥饿而焦躁不安，不断围绕母猪或在腹下找奶和鸣叫，或沿圈转喝尿及水。即使母猪允许哺乳也吃不到奶。如转为慢性过程，仔猪因饥饿低血糖表现孱弱、消瘦，甚至死亡（卧于母猪傍易于被压死）。有的母猪常趴卧，将乳房压在腹下，不

图9-37 母猪伏卧，拒绝哺乳

让仔猪吃奶，这一现象可增强泌乳失败的判断。仔猪接近时母猪后退发出鼻呼吸音或咬伤仔猪（图9-37~图9-39）。

触诊乳房可发现多个乳腺变硬，严重时整个乳腺包括周围组织变硬，触诊留有压痕。白皮猪显潮红，按压有痛感，乳汁分泌下降，变黄、浓稠，有的水样碎组织，患病猪乳腺逐渐退化、萎缩。

图9-38 母猪食欲废绝，挤压乳头无乳，仔猪消瘦、腹泻

图9-39 仔猪饥饿，叼着乳头不离开

病理变化

因乳腺炎引起的泌乳失败，可见乳房变硬，乳房周围水肿扩展到腹壁，有炎性病灶，坏死或初期脓肿（皮肤暗红，切面有脓汁流出），乳腺小叶间可看到浮肿，乳房淋巴结因水肿而充血肿大。子宫松弛、水肿，子宫腔内贮有液体。可见到急性子宫内膜炎，卵巢小，生殖器官重量减轻。肾上腺因皮质机能亢进而肥大。

鉴别诊断

（1）母猪无乳综合征与母猪分娩后便秘的鉴别　二者均表现分娩后不排粪，仔猪吃奶叫唤，不让仔猪吃奶等。但区别是：母猪分娩后便秘体温不高，因分娩后未将分娩期间积聚的粪便排出而急于喂食发病。虽食欲废绝而奶少，但爱护仔猪的母性仍有，感情不淡漠。

（2）母猪无乳综合征与母猪乳腺炎的鉴别　二者均表现体温升高（40℃），乳房肿胀发红、按压有热痛，乳少等。但区别是：乳腺炎患猪发病多在产后5~30天内，多局限于1或2、3个乳区发病，不发病的乳房仍泌乳。如患扩散性乳腺炎，则还具有子宫内膜炎、结核病、放线菌病及病毒病的症状。如全乳区均发炎，体温升至40~41℃，全腹下乳区均红、硬，乳汁脓性。

（3）母猪无乳综合征与母猪产褥热的鉴别　二者均表现分娩后发病，体温升高（41℃），泌乳减少，食欲废绝，沉郁，呼吸、心跳加快等。但区别是：产褥热患猪阴道排出恶臭褐色的分泌物，四肢关节肿胀、发热、疼痛，起卧困难，行走强拘，先便秘后下痢。

（4）母猪无乳综合征与母猪子宫内膜炎的鉴别　二者均表现产后几天内发病，体温升高（40℃），泌乳减少，食欲减退，常不愿给仔猪哺乳等。但区别是：母猪子宫内膜炎常表现努责，排出污红、腥臭的分泌物，有时含有胎衣碎片。

（5）母猪无乳综合征与母猪产后缺乳症的鉴别　二者均表现产后无乳、拒绝仔猪吃奶、仔猪吃奶叫唤，追赶母猪吃奶等。但区别是：母猪产后缺乳症体温不高，不昏睡，呼吸、心跳无异常，对仔猪感情不淡漠。

防治措施

1）应避免应激因素，在分娩前后不要更换饲料，猪舍保持清洁干燥，空气流通，没有噪声，分娩前后的日粮应精粗搭配，母猪不宜过肥，临产前应多给饮水和喂给多汁饲料，并给母猪适当运动，避免发生便秘。

2）用12份硝酸钾、4份乌洛托品，1份磷酸氢钙混合均匀，在产仔前1周每天喂2次（共28克），可抑制乳房充血，增加母猪食欲。

3）治疗：

①对初生仔猪，可移交给其他母猪代养，为避免母猪不认代仔猪，可用母猪阴道分泌物或尿液涂在仔猪身上，使母猪认同代养。

如无母猪代养，可暂由人工饲喂，在第一周每1~3小时喂1次，以后每8~12小时喂

1次，每天饲喂量为仔猪体重的10%左右，不要把仔猪喂得过饱。如发生腹泻，乳量减少1~2天，并在乳中添加抗生菌。

在治疗期间，应让仔猪留在母猪身边，让其吮吸母乳头，以刺激母猪恢复放乳。

②用催产素30~40国际单位肌注、皮注或静注20~30国际单位，隔3~4小时1次。配合用己烯雌酚3~10毫克肌注。如注射加氢化泼尼松10~20毫克肌注或倍他米松3.5~10毫克（或地塞米松4~12毫克）口服，则可加强治疗效果。

③用青霉素80万~160万国际单位和10%新诺明10~20毫升分别肌注，12小时1次。

④必要时，在绝食后用食糖盐水1000~1500毫升、50%葡萄糖100~120毫升、10%樟脑磺酸钠10~20毫升、25%维生素C4~6毫升静注，每天1次。

（五）母猪子宫内膜炎

病因分析

母猪子宫内膜炎是其子宫内膜发生炎症的疾病。主要原因是人工授精时不遵守卫生规则，器皿和输精管消毒不严，使母猪子宫内发生感染；母猪难产时，手术助产不卫生也可感染。另外，子宫脱出、胎衣不下、子宫复旧不全、流产、胎儿腐败分解、死胎存留在子宫内等，均能引起子宫内膜炎。

临床症状

患猪主要表现为拱背，努责，从阴门流出液性或脓性分泌物，重病例的分泌物呈污红色或棕色，并有恶臭味，站立走动时向外排出，卧下时排出更多（图9-40~图9-42）。急性病例表现为体温升高，精神沉郁，食欲不振，不愿给仔猪哺乳，有的患猪发情不正常，发情时流出更多的炎性分泌物，这种猪通常屡配不孕，偶尔妊娠，也易引起流产。

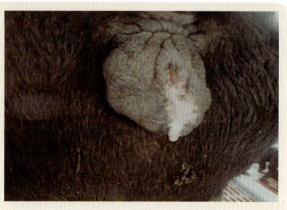

图9-40　患病母猪产后产道流出白色脓汁

图9-41　患病母猪阴道流出脓性分泌物

图9-42　妊娠母猪流产

鉴别诊断

（1）母猪子宫内膜炎与母猪流产的鉴别　二者均表现阴户流分泌物等。但区别是：母猪流产是未到预产期即排出胎儿，在流产排出胎儿后几天内有恶露排出（如经10~30天尚流出分泌物，当已发生子宫内膜炎）。体温不升高，不排腥臭分泌物。

（2）母猪子宫内膜炎与母猪阴道炎的鉴别　二者均表现阴户流分泌物等。但区别是：母猪阴道炎检查阴道，可见黏膜创伤、肿胀或溃烂。

（3）母猪子宫内膜炎与母猪布氏杆菌病的鉴别　二者均表现阴户流红色分泌物，食欲减退或废绝，体温升高等。但区别是：母猪猪布氏杆菌病的病原是布氏杆菌，具有传染性，多在预产期前流产，阴唇、乳房均肿胀，一般产后8~10天可自行恢复，同时公猪有睾丸炎、附睾炎。取被检血清与虎红抗原各0.03毫升，滴加于平板上混匀，放置4~10分钟，观察结果，只要有凝集现象出现，即可判为阳性反应。

（4）母猪子宫内膜炎与母猪产褥热的鉴别　二者均表现产后发病，体温升高（41℃），阴户流分泌物，食欲不振或废绝等。但区别是：母猪产褥热一般产后2~3天内即发病，体温较高，阴户流出的分泌物褐污色有恶臭。

防治措施

1）猪舍保持清洁干燥，母猪临产时要调换清洁垫草，在助产时严格注意消毒，操作要轻巧细微，产后加强饲养管理，人工授精要严格进行消毒。在处理难产时，取出胎儿、胎衣后，将抗生素装入胶囊内直接塞入子宫腔，可预防子宫炎的发生。

2）发病治疗时用10%氯化钠溶液、0.1%高锰酸钾液、0.1%雷弗努尔、1%明矾液、2%碳酸氢钠，任选一种冲洗子宫，必须把液体导出，最后，注入青霉素、链霉素各100万单位。对体温升高的患猪，用安乃近10毫升或安痛定10~20毫升，肌肉注射；用青霉素、链霉素各200万单位，肌肉注射。

（六）母猪乳腺炎

病因分析

乳腺炎是由病原微生物侵入乳房引起的炎症病变。主要由于母猪腹部下垂接触粗糙地面，在运动中容易擦伤乳房而感染发炎，或因猪舍潮湿，天气寒冷，乳房冻伤，仔猪咬伤乳头等细菌感染而发炎。另外，在母猪产前产后，突然喂给大量多汁和发酵饲料，乳汁分泌过多，积聚于乳房内，也易引起乳腺炎。

临床症状

患猪一个乳房和几个乳房同时发生肿胀，疼痛，当仔猪吃乳时，母猪突然站立，不让仔猪吃乳。诊断检查乳房时，可见乳房充血、肿胀，触诊乳房发热、硬结、疼痛，挤出乳汁稀薄如水，逐渐变为乳清样，乳汁中有絮状物（图9-43~图9-45）。患化脓性乳腺炎时，挤出的乳汁呈黄色或淡黄色的絮状物。脓肿破溃时，流出大量脓汁。患坏疽性乳腺炎时，乳房肿大，皮肤紫红色，乳汁红色，并带有絮状物和腥臭味。严重病例，母猪精神不振，食欲减退或废绝，伏卧不起，泌乳停止，体温升高。

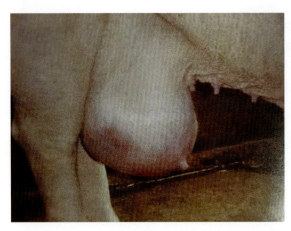

图 9-43 患病母猪乳房肿胀、红肿，表面有少量溃疡

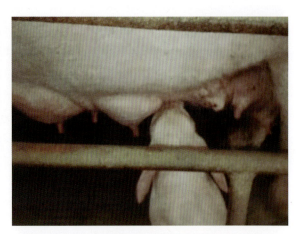

图 9-44 患病母猪乳房瘪乳，泌乳量减少

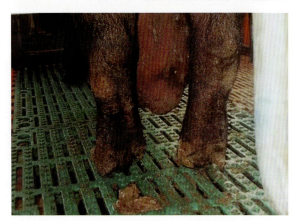

图 9-45 患病母猪胎衣排出迟缓

防治措施

　　1）哺乳母猪舍应保持清洁干燥，冬季产仔应多垫柔软干草，仔猪断乳前后最好能做到逐渐减少喂乳次数，使乳腺活动慢慢降低。

　　2）母猪发病后，病初用毛巾或纱布浸冷水，冷敷发炎局部，然后涂擦10%鱼石脂软膏；对体温升高的病猪，用安乃近10毫升或安痛定10~20毫升，肌肉注射；用青霉素、链霉素各200万单位，肌肉注射，每日2次，连用2~3天。乳房脓肿时，必须成熟之后才可切开排脓，用3%过氧化氢或0.3%高锰酸钾液冲洗脓腔，之后，涂紫药水和消炎软膏。

（七）新生仔猪低血糖症

　　新生仔猪低血糖症是血糖大幅度降低所引起的一种仔猪代谢病，以明显的神经症状和低血糖（其血糖含量比同日龄的健康仔猪低33.3%~41.5%）为特征。本病多发于出生后1~4天的仔猪，可造成全窝或部分仔猪发生急性死亡。

病因分析

发病原因比较复杂，如母猪妊娠后期饲养管理不良；母猪产后感染发生子宫炎等，均能引起缺奶或无奶。若仔猪患大肠埃希菌病或先天性肌阵挛病，无力吃奶等，均可引起低血糖。

临床症状

一般在生后第二天发病，患猪突然发生四肢无力或卧地不起，卧地后有弓角反张状，瞳孔放大，口角流出白沫，此时感觉迟钝或消失，最后昏迷而死（图9-46）。

病理变化

肝脏变化最特殊，呈橘黄色，边缘锐利，质地像豆腐，稍碰即破，胆囊肿大，肾呈淡黄色，有散在的红色出血点（图9-47~图9-49）。

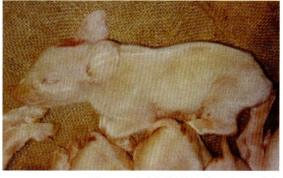

图9-46　发病仔猪精神沉郁、嗜睡、消瘦

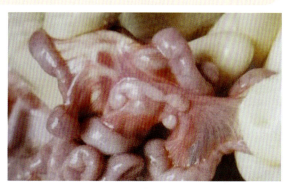

图9-47　患猪肠道充血、肠系膜淋巴结呈浅黄色

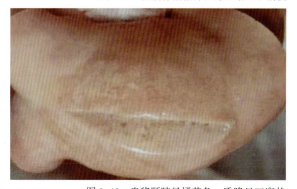

图9-48　患猪肝脏呈橘黄色，质脆呈豆腐状

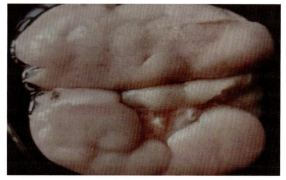

图9-49　患猪肾脏呈土黄色，散在针尖大出血点

鉴别诊断

（1）新生仔猪低血糖症与仔猪溶血病的鉴别　二者均表现仔猪初生不久发病，精神委顿，皮肤、黏膜苍白，体温不高，血液稀薄，血液凝固不良，肝呈黄色等临床症状和剖检病变。但区别是：仔猪溶血病一般初生时活泼健壮，吃奶后24小时即发病，尿血红蛋白尿。剖检可见皮下组织显黄染。

（2）新生仔猪低血糖症与仔猪缺铁性贫血病的鉴别　二者均表现精神不振，离群独处，体温不高，皮肤、黏膜苍白等。但区别是：仔猪缺铁性贫血病心跳增快，稍加活动即心悸亢进。喘息不止，易继发下痢或与便秘交替出现。腹蜷缩。光照耳郭几乎看不见血管。不出现神经症状。剖检可见肝肿大，脂肪变性，呈淡灰色，肌肉淡红色。

1）加强母猪的饲养管理，防止仔猪受寒与饥饿。

2）治疗时，腹腔注射5%葡萄糖5~10毫升，或喂给糖水。应争取早期治疗，晚期治疗不见效果。并要及时解除母猪缺奶或无奶的原因，如母猪营养不良引起的，要改善饲料，若是母猪感染所致，应用消毒药。

（八）新生仔猪溶血症

新生猪溶血病又称仔猪溶血性黄疸，是由于血型不合而配种所引起的一种免疫性疾病。本病多发生个别窝仔猪中，刚出生仔猪吃奶不久引起血细胞溶解，死亡率达100%。

病因分析

是母猪的血型与仔猪不同而引起的。

临床症状

仔猪出生后全部情况良好，一切正常。吃初乳后数小时至十几小时发病。整窝仔猪发病，白色猪可见全身苍白黄染，病猪停止吮奶，精神委顿，怕冷、震颤、被毛粗乱，衰弱，后躯摇晃。最明显的症状为黄疸，在眼结膜可见到呈显著黄色。尿透明，呈红棕色，或暗红色，体温正常，心跳及呼吸次数增加，一般经24~50小时死亡。但该母猪代为喂乳的其他窝仔猪发育良好，不发病。

病理变化

全身黄染，肝呈不同程度的肿胀，脾褐色，稍肿大，肾肿大而充血，膀胱内积贮暗红色血液。

鉴别诊断

（1）新生仔猪溶血症与仔猪缺铁性贫血的鉴别　二者均有精神委顿，皮肤、黏膜苍白，贫血，血检血红蛋白比正常减少，血液稀薄，不易凝固等临床症状和病理变化。但区别是：仔猪缺铁性贫血多在出生后8~9天出现症状，继发下痢或便秘，骨髓涂片铁染色，红细胞铁粒消失，幼红细胞几乎看不到铁粒。

（2）新生仔猪溶血症与猪附红细胞体病的鉴别　二者均有精神沉郁、黏膜苍白，轻度黄疸，血液稀薄凝固不良等临床症状和病理变化。但区别是：猪附红细胞体病的病原是附红细胞体，具有传染性，多发于1月龄左右的仔猪，体温高（41~42℃），便秘、下痢交替，呼吸困难，犬坐势，全身皮肤发红后变紫，采血后流血持久不止。血滴在油镜下镜检，可见到圆盘状、球形、短杆、半月状做扭转运动的虫体，附着于红细胞即不运动，使红细胞成为方形、星芒形。

（3）新生仔猪溶血症与仔猪低血糖症的鉴别　二者均有皮肤黏膜苍白，精神委顿临床症状和病理变化。但区别是：仔猪低血糖症多发生于1周龄仔猪。缺乏活力，盲目行走，最后卧地不起。空嚼、流涎、角弓反张、游泳动作，血糖低于正常值。

防治措施

1）已发现此病的母猪改用与上次配种公猪不同血统的公猪配种，可以不再重复出现此病。

2）仔猪发病后，迅速寄奶于其他母猪，或用人工哺乳，一般经3日后症状逐渐减轻，15日后黄疸症状全部消失。如果有产仔期相近的母猪，而两母猪均很温顺，可以采取整窝猪调换带乳。目前在治疗上尚无良药。

（九）仔猪贫血症

仔猪贫血是指15日龄至1月龄哺乳仔猪研发生的一种营养性贫血。多发生于寒冷的秋末、春初季节，特别是猪舍为木板或水泥地面而又不采取补铁措施的猪场，常大批发生，造成严重的损失。

病因分析

主要由于缺乏铁、铜、钴等微量元素，尤其是缺乏铁元素所造成的。仔猪出生后生长速度非常快，生后4周体重可以增长7倍，每天需要营养铁10毫克左右。但从母乳中获得的铁是微乎其微的，再动用肝脾中贮存的少量的铁仍不能满足生长的需要。因此，这时容易发生缺铁性贫血。仔猪吃到饲料后，可以从饲料中获得足够的铁，此后就不容易发病。

临床症状

患病仔猪一般外表肥壮，但精神委顿，心搏亢进，呼吸增快、气喘，在运动后更为明显，眼结膜、鼻端及四肢的颜色苍白，常可出现突然死亡，或由于并发肺炎而死亡。当病程进一步发展，患猪精神更加迟钝，被毛粗乱，眼结膜苍白，往往有轻度黄疸现象，有的发生下痢，对这样的仔猪进行治疗，常不见效，即使不死，将来生长速度明显慢于健康猪。

病理变化

血液稀薄如红墨水样，肌肉变色，胸腹腔内常有积液。心脏扩张，质松软，肝肿大。

鉴别诊断

（1）仔猪缺铁性贫血与仔猪低血糖症的鉴别 二者均表现精神不振，被毛粗乱，吸乳能力下降，消瘦等。但区别是：仔猪低血糖病在出生第二天发病，站立时头低垂，走动时四肢颤抖，心跳慢而弱，之后卧地不起，最后出现惊厥、流涎、游泳动作，眼球震颤。血糖由正常的7.84~9.84毫摩/升下降到0.24毫摩/升。

（2）仔猪缺铁性贫血与仔猪溶血病的鉴别 二者均表现精神不振，被毛粗乱，吸乳能力下降，贫血，消瘦等。但区别是：仔猪溶血病一般表现初生活泼健壮，吃初乳后24小时内即发生委顿、贫血、血红蛋白尿。剖检可见皮下组织明显黄染。实验室检查，血红蛋白5.8%，红细胞310/立方毫米，红细胞直接凝集反应阳性。

（3）仔猪缺铁性贫血与猪附红细胞病的鉴别 二者均表现精神不振，被毛粗乱，贫血，消瘦等。但区别是：猪附红细胞病多发于1月龄左右有仔猪，体温高

（40~42℃），便秘、下痢交替出现，呈犬坐姿势，全身皮肤发红后变紫，采血后流血持久不止。血滴在油镜下镜检，可见到圆盘状球形、半月状做扭转运动的虫体，附着于红细胞即不运动，使红细胞成为方形、星芒形。

（4）仔猪缺铁性贫血与猪毛首线虫病的鉴别　二者均表现精神不振，被毛粗乱，贫血，消瘦等。但区别是：猪毛首线虫病常为2~6月龄猪多发，精神沉郁，食欲减退，日渐消瘦，体生减轻，结膜苍白，顽固性下痢，粪便带黏液，并夹有红色血丝，或呈棕红色的带血粪便。随着下痢的发生，病猪瘦弱无力，弓腰吊腹，步行摇摆，食欲消失，渴欲增加，最后衰退竭死亡。粪检有虫卵。

防治措施

1）预防仔猪缺铁性贫血，关键是给仔猪补铁，生后几小时内给仔猪投服铁的化合物以满足需要。用硫酸亚铁2.5克、硫酸铜1克、氯化钴0.2克，溶于1000毫升水中，用纱布滤过，装入瓶中，待猪吃奶时，用干净棉花蘸液刷在母猪的乳头上，让仔猪吃奶时吸入，也可供仔猪饮用。

2）用肌肉注射的方式补铁，对3日龄的仔猪肌肉注射右旋糖酐铁钴注射液2毫升，一般1次即可，必要时隔周再注射1次。

参考文献

［1］孙守本.猪病防治技巧［M］.济南：山东科学技术出版社，1996.

［2］计伦本.猪病诊治与验方集粹［M］.北京：中国农业科学技术出版社，1998.

［3］刘红林.现代养猪大全［M］.北京：中国农业出版社，2001.

［4］吴家强.猪病防治专家答疑［M］.济南：山东科学技术出版社，2003.

［5］席克奇.家庭养猪疑难问答［M］.北京：科学技术文献出版社，2004.

［6］董蠡.实用猪病临床类症鉴别［M］.北京：中国农业出版社，2004.

［7］席克奇.猪疑难病鉴别诊断与防治［M］.北京：科学技术文献出版社，2008.

［8］陈宝库.猪病防治技术［M］.北京：中国农业科学技术出版社，2010.

［9］宣长和.猪病类症鉴别诊断与防治彩色图谱［M］.北京：中国农业科学技术出版社，2011.

［10］李文刚.图说养猪新技术［M］.北京：中国农业科学技术出版社，2013.

［11］刘建柱.猪病鉴别诊断图谱与安全用药［M］.北京：机械工业出版社，2017.